天下文化
BELIEVE IN READING

# S1LICON STATES

# 矽谷帝國

## 商業巨頭如何掌控經濟與社會

THE POWER AND POLITICS OF BIG TECH
AND WHAT IT MEANS FOR OUR FUTURE

露西・葛芮妮 LUCIE GREENE 著　　林俊宏 譯

# CONTENTS

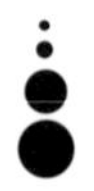

## 引言

# 變動中的大局

時間是2014年。地點是都柏林。網路高峰會（Web Summit）的現場人潮洶湧，為的是參加這場年度科技盛事最後一天的一場演講。自2009年以來，雖然這可能是都柏林最潮濕的月份，天氣總是翻臉無情，但也總有無數新創業者、行銷人員、社群媒體經理與攀附逢迎的人們，為了這場大會而造訪都柏林。會議期間，參展攤位綿延幾英畝，與會者拿著傳單，聆聽著鼓舞人心的演講，再傻傻盯著臺上那些矽谷大人物，滔滔不絕講著他們的創業智慧。到了晚上，則是人手一杯健力士（Guinness）。（會議後來的舉辦地點改至里斯本，但形式不變。）

我每年都會參加大約二十場這樣的會議，看著臺上其實換誰來都沒差的公司高層，別著翻領麥克風，讀著精心寫出的名言錦句、刻意誇大的企業報告，講著在科技、零售、行銷等等的未來趨勢。「資料是新的石油！」、「內容為王！」、「自我顛覆，才能生存！」我和一群記者與科技高層主管就像候鳥，前往全球各個熱門地點，聽著這些自詡為有遠見的夢想家要講些什麼，另外也代表我們自己的公司，陳述我們所相信的未來發展方向。而在過去幾年，這類行程愈來愈緊湊，每次出現新的大會，都是在爭奪著公司的出差預算，以及Buzzfeed專欄的方寸之地。這一切已經變成行銷活動，運作無比順暢、但說得比做得精彩，伴隨許多吼吼叫叫。有太多次，整場大會就像是一場漫長而同質的TED演講。

但是，這場演講不一樣。

## 讓人類再次偉大

時任《金融時報週末版》（*FT Weekend*）編輯的卡羅琳·丹妮爾（Caroline Daniel），拿話逗億萬富翁彼得·提爾（Peter Thiel），談到矽谷喊得震天價響的「改變世界」口號（還有提爾前一陣子說歐洲人沒有職業道德）。她笑問他接下來有什麼打算，暗指他對於延壽研究的痴迷。提爾為人所知的一件事，就是他努力追求永生不死，據說他甚至想為自己輸年輕人的血，好維持年輕；這件事實在是「太矽谷」，連HBO都在「矽谷群瞎傳」（*Silicon Valley*）開過他的玩笑。她挑起一邊的眉毛，帶著一抹微笑問道：「你真的相信自己可以永遠活下去嗎？」

我停了筆記，抬起頭來。我確實聽說過提爾和其他矽谷名人對永生不死有興趣，但總覺得那就是一股傻勁，是這些億萬富翁閒來無事的玩票，而不是實際的商業目標與潛在現實。然而提爾一派誠懇地表示肯定，讓人再難懷疑。他是認真的，而且我很快就會發現，還有其他人朝著同一個方向在努力。這一切，絕不只是像推薦餐廳或線上市場這種一般認為矽谷在做的事。看起來，矽谷的野心已經以一種令人驚嘆、或說令人不安的方式，飆升至新的等級。

提爾認為，現在的民眾已經被訓練得不再為未來與科技的承諾感到激動，看到太空旅行、科學進步，想到的都是反烏托邦的念頭。他問，看到「地心引力」（*Gravity*）之類的電影那樣描述太空探索，誰還會想要上太空？（這已經成了提爾一再重提的老話。）他繼續說道，講到要解決世界上的問題，我們應該把抱負放遠大一點。人類以前那些偉大的抱負都去了哪？

他認為，在現代的社會裡，科技專家就是一群為了捍衛未來而生的「逆主流文化」。現場有兩萬兩千名富裕的科技書呆，露出欽佩的眼神聆聽，這一切在我看來已經有點過分了。但提爾還沒完，甚至開始把矽谷科技人比做21世紀的龐克搖滾樂隊。他認為現在的政府不夠重視科技人，甚至是在扼止科技的發展，完全不瞭解科技，只是妄加規範。政治、政治家的無知，阻礙了人類的進展。

接著，丹妮爾問道：「以科技專家的身分，你真的有權下這個決定，說我們要改變世界嗎？」

提爾歪著頭想了想，答道：「講到權利，總是有點複雜。你隨時都能反過來問，是什麼讓〔華盛頓〕特區的人有權阻止那些本來可以拯救許多生命的醫學發明？是什麼讓人有權用各種手段阻止科技發展？」

這種話令我坐立難安，丹妮爾似乎也是如此。

提爾繼續說著：「現實世界並不完美，這個世界有許多巨大的問題，很多事情砸得莫名其妙。所以我認為，我們必須盡快解決這些問題。有時候，這代表我們不該去事先請求允許，而該事後再請求寬恕。」

在那之後的這幾年，一切的發展熱絡而狂亂，我回想起提爾說的話，覺得這正代表著矽谷認定自己所扮演的角色：帶著一種反社會的父權心態，愈來愈不在乎自己是否會造成翻天覆地、無法逆轉的改變，特別是不在乎那些在無止境追求進步的過程中遭到遺落的人。

就算我們將有一群光鮮亮麗的千禧世代，搭著呼之即來、無人駕駛的飛行車，別忘了同時有無數工人將因自動化而失去工作。速食店店員會被機器取代；航空業已經開始以機器取代人工檢票和行李貼標。對單一、個別的主體來說，這些都是合邏輯、講效率的做法。但是從整體來看，這就代表著有一大群人遭逢重大且痛苦的改變；而那一群矽谷億萬富翁，只會漫不經心地說這是「進步」。

但這是我們想要的進步嗎？我們究竟是否體認到，這一切發生得如此迅速、又如此無可逆轉？對於矽谷所定義的未來，我們真的能接受嗎？

## 是的，矽谷可以！

我應該要聲明，我所說的矽谷，是專指那些足以代表數位科技文化及產業的企業集團，像是臉書（Facebook）、亞馬遜（Amazon）、優步（Uber）、谷歌（Google）、蘋果（Apple）、Snapchat、特斯拉（Tesla）；這些最野心勃勃、也最強大的科技公司，正試圖塑造人類的未來。其中，谷歌、蘋果、臉書和亞馬遜這四家公司，甚至已經有人以它們名字的第一個字母創造縮寫詞「GAFA」稱之。這些企業並非全部實際位於矽谷，但全都擁有類似的權力、影響力及價值觀。自從蘋果公司再起，科技公司不但成了大眾市場，更成了在全球動見觀瞻、跨越地理區域的品牌，與之呼應的是一群強大的千禧新世代消費者，將數位社交、行動應用與網際網路融入生活的方方面面。

在過去二十年間，矽谷龍頭企業的力量和影響迅速增加，取代了像是汽車與能源等許多傳統產業，至於零售、娛樂、通訊和旅遊業更不在話下。沃爾瑪（Walmart）成立於1962年，聯合利華（Unilever）成立於1929年，雀巢（Nestlé）成立於1905年；至於我所任職的跨國廣告公司智威湯遜（J. Walter Thompson）則是成立於1864年，經過數十年才達致全球規模。這些傳統公司，現今都在勉力對抗1994年才成立的亞馬遜、或是其他更晚才成立的科技公司；這些科技公司雖然初來乍到，卻已經有了更大的規模、或至少已經搶走了相當的市占率。

同樣地，在短得難以想像的時間內，社會已然經歷一場重大的權力移轉，從中產階級轉到超級富豪手中；思想文化也出現重大轉變，從崇拜太空人、好萊塢明星，轉而膜拜科技龍頭的負責人。與此同時，經濟也發生重大變化，從製造業和傳統業務走向演算法與數據；這些重大的結構性變化，都是源於這些科技專家的作為與想法。

現在，這些企業及領導者逐漸成熟、更認真看待自己，也開始涉足各種關鍵公民領域、建立新的權力中心，文化影響力超過政府、學界、甚至好萊塢。他們不僅已經主宰生活方式，更正準備接手醫療保健、基礎設施、能源、太空旅行、教育與郵政系統，以過去讓他們贏得成功的工具（各種平台、人工智慧、大數據，以及以消費者為中心的隨需供給模式），在這些領域進行破壞性創新。確實，這些領域較為複雜，也較難以撼動，過去這些工具能否同樣奏效，值得觀察。但除此之外，這些矽谷領袖也擴大思考範疇，除了追求企業成長，也思索新的社會模式、系統、城市規劃與未來世界願景。這些人帶著特有的傲慢，睥睨周遭世界：既然他們已經改變了民眾的社交生活、商業生活，何不把政治與生物生活也改造一番？

這些人現在已經在各個城市建起豪奢的總部，為自己歌功頌德，而這些總部也儼然成為矽谷社區。如果某一天，我們都成了矽谷帝國的居民，情況會如何？

有些人會說，情況已經是如此。

## 那些矽谷出的錯

至少在2018年，已經出現一些文化上的反彈。該年初，民生消費品龍頭聯合利華的行銷長凱思・維德（Keith Weed）開始以數位「沼澤」指稱谷歌及臉書在銷售數位廣告時的不透明。也有許多品牌發現，自己的商標竟出現在極端內容或假新聞影片旁邊，最後決定撤下在YouTube或其他類似網站上的廣告。另外，英國與澳洲也已經開始有報導質疑臉書的閱聽觀眾規模。

另外，2018年3月爆出臉書洩漏8,700萬用戶資訊的驚人醜聞〔政治顧問公司劍橋分析（Cambridge Analytica）將這些資訊用於商業用途，試圖影響英美等國選情〕。英國《衛報》、《觀察家報》（*Observer*）、電視「第四頻道」與美國的《紐約時報》揭露這項醜聞後，接下來的一週，臉書這個社群媒體龍頭的股價大跌13%，等同市值跌掉750億美元。英美兩國啟動調查，並要求祖克柏與臉書出庭協助調查〔在英國，劍橋分析的吹哨者克里斯多福．懷利（Christopher Wylie）也同樣被要求出庭〕。這項醜聞直接引發激烈且憤怒的媒體辯論，而#DeleteFacebook（#刪除臉書）也成為社群媒體上風行一時的hashtag。專家很快開始大力抨擊臉書反應緩慢，指責雪柔．桑德伯格（Sheryl Sandberg）與馬克．祖克柏（Mark Zuckerberg）等高層主管領導有問題，也認為他們事後的電視專訪麻木不仁。向來和臉書不合的科技大亨伊隆．馬斯克（Elon Musk）也大動作刪除了公司的臉書帳號（看招！）。蘋果執行長提姆．庫克（Tim Cook）則趁機吹噓了蘋果嚴格的隱私政策，也認為臉書未能事先自我規範，現在為時已晚（再補上一腳！）。這項醜聞還引發另一波的調查、各方也各有自己的說法主張，包括祖克柏也親自前往國會作證，情感豐沛地回答關於臉書的問題。這一切讓劍橋分析與其他科技公司及科技界人物的往來關係浮上台面，其中包括有提爾在後面撐腰的Palantir：這家公司與美國國防部及警政單位都有合約關係，負責協助監控工作，而據稱也用了臉書的資料。（還有，提爾也是臉書董事會的一員，讓一切看來更加可疑。）

整體而言，這起臉書／劍橋分析的醜聞讓大眾發現，原來科技對我們的生活方式竟有如此影響。然而，想判斷真正的影響為何並不容易。臉書的使用人數（以及同類社群媒體WhatsApp、Instagram的使用人數）似乎並未受到影響。祖克柏拒絕親自出庭協助英國調查，可說是展現了大咖科技業者的膽大無畏（或者比較令人害怕的，是祖克柏竟然如此刀槍不入）。雖然歐盟祭出罰款，英國也開始加以制裁，從暫時禁止Uber在倫敦營運、到保障零工經濟（gig economy）有更完整的勞工權益，科技業者仍然在各自的領域生龍活虎。在美國，亞馬遜雖然已經把雜貨、服飾零售、貨運等領域一把抓，仍然能夠逃避反壟斷調查。

對科技業最強力的制約，似乎就在於股市。矽谷企業只要一有人氣下滑的傳聞，就會直接衝擊股價。除了臉書股價曾經重挫，Snapchat也曾因為嚴重誤判，把饒舌歌手克里斯小子（Chris Brown）對蕾哈娜家暴的事拿來做廣告，而讓股價大跌一跤；超模女星凱莉珍娜（Kylie Jenner）說Snapchat不紅了，該公司市值應聲大跌10億美元。然而，臉書股價卻在祖克柏前往國會作證後反彈回升，可見這些公司市值有多麼容易波動。然而，這些情況通常只是暫時。不論對錯，在隱私疑慮與主流言論之間仍然存在緊張，也擔心這些公司對顧客的行為及習慣究竟有多深的影響。只要使用者仍然經常、每日、每分每秒使用這些公司的產品及服務，並對其他事情無動於衷，這些公司就會繼續大發利市。想阻止這些公司，或許唯一的可能就是有一群使用者以前所未有的規模選擇退出。然而，這種事在近期可能會發生嗎？不太可能。畢竟我們嘴上說得好聽，按起滑鼠卻很誠實。

## 矽谷神殿

天清氣朗，從計程車上或許還看得到世博紐約州展館，想當初這曾是閃亮的1964年紐約世博會焦點，如今一片破敗，只剩骨架。計程車塞在車陣當中，路上柏油坑坑疤疤，從曼哈頓前往甘迺迪機場，看著這些本意是要歌頌未來的建築，在建起後的數十年逐漸殘破，教人心中有種奇特的感覺。

一如整個世博會系列，1964年的世博會讚頌著科學、文化、國家成就及未來。豪奢的建築、圓頂展館，把紐約變成二十世紀中期消費主義狂放的節慶，福特（Ford）、百事可樂（Pepsi）、IBM和通用汽車（General Motors）也都共襄盛舉。在倫敦南岸，還有1951年不列顛博覽會（Festival of Britain）的遺跡，當時是希望展示「英國科學家與科技專家的過人天才」，主要亮點為當時史上最大的圓頂建築，以及如同浮在空中的裝置藝術「天空塔」（Skylon）。這個遺跡現在讓污染染黑了水泥，遊客也就不再那麼讚嘆。像這樣的會展，以1851年的萬國工業博覽會（Great Exhibition）為濫觴，讚頌著工業革命的成就，但當時的主要展館水晶宮（Crystal Palace）現在只剩下一些蝕刻版畫與地基供人憑弔。在這些時候，人類對未來充滿熱情，而民間企業也會為了人類整體的利益而努力。

對於那些曾經強大的產業，公司的舊總部很能發人深省。特別是那些在公司全盛時期從零開始建造的總部，常常代表的不只是該公司的巔峰、也是該產業的巔峰，而到今天就會成為文化地標。《每日快報》（*Daily Express*）大樓建於1932年，位於倫敦艦隊街（Fleet Street），閃閃發光地紀念著英國有三分之二人口每天閱讀報紙的那個年代，它光滑的黑色立面傳達著權力、富裕、未來主義，有著裝飾藝術的線條、圓角與鍍金的細節。IBM在1950年代建於明尼蘇達州的總部，甚至在宣傳小冊上還有自己的標語「今日與明日相會之處」，在鄉間展現的大器與極簡主義透露著奢華。至於英國維多利亞時代的工業家，甚至是直接在工廠附近為員工建造所謂的模範村（model village）提供住宿。這種村莊建築兼容並蓄地融合世界各地的美學，有挑高的屋頂、精美的立柱，希望在鄉間環境裡以優雅精緻的設計來激勵員工，並以現代科技來改善暖氣與通風，以提升員工福祉。（這些工業家通常禁止工人上酒吧，但在這些充滿父權的田園景象之中，上教堂是大受讚許的行為。）今日，雖然許多建築尚存，情景卻已大不同。過去的艦隊街酒吧曾擠滿記者，喝著啤酒、交換新聞消息，但現在多半門可羅雀。

幾乎所有重要的矽谷公司，原創總部都在最近落成或是起建，這件事相當具有象徵意義。這些總部都由國際明星建築師設計，有著非凡的效率、創新的特色、多樣的功能；至於巴結諂媚的建築雜誌，也會特別撰文吹捧迎合。

這些品牌神殿建造時不惜成本，展現著業主的成熟與能力，除了能優雅地陳述企業的形象，同時也成為未來的象徵。因此，光是這些建築得以興建而存在，便已經有其意義：它們象徵著科技擴張的野心。

這些建築，每座都使用最新建築技術與永續科技，體現了一套新的工作及創新哲學。就其規模及範圍，許多已經稱得上是個小城鎮；亞馬遜的網格圓頂新建築已經與西雅圖的太空針塔（Space Needle）並列為旅遊景點，還有一些則號稱要成為新的模範社區。

三星（Samsung）與亞馬遜的總部都出自NBBJ建築事務所之手，該所合夥人瑞恩．穆雷尼克斯（Ryan Mullenix）表示：「有愈來愈多人瞭解，公司的建築就像硬體。從蘋果開始，矽谷其他公司也幾乎同時開始打造其硬體。建築開始像是大規模的產品設計，其中的空間和體驗，都必然與公司的本質息息相關。」

這些建築計畫其實都背離了矽谷的傳統理念。傳統上，矽谷企業會刻意選擇毫無特色的辦公園區，以根據公司興衰，靈活進行擴張或縮減。把事情做得如此引人注目、如此難以改變，是和矽谷企業過去的一切背道而馳。在過去，矽谷生態系統之所以成功，關鍵就在於能夠適應、萎縮、成長。但正如提爾對長生不死的追求，不起眼的辦公大樓已經無法再容納矽谷的野心。

加州大學柏克萊分校建築、環境規劃與城市設計教授路易絲·茉津戈（Louise A. Mozingo）表示：「矽谷企業的興盛就是靠著極其靈活的空間運用，因此才會看到這裡以辦公園區為主要形式。公司會有成長、有萎縮，於是可以撤退、重整旗鼓，又或是撤退、然後消失。這種做法非常適合矽谷的經濟週期。像這樣投資興建大型、量身打造、無法輕易改變用途的建築，在過去未曾見過。」

茉津戈自己的研究室位於柏克萊校園，是1960年代粗野主義伍斯特（Wurster）大樓。觀察矽谷演變多年的她，身材嬌小，留著鮑伯頭，戴著眼鏡，形象和矽谷人完全相反，但詞鋒卻極為犀利。她說：「這些重大投資有個大問題：沒有其他人會接手這些大樓。像這樣的建築，怎麼可能重新利用？講到臉書總部大樓，大家一定只會認為那屬於臉書與祖克柏，而不像是矽谷裡諸多沒有名氣的建築。這些新設計的維護成本非常高，得花上大批人力，也得不斷投注資金。這個時候，想想東岸那些舊的工業和保險公司建築，就十分耐人尋味，包括像是從1950至1970年代的康州通用保險（Connecticut General）大樓、貝爾實驗室（Bell Labs）大樓、美國製罐公司（American Can）大樓、聯合碳化物公司（Union Carbide）大樓等。他們建起了這些龐大、華而不實的大樓，現在沒人知道該拿它們怎麼辦。我認為矽谷正在蓋自己的凡爾賽宮。」

這種趨勢背後，還有一個更大的用意，是矽谷各大企業希望提升其設計，透過更複雜、成熟的設計美學，換掉早年隨意拼湊的商標，為了品牌的長久經營，要讓公司的形象更面面俱到。

顯然，他們現在正試著留下自己的印記。

## 矽谷凡爾賽宮

開車到山景城（Mountain View）的谷歌總部「Googleplex」園區，可以看到大批遊客正在和安卓（Android）小綠人的雕像照相。綠草如茵，四周用著各種原色做裝飾，還有閃閃發光的企業箱體建築。這裡有一座雕塑公園，放著許多巨型塑膠玩具雕像，呈現的是谷歌安卓行動作業系統的各個版本，都是以甜點和糖果的名稱來命名，巨大、難以分辨、帶著卡通風格。另外還有擠滿遊客的紀念品店，裡頭的各種商品、T恤和筆類產品，狂銷熱賣。

此外，谷歌在山景城的查爾斯頓東區（Charleston East）擴建新總部，設計師分別是丹麥BIG建築師事務所（Bjarke Ingles Group）的比亞克．英格爾斯（Bjarke Ingels），與倫敦海澤維克工作室（Heatherwick Studio）的湯瑪士．海澤維克（Thomas Heatherwick）。在新總部裡，會有像是涼亭的建築，屋頂由彎曲的方形金屬構成，有光伏太陽能光電板，也有微笑形狀的天窗，帶來直接、間接與漫射的自然光。一切就像是度假村。

這樣的設計為谷歌心中的烏托邦定下基調，模糊了自然與建築之間的界限，自行車道來去自如、庭園植物鬱鬱蔥蔥、繩索木橋跨越溪流，有貓頭鷹棲息地、有咖啡館，而且在挑高而透著陽光的屋頂頂蓬下，當然也會看到員工享受著瑜伽課程。

至於臉書最近在門羅公園（Menlo Park）擴建的總部，就像個迪士尼（Disney）小鎮一樣幅員廣闊、遊客如織。這座占地43萬平方英尺的辦公室是由法蘭克．蓋瑞（Frank Gehry）設計，他表示自己的設計希望促進合作，並且「不去影響他們開放與透明的文化。」從設計到完工，這座金屬、混凝土和玻璃建材的建築只用了短短三年，基本上就是一個巨大的房間，稱為MPK20，容納大約2,800名員工。屋頂上有一個占地3.5公頃的公園，有小徑步道、咖啡店，還有超過400棵樹。祖克柏為了刻意表現平等，把自己如玻璃盒一樣的辦公室放在整棟建物的中央。

祖克柏曾說：「這座建築本身非常簡單，並不華麗。這是刻意的安排，希望讓這個空間像是一項進行中的工作。當你走進我們的建築，我們希望你能感覺到，在我們追求連結全世界的使命上，還有許多事情有待完成。」

至於亞馬遜的西雅圖總部則沒那麼有名，是完全融入整個城市景觀，各棟大樓橫跨南聯合湖區（South Lake Union）的幾個街區，一切就像在一般的市中心，有零售店、街道、咖啡館、農夫市集，一樓店面經過規劃租給特定對象，但從二樓以上都是辦公空間。實際上，這就是一個亞馬遜社區。雖然你可以上農夫市集、逛當地小店、上酒吧、停腳踏車，一切都像是小鎮的生活，但那並非事實。這就是亞馬遜。

近來，亞馬遜也委託了科技建築界的當紅炸子雞NBBJ來擴建西雅圖總部，建起滿是植物的巨型玻璃生物圓頂群，新建築群占地330萬平方英尺，有三個相連的生物圈，連結到超過150

公尺高的辦公大樓。在這些圓頂裡，有來自30個國家、3百種、4萬株的植物，包括肉食性的豬籠草、帶著異國情調的蔓綠絨（philodendron），還有來自厄瓜多的蘭花。圓頂內有吊橋，能讓員工親近這些綠色植物，在大樹上甚至還有鳥巢般的會議室。亞馬遜為此聘請了一名全職園藝師，相信多接近自然能夠提升員工的生產力與創新，而且因為某些植物屬於珍稀物種，也等於是種保育計畫。

最近，亞馬遜向全美各城市發出邀請，競標該公司在美國的第二座總部。這座總部預計耗資50億美元，為獲選城市增加5萬個工作職位。城市間競爭激烈，開始提出巨額的減稅優惠做為籌碼。事實上，像芝加哥就提出可將亞馬遜員工所繳的所得稅50%到100%轉回亞馬遜。據稱，紐華克（Newark）也向亞馬遜提供高達70億美元的減稅優惠。許多專家質疑，對亞馬遜這樣的公司提出如此的優惠，等於挪用當地基礎設施、住房與教育等重要項目急需的稅收，不見得能帶來真正的好處。此外，隨著工人與其他求職民眾湧進這個新的就業中心，更會加重相關負擔。

所有矽谷神殿當中，最野心勃勃的或許就是蘋果新的環形總部，名為「無限迴圈」（Infinite Loop）。它就像一艘巨大的環形太空船，外牆是整面連續而有弧度的玻璃，耗資50億美元，是有史以來最昂貴的總部。總部由諾曼．福斯特（Norman Foster）設計，結合草地和森林，占地176英畝，有面積10萬平方英尺的健身中心，還有一座巨大的地下演講廳，入口則是一間玻璃建築，屋頂為充滿未來感的碟狀造型。很多人把這稱為史蒂夫．賈伯斯（Steve Jobs）最後的告別傑作，建築案還經過庫帕提諾（Cupertino）市議會的批准。

## 從規劃智慧園區到打造智慧都市

矽谷重塑景觀的另一種方法，則直接涉足更野心勃勃的領域：都市規劃與都市發展。畢竟，如果智慧園區都能做，智慧都市又有什麼問題？

2016年，矽谷創投加速器公司Y Combinator（曾協助Airbnb與Dropbox創業）以深圳與其他新興的巨型城市為靈感，宣布一項「新城市」計畫，要從零打造城市。

臉書仿效維多利亞時代的模範村，正在門羅公園總部旁邊一塊59英畝的地上興建柳樹村（Willow Village），有員工住宅、低收入住宅、藥妝雜貨店，以及文化中心。這項計畫獲譽為臉書跨足城鎮規劃的第一步。臉書將會在村裡規劃自行車道，也希望更新附近的鐵路線。

人行道實驗室（Sidewalk Labs）是由谷歌智慧城市衍生出的子公司，希望運用科技重新思考改善城市的運作及設計。2016年10月，人行道實驗室宣布與政策機構「美國運輸」（Transportation for America）合作，將協助16個城市準備迎接自駕車與共享乘車等發明。人行道實驗室同時也宣布他們至今最大規模的計畫：為加拿大多倫多一片占地12英畝的湖區規劃未來願景。該計畫將在多倫多東邊打造新社區「碼頭區」（Quayside），這會是個資料導向的高科技社區，將會蒐集水質及空氣品質等等資料。

只不過，這件事也可能聽來讓人覺得很不舒服。身為Alphabet控股公司子公司的人行道實驗室，過去曾經引起爭議。該公司曾在倫敦和紐約將傳統電話亭改建為智慧便利站

「Link」，提供充電和Wi-Fi服務，但因為Link也設有攝影機和感測器，因而引發隱私問題。

這種種作為，都可看出矽谷打算如何逐步擴張其公民角色。這些矽谷企業的園區（包括其特色、成敗與主張），反映著這些企業對其產品與服務在未來的願景和抱負。如果我們仔細檢視，會發現這些建築和它們所體現的願景雖然有壯麗的一面，但也有不完美的地方。在一派優雅當中，藏著不容小覷的漏洞與惡魔。在口號和新聞頭條當中，也躲著謊言與謬誤。在田園風光的表象下隱隱藏著詭異，令人毛骨悚然。畢竟，在全城裝滿感測器，雖然可以記錄即時天氣做為交通警示，但也就是另一種監控形式。雖然建築本身可永續運作，但還是用上了全新的材料、從頭開始興建。園區就算有機多孔、對社群開放，但如果座落在市中心之外，而沒有公眾用的道路或空間，那也就只是假象。那些位於市郊的企業園區總會安排文青咖啡店進駐，想模擬城市中的生活，但在多數時候這就只是一種輕薄的表象。

## 指數級的崛起帶來指數級的崩潰

對於矽谷擴張的過程，我可說是在第一線親眼目睹：先是個記者，後來到了位於倫敦的顧問公司「未來實驗室」（The Future Laboratory）擔任未來學家，最近則是轉往智威湯遜。近十年來，我的工作是預測未來的願景。「未來學」（futurism）包含了一點社會科學、一點新聞學，以及一點情境規劃，要在各種類型的研究當中不斷交叉參照，就像是要把許多點連結起來、找出變化時的模式。

我領導的團隊會去尋找資料數據，採訪民眾（詢問青少年對汽水、流行歌手和世界的看法），進行調查，分析趨勢，研究次文化、設計和包裝，也會觀察社群媒體，並求教於產業與學界的領導者。

我做的事，就是要預測思想、預測欲望，重點在於瞭解消費者、瞭解他們周遭的世界如何變化、瞭解這又會如何影響其生活方式、購買方式及期望。而隨著矽谷公司正徹底改變我們的生活，我一直在研究我們這些矽谷產品的消費者，想知道我們如何看待這些公司、看待他們以指數級成長的速度帶來的變化。（過去業界得花十年計劃的事，現在只要用上五年。事實上，現在就算五年也算慢了。世界正在改變，而且其快無比。）

我的職涯多半都在從事關於這些科技公司的預測。幾年前，我站在《財星》五百大企業的董事會上，向他們解釋為何該擔心像亞馬遜、臉書或谷歌這樣的公司：這些新型態的公司無須傳統業界的員工配置或基礎設施，但幾乎在轉瞬之間，就能從一片虛無變成規模巨大的野獸。而且在獲利之前，他們的商業模式（像是不斷擴大規模、而且免費提供）看來簡直沒道理。我在2012年就告訴那些奢華品牌，高淨值消費者（特別是在新興市場，統計顯示這些人精通科技、年齡不到30歲）未來不只是會在線上購買奢侈品，而且是會透過iPhone和社群網路來購買，當時我不是遭到嘲笑、就是被徹底漠視。為什麼千禧世代（可不只是背包客）開始比較喜歡Airbnb、而不是傳統旅館？為什麼亞馬遜未來的走向逐漸不只是零售商、而是購物搜尋引擎？我在那之後也親眼見證，不只某些公司迅速遭到淘汰，甚至某些產業都以前所未有的速度崩潰。

矽谷所帶來的變化既迅速又全面，我們必須清楚瞭解有哪些層面正受到威脅。

提爾說要用科技解決「老化」、而且科技應該不受政府約束，無疑在網路高峰會激起許多共鳴；這些人在倫敦、紐約或其他地方就是面臨著基礎設施破舊、官僚效率低落、問題解決緩慢等情境，與他們習慣想要什麼就能快速得到的文化截然不同。從那些頭髮斑白的政治人物、過時的政府網站，人民看不到自己的未來。各家品牌為了贏得消費者的信任，得像是自找麻煩般以「公開透明」又有「使命」為號召。政治人物就不急著做這種事，因為他們並沒有這種需要。消費者隨時都可能拋下某個品牌，但選舉要好幾年才一次，而且有些人還根本不會去投票。

因此，不難想像矽谷承諾要解決一切問題，會讓人如此心嚮往之。但這並不代表就能用矽谷來取代國家政府制度。雖然政府制度確實有缺陷，但至少成員是由選舉選出，知道自己是服務整個社會、而不僅是服務股東。

## 像政府的矽谷與像矽谷的政府

如果矽谷要擴張其公民角色，我們就必須檢視這些領導者樹立了怎樣的道德架構。在不久之前，Uber仍然認為只要公司成功，性別歧視和工作環境惡劣都算不上什麼問題。還有，雖然亞馬遜總部光鮮亮麗、在這裡工作的都是高學歷專業人士，但在倉庫內的工作卻以血汗著稱，供應商受到的待遇也毫無道德可言。

決定矽谷要關注什麼事情的，是一群富裕、高學歷的男性；至於提供諮詢的，也是一群白人、富裕、男性、嬰兒潮世代的未來學家，以及白人、富裕、男性、嬰兒潮世代的教授。（就連媒體的報導，也多半出自白人、高學歷的男性科技記者之手。）這群矽谷人就像住在新一代的象牙塔，雖然正在塑造文化，卻並未定期與自己社經圈子以外的人互動；例如科技公司派出豪華大型接駁巴士，接送員工往來於科技園區和舊金山之間，就是最為人所知、廣為報導的例子。這些公司的主要員工組成是一群畢業於常春藤聯盟的男性，可以每天享受著無限量的食物、飲料與服務。這些絕不是你我身邊的人，我們也就難以判斷，他們能不能代表廣大的民眾。

矽谷企業善於將自己塑造成友善、平等、推動民主的形象，他們所投射出來的價值體系，基本上都十分正向積極，例如支持LGBT、支持永續、支持社會正義。然而，這一切都要照他們喜歡的方式，而且也只能依賴他們的自我管理。（證據就是他們著名的血汗工作環境、性別不平等，還有，就在他們所在的舊金山，明明遊民問題十分嚴重，但他們似乎視若無睹。）

而在大咖科技業者試圖擴張影響力的時候，這一切就會變得非常重要。如果只是某家企業壟斷某種服務，只要不去使用就行；壟斷某種產品，也是不去購買就行。但如果萬事萬物都由這家公司提供，那時候會怎樣？而且，這一切都緊緊相連，控制著你的生活方式、你的貸款、能夠購買的保險以及購買的售價。你的健康資料決定了你能不能得到信貸。只要一發現你的生產力下降，薪水就會減少。以為大眾握有控制權的假象很快就會消失，遭到壟斷的不只是你能買什麼，而是你整套的生活方式。這一切，就成了一個消費主義的警察國家。

到目前，矽谷企業如果做出什麼極度無恥駭人的舉動，還會受到公眾輿論與報紙頭條的監督。身為消費品牌，必須維持良好的名聲，因此只要批評輿論聲量夠大，他們就會停止某些行為。然而隨著矽谷吞噬消費主義的所有面向（更不用說是會報導其醜聞的媒體），控制很快就會消失。

而且，因為目前的社會出現權力真空，更促進科技公司在社會扮演的角色穩定擴張。根據智威湯遜的消費者調查，大多數美國人認為政府和民主都已經信用破產。令人咋舌的是，千禧世代也一頭熱，希望矽谷分擔更多政府的角色。

不論這件事是對或錯，民眾同時也對政府建設未來的能力失去信心。正如傳統旅行社不敵能夠提供點對點評論與低廉價格的網路旅行社，政府似乎也將不敵更酷炫、效率更高、精通科技的企業。

美國前總統歐巴馬（Barack Obama）與前科技長梅根・史密絲（Megan Smith）體認到政府有著形象問題，於是在歐巴馬第二任期間展開一項運動，希望讓政府也發出一點科技界的光芒。但歐巴馬也看穿矽谷並沒那麼容易實現其諸多大膽承諾。在2016年匹茲堡舉行的白宮前沿會議（White House Frontiers Conference）上，對於矽谷大吹牛皮、說要掃除一切現有的過時體制系統，歐巴馬就語帶譏嘲地表示：「政府的運作永遠不會像矽谷，因為民主本來就是混亂的。美國是個幅員遼闊而多元的大國，有許多利益考量、許多不同觀點。而且，政府的工作有一部分本來就是要處理那些其他人不想處理的問題。」

歐巴馬提出這些問題，等於是提醒群眾，這個時代近來轉向以個人為重：只想著自己，集體精神瀕臨死亡。畢竟，矽谷在滿足民眾個人需求（像是自拍、找地方過夜）這方面相當出色，也很善於讓服務和產品的價格變得平易近人、方便取得與日常使用。無論是飯店、計程車等等，都能變得更便宜。甚至像是谷歌地圖，只要你不認為自己付出了個人及線上行為資料、讓谷歌賣給廣告主，就會覺得是免費服務。然而，這些應用程式的背後都有著規模、利潤和市場力量的因素在推動，出了問題常常找不到人負責，或者只是用評論的形式來做自我調節。此外，雖然相關成本已經是大多數人都能負擔，仍然並非人人負擔得起。

這樣一來，如果真的讓矽谷取代了國家制度，事情會如何？如果是由矽谷來經營醫院、提供教育、建設都市，情況會怎樣？

這些問題讓我開始進行研究，一邊是矽谷的野心與無限的資源，一邊是如果真讓矽谷不受政府任何約束、以它的形象來打造世界所可能建構的現實，看看在這兩者之間有何拉扯張力。我想瞭解現在各種變化背後的道理以及可能的意義。而且，希望為時未晚。

# 第1章

# 新霸權集團

在舊金山，街道兩旁是維多利亞時代有著護牆板的房子，沿途綠樹成蔭。遊客在碼頭吃冰淇淋，搭電車四處遊覽，買了售價坑人的雜燴、連帽長袖運動衫，在能夠俯瞰惡魔島與金門大橋的阿爾戈飯店（Argonaut Hotel）和打扮成船長的人照相。除了某些無趣的高樓街區，以及才剛落成、高約326公尺的Salesforce大樓，舊金山大致上就是個沒有高樓的小城，算不上都市。天氣好的時候，可以看到丘陵連綿起伏，沐浴在明亮的太平洋光線下。而天氣壞的時候，就是一片潮濕的雲霧。

沿著蜿蜒的公路，向南駛入矽谷，就會來到平淡無趣的帕羅奧圖（Palo Alto），這裡一看就非常郊區，園區建築低矮四方，無論是星巴克、美甲沙龍或乾洗店，提供生活機能的零售業者千篇一律都是赤陶色調的西班牙復興建築風格。不論是海灣旁的舊金山市、或是矽谷那些總部周圍的城鎮，都看不出來一丁點財富的跡象，也看不出來你可能正在造訪全球最重要的權力中心。

在歷史上，講到所謂富裕的城市，就會看到權力的展現：宏偉的建築與景觀，例如巴黎有壯觀的大道，或者像芝加哥或紐約有稠密、高聳、閃亮而陽剛的建築群，它們沿著歷史打造直入雲霄的天際線，表達著成就與力量。此外，這些重要建築還會與都市本身的肌理及建築互相交織。但在矽谷、至少是在灣區，並非如此；矽谷就像冰山，絕大部分藏在水面以下，從遠處看來只是一片綠色田園、如校園一樣清新樂觀，又或是像蘋果環狀新總部這樣的田園堡壘，只有從空中才能看出其規模，而且也是遠離市中心。矽谷的力量雖然廣大，卻低調而不張揚。但是直到最近，它走的路線開始有所不同。

## 一跨界就是顛覆

矽谷是怎麼從晶片中心變成全球的強勢集團？矽谷雖然起步低調，但現在已經肆無忌憚。矽谷已經擁有軟實力，在經濟和文化方面的影響力如同磁鐵，吸引各行各業的精英。在過去，華盛頓特區、華爾街、好萊塢、底特律，甚至是達拉斯，分別是政治、金融、電影、汽車與能源產業的重要中心，但矽谷目前在每項都占有一席之地。

舊金山近來掀起一陣私人會所的新流行，以奢華飯店Soho House的風格，服務著科技新貴，而Battery就是這樣的一間會所。瑪吉特·溫瑪荷絲（Margit Wennmachers）坐在一張小凳上，說著：「矽谷已經從一個死氣沉沉的地方演進成重要的權力中心，默默超越了其他權力中心。」溫瑪荷絲出生於德國，帶著一點歐洲口音，她說：「如果要看美國，過去的重點是華盛頓特區，然後是紐約，再來是洛杉磯〔都在各自的領域占主導地位〕。現在突然之間，矽谷成了重要的權力中心，有許多引人注目、成長迅速的公司，而且可能會取代現有產業。」

溫瑪荷絲是風險投資人暨安霍創投（Andreessen Horowitz）合夥人，一頭深色頭髮、身材苗條、雙眼明亮、皮膚白皙。她是科技界頂級公關公司OutCast Communications的共同創辦人，在她的運籌帷幄之下，矽谷幾家最具代表性的公司迅速崛起。美國有線電視新聞網（CNN）把她譽為「真正的矽谷女王」。

溫瑪荷絲最知名的一點，在於能夠精準看出及評估新創公司是否具備投資潛力，至今的範例包括推特（Twitter）、Jawbone、Foursquare（四方）、臉書、Groupon（酷朋），以及Zynga。她也是矽谷的人脈關鍵，常在家中舉辦沙龍晚宴。除了神準的策略投資建議，她另一項廣受讚譽的能力就是建構公司的整套敘事及魅力，讓這些公司大獲成功。（她在安霍創投的競爭優勢是靈活的公關手法，以提升安霍與安霍所投資新創公司的名聲。）

當我向溫瑪荷絲問道，矽谷所帶來的這一切改變有多麼重大、權力又有多麼集中，她的反應似乎覺得這個問題本身就是個陰謀論。她說：「矽谷並沒有什麼權力中心，也沒打算要『讓我們接管所有的現有產業吧。』」

然而，大規模的權力集中確實正在發生。

她說：「教育和醫療保健現在非常熱門，金融科技也發展得十分蓬勃。」金融科技涵蓋網路銀行、匯款、支付與貨幣，這個領域的新創企業近年來表現亮眼，嚴重顛覆傳統金融業。她繼續說道：「金融科技的重點並不在於銀行的資料庫，而是要針對消費者與企業客戶如何與金融服務互動，做到真正的創新。」

事實上，不論是金融或是其他產業，都正因為智慧型手機與寬鬆的法規，而受到新創公司的嚴重顛覆。千禧世代正在逃離各大銀行，部分原因就在於2007/2008年全球經濟危機所引發的不信任。根據維亞康姆傳媒（Viacom Media）一項為期三年的研究，在2015年，千禧世代最不喜歡的十大品牌當中，美國前四大銀行全部上榜。目前對銀行的期許正在改變，千禧世代想要的是免費國際轉帳，而且希望只靠手機就能完成各項金融業務。在維亞康姆的同一項研究中，三分之一的受訪者相信，在全數位化的未來根本不需要銀行。

目前就連「付錢」這件事也在改變，改為透過各種非接觸式行動轉帳與應用程式為之，也讓矽谷的這些看門人能夠大量取得新的行為資料。像是Apple Pay支付系統，能讓消費者將多張信用卡存在iPhone或Apple Watch裡使用，交易額在2017年比前一年增加450%。臉部辨識與指紋辨識也逐漸成為金融身分驗證的形式〔阿里巴巴最近公布的「微笑支付」（Smile to Pay）系統，就是使用臉部辨識〕。而在亞馬遜和阿里巴巴大肆吹捧的「無人」超市或時尚快閃店裡，更需要顧客先下載對應的應用程式，才能完成購物離開。

矽谷的手，正在伸向幾乎所有產業。全美或世界各地許多在過去與在地區域關係緊密的重要產業，現在都發現矽谷正在步步進逼。例如，好萊塢就面臨各種新興的娛樂及串流媒體新創企業的挑戰。接下來則是醫藥、醫療保健和製藥業。底特律也很危險，特斯拉所製造的汽車已經同樣相當優秀，公司市值甚至曾超越福特。另外，目前市場的一大焦點就是連「食物」也能發明再造，已經出現像是代餐飲料Soylent和人造肉Impossible Foods這樣的產品，以蔬菜仿製牛肉分子結構，製造環保漢堡，減少傳統牛肉造成的碳足跡。

溫瑪荷絲表示：「目前有許多運動都在進行，誰能預料呢？特斯拉和谷歌有個計畫，蘋果有些打算，Uber也在研究些什麼。底特律和富豪（Volvo）、豐田（Toyota）等公司可能正投入自駕車產業，但他們現在得面對『北加州』這個對手。」

確實，隨著我們生活的所有層面都慢慢無法脫離科技、資料與科學，矽谷（與舊金山）就成了能夠同時兼顧兩者的影響力中心。從食品、美容到奢侈品，各種企業品牌紛紛前來開設「實驗室」、舉辦研討會、與科技業高層會面，好像只要和科技界走近一點，就能耳濡目染、為自己開創未來。

矽谷現在承載了超乎想像的象徵意義。在過去講到要迎向未來，會說要在創造力、概念與文化上有所創新，但現在不知怎的，似乎主要談的就是科技與資料數據。而矽谷這片位於美國西岸的土地因為有這方面的專家，因而在意識形態與經濟上具有巨大的影響力。

## 「矽」說從頭

在她位於紐約熨斗區（Flatiron）的辦公室裡，微軟研究院首席研究員、專長為社群媒體的達娜．博依德（danah boyd）建議，應該不要把矽谷視為一個單獨的實體，而是一個部落族群。

那是個夏日早晨，涼爽的空調正在運作，很適合曼哈頓現在這個令人大汗淋漓的季節；辦公室的玻璃灰灰暗暗、沾著污染的斑點，正好擋下炙人的陽光與熱氣。

博依德認為，講到觀察矽谷，最大的挑戰在於大家普遍認為這是一個同質的基礎設施，不知怎麼地就練出一個大咖科技業者。但矽谷其實很像部落，是慢慢演變成現在這樣分層的狀態。她說：「有些非常耐人尋味而且獨特的階級。」

但矽谷這個概念確實需要好好檢視，因為它發展至今，已經不再只是一個部門或產業，而確實代表著某種整體性。矽谷是一種文化、一種心態、一種精神、一種語言，也是一種審美觀。矽谷有一些共同信奉的理念與價值，也就是說，雖然像亞馬遜的總部在西雅圖、Snapchat的總部在洛杉磯，但兩者都仍然像是個「矽谷品牌」。現在還有許多地方有樣學樣，例如倫敦的矽環島（Silicon Roundabout）、洛杉磯的矽灘（Silicon Beach）等，應有盡有，大家都希望自己也能包裹上同樣的神祕面紗。

英文的「Silicon Valley」（矽谷）一詞創於1971年，原本指的是舊金山灣區南部聖塔克拉拉谷（Santa Clara Valley）的一群矽晶片製造商。就地理而言，最初的矽谷已經一路擴展到舊金山和奧克蘭等地區（2015年，Uber宣布將搬至奧克蘭）。

《財星》千大企業有53家位於加州；如果把加州獨立來看，它本身就是全球第六大經濟體，規模超過法國，國內生產毛額（GDP）高達2.46兆美元。全球國家當中，只有美、中、日、德、英五國的GDP高於加州。

我們必須檢視矽谷從1970年代到2000年代後的崛起過程（蘋果也東山再起，再次成為重要的現有全球科技大廠之一），才能瞭解矽谷的文化影響力、今日的進展，或許也能找出原因，瞭解為何我們對矽谷比對其他產業更為包容。

在今日，矽谷這群公司已經代表著某種集體、某種象徵，不只是經濟的重要推手，更建立起「科技與平台不只是一種產品」的概念；他們是世界的建設者、是生活的方式、是眾人理想的工具，而且他們的前景就是我們的「未來」。為了達成這項目標，這群公司還特地為此打造溝通策略。而隨著他們不斷成長，其觀點、資訊與口號已經無處不在。

## 矽谷與創新

創新一直是矽谷身分的核心。但在不久之前，這件事還不像現在這樣深植於公眾意識，部分原因就在於，矽谷原本是以企業與政府為客戶，並未瞄準大眾積極進行推銷與販售。

矽谷早期是以軍事與海軍的研究為重點，有許多STEM（科學、科技、工程、數學）研究以此為中心，由史丹佛大學（1885年成立）及其附屬機構自1939年開始推動。此時的研究創新是由聯邦政府出資推動，希望應用於戰爭事務。後來矽谷的身分改變、或說擴張，不再只是政府與產業的供應商，而是轉向一般大眾，提供能放進大眾口袋的購物和音樂設備，而矽谷也在社會大眾心中愈來愈重要。同時成長的，還有矽谷所提出的承諾。就像是過去的各大品牌，不論從可口可樂到耐吉（Nike），向消費者銷售的時候，都必須為產品及其功能附加更多的重要性，像是可口可樂要讓不同的國家站在一起、耐吉要為運動員賦權，於是矽谷各大企業也不再只是電話、通訊平台和電腦。

隨著矽谷的崛起，「新創文化」這個概念也變得相當重要。每個傳統產業（包括我所處的產業）都將空間重新設計，希望在外觀、感受、說話及營運上都要模仿新創企業。就連日常對話的語言也受到影響，例如不再說「change」（改變）、而說要「hack」（駭進、駭入），而像「disrupt」（破壞、顛覆）、「innovate」（創新）、「unicorn」（獨角獸企業），也因為矽谷而成了現在的文化詞彙。

最初建立矽谷新創文化的時候，史丹佛大學貢獻良多。一個著名的例子是1950年代的工學院院長弗雷德里克·特曼（Frederick Terman），他會鼓勵學生應用所受的教育來創業，而惠普（Hewlett-Packard）和瓦里安聯合公司（Varian Associates）就是成功的案例。瓦里安公司的研發實驗室就在史丹佛校園邊上，這裡後來也成為史丹佛研究園區（Stanford Research Park）。

矽谷在1970年代發生許多變化，其中最主要的一點，就是從原本提供業務系統，改為直接向消費者提供產品與想法，只是還不像今日各大品牌會把話說得天花亂墜。當時的科技就算是直接面向消費者，也仍然是以業務、工作為重點。那是個晶片與藍籌股科技公司的時代，代表的企業像是在1971年推出第一款微處理器的英特爾（Intel），以及有「藍色巨人」（Big Blue）之稱的IBM。在此之後，兩者也持續跟著矽谷所帶出的新浪潮，試著把自己重塑成更時髦的樣貌。〔像是IBM打造了認知學習程式華生（Watson），英特爾也和Vice媒體（Vice Media）共同推出「創作者計畫」（Creators Project），希望接觸到數位時代的年輕潮流世代。〕

## 科技與自由

大約此時，科技開始與自由建立連結，但起源並非商業科技公司，而是有另一群舊金山科技愛好者，將科技視為逆主流文化的工具，能用來迴避體制、追求解放。於是，這些人成立了傳奇性的「自製電腦俱樂部」（Homebrew Computer Club），原本只是一群小人物在車庫裡的想法，卻成功聚集了一群科技極客與電腦愛好者。史蒂夫．沃茲尼克（Steve Wozniak）在此得到靈感，想出了最早的蘋果電腦「Apple 1」，並大方分享電路圖，甚至協助其他成員製造他們的電腦。賈伯斯和沃茲尼克也開始合夥，販售他們晚上在車庫裡製造的電腦。

自製電腦俱樂部的文化與晶片製造公司大不相同，是將個人電腦視為一種民主和自由的力量。啟發這群人的是史都華．布蘭德（Stewart Brand）於1968年出版的逆主流雜誌《全球型錄》（*Whole Earth Catalog*），內容刊載各種詳細的產品評論及文章。賈伯斯深受這種逆主流精神影響，在著名的2005年史丹佛大學畢業演說上，就引用了該刊停刊號的告別文案「維持你的渴望，維持你的傻勁」（Stay hungry, stay foolish）。《連線》（*Wired*）創刊執行主編凱文．凱利（Kevin Kelly）認為布蘭德早在網際網路發明之前就「發明了部落格圈」，而且是「由使用者產生內容的絕佳典範」。

這種心態的象徵代表，就是約翰．佩里．巴洛（John Perry Barlow）在超過20年前為了回應達沃斯世界經濟論壇首次注意到科技而寫的〈網路空間獨立宣言〉（A Declaration of the Independence of Cyberspace）。

到了2018年，美國的網路中立法規大開倒車，很有可能讓網際網路成為多個各自龐大、但又互相牽制的網際網路帝國，也讓資訊與網站的存取大受商業利益影響；這樣看來，巴洛的文章就顯得浪漫而理想。

目前的網際網路商業氣息濃厚，由各大網路服務業者或矽谷龍頭企業主導。但在巴洛撰寫宣言的時候，網際網路代表的完全是對立面。宣言一開始就講著：「工業世界的各個政府，你們這些由鐵血打造的疲憊巨人，我來自網路空間、心靈的全新家園。做為未來的代言人，我代表未來，要求過去的你們別管我們。在我們這裡，你們並不受歡迎。在我們聚集的地方，你們沒有主權。我做為未來的代表，要求各位過去的代表別再插手我們的事務。各位並不受我們歡迎。各位在我們所在之地並無權統治……網路空間不在各位的領土內……我們正在創造的世界，人人均可進入，沒有任何種族、財力、軍力、出生地造成的特權或偏見……我們正在創造的世界，來自任何地方的任何人都可以表達自己的信念，無論多麼特立獨行，都不用擔心被迫沉默或服從……各位愈來愈過時的資訊產業為求生存，將會在美國與其他地方提出法案，聲稱全世界的言論都歸它們所管……在我們的世界，只要是人類心靈所創造，都可以不費成本、無限複製及傳發。」

當然，部分情況至今仍然如此，只不過遇到極端主義使用者所產生的內容時，就會引發言論自由的挑戰與爭論。而且這也認為，就算不是你親自公布，公共網路空間也可能存在許多你的消費資訊（正如重要的「遺忘權」案例所示）。然而，我們的網路互動很多時候已經以資料的形式，成為廣告主的產品。小型公司或平台想列進搜尋結果讓人看見，現在就得付錢。真正的商品是我們的行為資料，而不是那些要賣給我們的硬體。這一切已經成了一個商業引擎，如果還是抱著過去的純真心態，覺得網際網路就是一道門戶、通往你所選擇的任何宇宙，就無法看到現在的事實。然而，過去認為網際網路是特殊的、解放的、去中心化的，這種想法至今仍然存在，甚至會被科技產業及網路供應者用來對抗外界的批評（特別是在隱私顧慮及／或反競爭行為）。水電、道路、電視等產業都有法規來規範，但網際網路至今仍有人認為它有所「不同」，讓我們看待它的觀點與看待其他服務及商品截然不同。

在過去，科技領導者一直不諱言支持網路中立性，但經過最近幾場爭論，他們卻顯得極為安靜。在某種程度上，是因為許多矽谷龍頭企業已經規模大到不再需要網路中立性；畢竟，網路中立性的原則是要讓所有資料來源、網頁、網站都不受商業偏見的影響，能夠平等地存取，是要讓言論自由，讓不分規模的所有網站與公司都一樣容易搜尋得到、使用得到。臉書、谷歌、亞馬遜和Netflix就像是池塘裡最大的魚，而它們現在正用著如同其他網路供應商的方式，塑造著我們使用網路的方式。

網際網路從原本的「自由」概念，後來變成資本主義的機器，而兩者間的意識形態爭鬥仍在繼續。歐盟之所以判定谷歌的購物及搜尋列表服務是反競爭行為，並重罰24億歐元，除了一方面是為了追求公平交易，也是要強調歐盟希望擁有的網際網路是自由的、解放的（對於小企業來說）、公平的，其實也就是類似最初網路提倡者追尋的概念。

## 矽谷起飛的雙翼：消費科技與網際網路

個人電腦運算在1980年代出現，大力推動科技成為大眾消費產品。雖然軟體的開發一開始是由美國太空總署（NASA）及軍方出資推動，但後來也進入商業應用。全錄（Xerox）在1970年成立的帕羅奧多研究中心（PARC），為後人研發出了雷射印表機、圖形化使用者介面、螢幕、個人電腦、乙太網路，後來也間接影響了蘋果、思科（Cisco）、微軟等公司的成立。1981年，IBM接續蘋果推出個人電腦（使用微軟的作業系統），為PC市場的爆炸性成長鋪好了道路。微軟在1985年推出視窗作業系統（Windows），並在1992年推出Windows 3.1之後，成為個人電腦的主流作業系統。

研究矽谷歷史、任職於史丹佛大學的萊斯莉·柏琳（Leslie Berlin）和我在帕羅奧圖共進早餐的時候告訴我，風險投資的崛起讓電腦運算從小眾的專業追求變成家家戶戶的必備良品。我們談話的環境氛圍，與我們的話題十分契合。那是一家稍有年代、但仍然熱門的飯店餐廳，幾位嬰兒潮世代的商務人士穿著休閒褲和高爾夫毛衣，正在開早餐會議。餐廳外面則有一小群打扮得乾淨利索的千禧世代，穿著T恤、牛仔褲、North Face背心，拿著各自科技雇主的品牌商品，走在街上、停著單車、啜著拿鐵。整體來說，帕羅奧圖就像是麥克·賈吉（Mike Judge）熱門影集「矽谷群瞎傳」裡所描繪的刻板印象，這事有點詭異，卻又無比真實。就是這裡，讓科技從專業設備變成無所不在的消費品項。

隨著消費科技興起，矽谷影響力上升的第二階段就是引入網際網路。全球第一個網際網路頁面是由CERN（歐洲核子研究組織）的提姆·柏納－李（Tim Berners-Lee）在1991年所創，接著就演變成達娜·博依德所謂的矽谷的兩個世界：第一個是傳統商業思維、晶片製造商生態系統、硬體創新實驗室，基本上就是原本的矽谷；另一個是消費者導向、與文化結合的新業務世界，以生活風格、零售和文化為中心。

博依德表示：「出現這樣新一波新創業者和麻煩製造者，成了我們所知的矽谷傳說的一部分。一切都是從這裡開始，這群人開始形塑整套事物、向前邁進。」

隨著網景（Netscape）推出史上第一個廣獲使用的網路瀏覽器Navigator，該公司共同創辦人馬克・安德森（Marc Andreessen）正式登上舞台。他也是安霍創投的共同創辦人，該公司推動臉書、Foursquare、Pinterest與推特的成立。博依德表示：「他至今仍扮演著重要角色。」安霍創投成立於2009年，率先讓風險投資人也成了一種名人。（在過去，風險投資曾經形象不佳，但安德森以一個未來思想領袖的姿態成為科技界的代表之後，從事風險投資幾乎就像從事創業一樣光鮮亮麗。）自從出現消費網際網路之後，矽谷成了一個創意、商業與創新的大熔爐，引來一波人才、金錢與利益。

這個期間出現許多達康公司（dot.com），從亞馬遜、Napster、谷歌到eBay等等，而對網際網路的諸多投機心態、加上愈來愈多人能夠上網，都讓風潮愈演愈烈。1990年至1997年間，美國家庭的上網比例從15%成長到35%。1995年之後，隨著又出現一波新的企業，速度更為加快。

博依德表示：「到了1999年，有一大群MBA學生都想加入這波快速致富的行列。」但這波風潮至此也後繼乏力。達康公司的估值在1990年代末呈現指數成長，沒人在意這些公司究竟是否真正有這個價值、營收如何、是否經過盡職調查、商業模式又是否經過驗證。這些企業甚至從未獲利，就能成立並造成股市波動。2001年，風潮達到最高峰。美國線上（AOL）與時代華納命運多舛的合併計畫，被視為是信心翻轉的轉折點，讓達康泡沫走上破滅一途。戴爾（Dell）和思科掛出大量賣單，造成一片恐慌。投資資本迅速萎縮，新創企業雪崩下滑。原本估值數百萬美元的公司，幾個月就變得一文不值。總市值損失高達1.755兆美元，許多泡沫時期的新創企業倒閉收場。

雖然達康泡沫破裂對經濟造成災難性的打擊，但1990年代和達康泡沫還是讓消費者行為出現重大轉變，而使矽谷的地位持續上升。在這段期間，消費者已經開始習慣使用網路來處理許多事務，不論是購物、找資訊、閱讀內容、觀看媒體，都成了再自然不過的事。而這一切就像鋪好一條康莊大道，方便後續的業務及商業模式繼續跟進。此外，消費者也開始信任使用線上工具來進行銀行業務、繳稅、分享個人資訊。

## PayPal黑幫傳奇

我們也看到了「PayPal黑幫」（PayPal Mafia）的崛起，這個詞是在戲稱PayPal的幾名前員工及高層主管，他們在2002年賣掉PayPal之後，不但創立了許多家矽谷重要企業，也投資了許多其他公司；在許多層面上，可說他們定義了矽谷今日的文化。其中，就包括PayPal創辦人彼得・提爾、X.com創辦人伊隆・馬斯克、PayPal科技長馬克斯・列夫琴（Max Levchin）、戴夫・麥克盧爾（Dave McClure）、查德・赫利（Chad Hurley）、LinkedIn共同創辦人暨前PayPal執行副總雷德・霍夫曼（Reid Hoffman）等等（名單還很長）。不論是Palantir、SpaceX、特斯拉、LinkedIn、Yelp和YouTube，都是在PayPal之後由這一小群人所推動出現。而這些創辦人（其中許多目前身價都達數十億美元）也一舉達到名人地位。《財星》2007年的一篇人物介紹中，就描述了這些人與日俱增的重要性。

《財星》文章寫道：「這一群連續創業家及投資人，代表的是新一代的財富與權力。在某些方面，他們是矽谷的經典人物；在矽谷，擁有成功、能輕鬆獲得資金，就會激發進一步的抱負、進一步的成功。正因如此，人們才從世界各地來到此地。但就算以這個標準來看，PayPal也就像是個培養創業家的培養皿。」

在這群人裡就有彼得．提爾，他是個強硬的自由主義者，認為政府只會造成干擾、把進度拖慢。我們也會看到興起一種想法，主張要違背主流、要用反直覺的方式來創新。（這可以延伸到提爾著名的主張：他認為年輕人可以不用讀大學，而該去創辦能夠真正改變社會的公司，或做些更有意義的事。）

博依德表示：「PayPal黑幫是一群非常重要的人，因為他們開始引進了第一波的金融思維。他們不顧任何文化歷史，而且雖然出身科技，卻崇拜著破壞顛覆，而將科技視為重組現有體系的工具。」

這是矽谷崛起的關鍵點：開始認為「破壞／顛覆」並不是件可怕或邪惡的事，而是一件很酷、很好、很進步的事，而且希望大家都能這麼想。也是就此開始，矽谷會去顛覆其他的產業與商業模式，從中賺取利益。科技決定論（tech determinism）也是就此開始，這是一種演化論的想法，矽谷領導人不斷鼓吹創新本來就該不斷進步、發展、形塑世界，不應受政府或其他任何東西阻礙。就算像Uber這樣，靠著廉價、未組成工會的勞力，顛覆某個本來能夠獲利的產業，即使尚未盈利，甚至實際上處於虧損，只要大家相信你未來能夠成長，就仍然可以繼續吸引資金。

在此刻，藉由顛覆現有而被認定是過時的產業來追求商機，成了一種如同異端的狂熱信仰，許多公司也正是以此為使命。哈佛教授克雷頓．克里斯汀生（Clayton M. Christensen）1997年的重要著作《創新的兩難》（*The Innovator's Dilemma*）也不斷推波助瀾，傳播著破壞性創新的理念。（書中點出創新如何打造較廉價的版本來取代市場領導者，以此創造新的市場和價值網路。）而破壞性創新現在已成為矽谷的座右銘。

在2001年達康泡沫破滅之後，矽谷在2000年代逐漸累積復甦能量，許多人都認為應歸功於PayPal黑幫。隨著這些企業品牌崛起，為岌岌可危的國家經濟帶來一絲安全感，在這些公司的行銷手法推動下，崇拜全民科技的心態開始出現。此外，智慧型手機成為大眾消費產品，再加上應用程式的爆炸性發展，都為此推波助瀾。

此時成立的重要公司包括：谷歌，1998年；賈伯斯領導的蘋果重生，2000年；SpaceX，2002年；LinkedIn，2002年；臉書，2004年，Palantir，2004年；YouTube，2005年。接著是第二波浪潮：推特，2006年；Airbnb，2008年；Uber，2009年；WhatsApp，2009年；Instagram，2010年；Snapchat，2011年。2008年的全球經濟危機雖然對這波復甦有所影響，但並未造成重大阻礙。還有另一個重要日期：iPhone於2007年問世。

## 從破壞顛覆到改造世界

第二波浪潮有一套新的故事在推動，部分原因在於得到了像溫瑪荷絲這樣的創新溝通重要人物支持。靠著另一套關於矽谷公司的故事，讓這些公司彷彿不只是科技公司、而更加特別。網際網路不只是一種連結、搜尋資訊的方法。在提爾心愛的破壞顛覆理念之外，出現另一種帶著理想主義的觀念，認為科技可以塑造世界、讓世界變得更好。隨著這些公司開始追上可口可樂、耐吉、Adidas、麥當勞，成為史上最強大的消費品牌，他們也開始相信自己的這些炒作宣傳。

博依德表示：「2000到2001年〔與泡沫同時〕，一切都崩潰了，那些MBA就此離開，但仍然相信科技能帶來改變的就會留下。」

比爾．蓋茲（Bill Gates）在2000年共同創辦了比爾暨梅琳達．蓋茲基金會（Bill & Melinda Gates Foundation），並在2006年全職投入慈善事業，致力於解決全球最極端的貧困與疾病問題，常常靠的就是最新的科技。馬斯克在2002年成立SpaceX，這是一家以太空旅行為目標的商業企業。創辦人基金（Founders Fund）於2005年成立，協助要研發「革命性科技」的公司。2008年，奇點大學（Singularity University）育成中心成立，位於美國加州NASA研究園區，創辦者為彼得．迪亞曼迪斯（Peter Diamandis）和雷．庫茲威爾（Ray Kurzweil）。奇點大學表示：「我們相信，這個世界擁有所需的人手、科技與資源，能夠解決任何的問題，甚至是人類最急迫、最頑強的挑戰。」2009年，谷歌風投（Google Ventures）開始投資「拓展可能性疆域」的公司，領域包括生命科學、醫療保健、人工智慧、機器人、交通運輸、網路安全及農業。「我們的公司旨在改善生活、改變產業。」

「改變世界」成了一套行銷口號，同時也是一套經營理念。這導致了矽谷歷史的下一波重大轉變。矽谷一方面試圖解決那些大哉問的重大問題、一面還得維持徹底利他主義的論調，於是也開始僭越國家做為世界的建設者、道德的引導者，以及思想領袖的角色。

蓋茲並不是由科技走進慈善的第一人，但或許是由他開始了一種高調做慈善的趨勢。而隨著矽谷的知名人士持續日入斗金、又希望運用自己的力量及影響力來解決世界的問題，這種趨勢只會持續下去。此外，也是蓋茲帶起了矽谷將慈善事業與商業相結合的趨勢。

博依德認為：「從這裡開始，發生有趣的轉變。」她說，資本家開始認為，要解決世界所面臨的挑戰，該靠的不是慈善事業、而是市場結構。「從這裡就能感受到那種非常強烈的新自由主義／自由主義／資本主義結合，這後來也成了矽谷的範本。」也是在這個時候，社群網路和部落格網站開始成長，博依德就表示：「文化極客回來了，開始重新想像著各種事情，而許多早期的社群網站、部落格和社群媒體正是由這些文化極客所重新想像而出現，重點完全不在於錢。」她說，這些人的起點常常是理想主義的使命感，但等到這些業務能夠擴大規模、得到資金，錢的考量當然就變得重要了。

溫瑪荷絲則認為，從軍事產品轉向消費產品，是矽谷達到目前影響力地位的最大因素。她回想：「在最初的階段，核子科技本來是為了其他科技，接著才是為了軍事，再接著是為了金融服務，但不論如何，一直都是為了專業人士、為了那些以科技為核心的產業，而不是真正面向整個外界社會。許多重要的事情就是這樣創造出來，成為今日一切的基礎。而各種軟體解決方案現在已經愈來愈多應用於非傳統領域。」

## 科技品牌與消費者的新關係

還有另一項重要變化：矽谷企業自己就是明星，而不再只是明星背後的推手。他們有了自己的品牌，而不是品牌背後的管道或機制。

溫瑪荷絲說：「曾經有一個階段，是軟體公司想要寫出軟體、賣給傳統產業。像是有一陣子就出現許多應用程式，是要讓計程車業改進後勤調派。但事實證明，計程車業並不是個成熟的軟體買方，於是這件事一直不成功，接著矽谷企業就決定自己來了，『由我來提供完整的解決方案，而不是得拜託傳統行業去接受我認為的未來。』於是我們就有了Uber、有了Lyft。正是因此，許多代表性的新企業品牌都來自加州。」

她說，這些新消費品牌的名氣也迅速達到國際規模。加州讓美國以「直接吸引消費者的科技」而聞名。也是在這一點上，矽谷與美國兩者的概念開始分不開。

這帶來的第一項成果就是iPhone；由於軟體具備了關鍵的重要性，也就讓整個權力中心從像是日本與台灣等亞洲國家轉移到了美國。溫瑪荷絲說：「大家花了很多時間談論硬體外觀，但重點在於硬體如何與優秀的軟體整合。而事實證明，有這項長處的是矽谷，而非日本。」突然之間，加州開始出現許多代表性的企業，矽谷不僅讓美國在經濟上有所提升，或許更重要的是在文化上也有所提升。

這種趨勢的發生與科技的一項轉變同步，那就是科技變得不再只是日常互動，而是開始變成一些更為強烈的事物：習慣、生活風格、難以抗拒的衝動。突然之間，消費者與科技品牌之間出現了新的關係。

研究了矽谷二十年的史丹佛學者柏琳就說：「我會用來描述這件事的詞，是『親切感』（intimacy）。我們與這些科技建立起親切感，於是影響了我們覺得自己是誰。這是一件前所未見的事，矽谷就這樣開始深深影響每個人。」矽谷那些知名的利他主義願景，確實有些是真實的、有些得到新聞頭條讚譽有加，但隨著某些公司不再只是發明絕妙的科技、而變成賺錢的機器，也有一些願景開始起了變化。

溫瑪荷絲說：「事實是，我現在手機上就有谷歌，能讓我查看國會圖書館和維基百科裡的所有內容，而這真的讓整個生活起了改變。」她相信，某些矽谷公司的雄心壯志，確實應該得到鼓勵。「我們希望它們成功，因為這可能帶來許多積極正面的改變。」

而這種真正創新的思維，可能正是矽谷其中一項最大的優勢。溫瑪荷絲說：「矽谷是一個巨大的實驗室，矽谷創業家自成一個團體，就像拍電影需要有劇組、想立法需要有黨團。這些人提出了非常崇高的主張，希望改進人類的生活。」但溫瑪荷絲也務實地指出：「有時候確實如此，但也有時候並不是這樣。」

## 折衷求生的理想主義

矽谷企業目前把話說得滿滿，但媒體近年來對科技領導者與科技公司的行為已經愈來愈有所批判。報導現在會把矽谷領導者描述成恣意妄為的帝國主義者，或是正給人類打造著一個自動化的毀滅結局。還有些專欄酸味更重，大力諷刺矽谷的傲慢、野心、聽不進別人的話。然而，普妮特・卡爾・亞希拉（Puneet Kaur Ahira，她是歐巴馬政府科技長梅根・史密絲的特別顧問）認為，事情並沒有這麼簡單。（亞希拉和史密絲都曾任職於谷歌。）12月下旬，坐在曼哈頓一家高人氣的麵包輕食店Le Pain Quotidien，不斷被假日購物人潮和買咖啡的工作者干擾，她談著自己在矽谷內外的體驗。她指出，許多公司一開始都是抱著大膽、真誠、樂觀的理想主義。

亞希拉說：「如果看看這套邏輯的起點，在賴瑞・佩吉（Larry Page）和賽吉・布林（Sergey Brin）創立谷歌的時候，他們的抱負是要以一種實用、能從任何地方存取的方式來組織世界的所有資訊。這件事絕不簡單，而他們所研發出的解決方案令人欽佩，不但優雅、而且符合直覺。我認為，立下如此宏大的使命、而且還真的能夠達成，這件事本身就十分了不起。而正因為他們達成了公司最初的願景，就代表整個標準被提得更高了。整個科技界常聽到一種言論，是大家互相在問『我們要怎樣才能好好運用我們的才能、知識與資源，把不可能變成可能？有哪些目標，才真正值得我們付出時間、精力與努力？』他們講這些話的時候，絕對是出於真誠。他們相信，只要你試著去解決最大的問題，金錢自然就會隨之而來。然而，雖然這些確實都是偉大的願景，卻也帶著一種危險的自負與傲慢。」

矽谷的公眾與經濟實力，也讓公司內部出現文化的改變。如果和任何一間矽谷大公司的員工聊天，會發現他們對其創辦人本人及那些崇高的使命有著一種真實、有時候簡直像是邪教一般的信仰，就算公司在上市後一切已經有所改變也不例外。

在同樣這個話題上，博依德曾在幾間矽谷重要企業任職，對於矽谷角色的演變有親身體驗。她說：「我待過所有這些建築物。它們先是不可思議地開放，接著又變得不是那麼一回事，大家都是這樣。」接著又提到，首次公開發行（initial public offering, IPO）常常就是轉變的關鍵點。「谷歌2004年IPO是一個轉捩點，在那之前其實是非常開放的。當時我就在谷歌，佩吉和布林會舉辦TGIF（Thank God Itan Friday，感謝上帝週五到了）活動，分享當週的重要事項、回答提問。我到現在還記得他們在IPO前一個週五上台的樣子。」

博依德回憶道，那是一個關鍵的時刻，讓谷歌從理想主義的「不作惡」（Don回憶道，那是Evil）的公司，轉變為一間封閉、利潤導向的公司：「他們上台，擺出的姿態就是『我們需要大家體諒，以後不能讓大家比股東早知道任何事了。他們不准，所以大家提出的大多數問題我們都無法回答。』那是一項極大的改變，因為過去的文化是員工永遠知道一切正在發生的事，但在華爾街的運作方式介入後，上市公司就是不能那麼做。這改變了公司裡的運作動力，而他們也承認得十分坦白。我還記得那次活動，是因為他們很清楚表示自己也是身不由己。從此這就成了挑戰。在那之後，因為公司太擔心洩密問題，谷歌的午餐餐廳就不再對外開放了。」

雖然在那之後，佩吉與布林仍然繼續主持實驗室，繼續推動遠大的雄心壯志〔稱為「登月計畫」（moonshot），從太空旅行到解決世界問題不一而足），但博依德認為，這些之所以會持續，是因為只有這樣才能吸引優秀而抱著理想主義的工程師。博依德認為：「這是為了吸引人才，他們是在說：『嘿，年輕的電腦科學家，如果你正在建立神經網路，如果這是因為你喜歡這件事，希望能做出自駕車，那麼我們就是你應該效力的公司。』那些登月計畫的重點完全不在於盈利。」

她又補充道，雖然創辦人還是會親身參與：「登月計畫需要幫忙的時候，佩吉一定在。他就只關心這個，完全不管公司的營運。公司營運是施密特（Eric Schmidt）的事……佩吉關心的是那些最有趣、最困難的技術問題。他想找來最有趣的人才，而為了這點，就得提出一些讓人才可以投入努力的夢想。」

科技挑戰是一回事，但矽谷當然不會就此滿足。慢慢地，矽谷不但把目標涵蓋到未知領域，也涵蓋到日常生活最傳統世俗的領域，像是人行道、教室，矽谷都矢言徹底改造。在矽谷領導者眼中，他們已經打好基礎，有著影響公民的軟實力，而且能夠突破各種邊界、選舉及國家管制，這時的治理與政治，就像是另一個有線電視網路或郊區賣場，等待他們的顛覆創新。在矽谷看上政府的時候，會發生什麼事？

第2章

# 政府與矽谷

說到政治宣傳，祖克柏簡直可以當模範。這個人在達拉斯的社區中心，與居民攜手合作建造果菜園，紀念金恩博士（Martin Luther King, Jr.）；與DACA計畫的「追夢者」（Dreamer）及退伍軍人坐著閒聊；在北卡羅萊納州的夏洛特賽車場（Charlotte Motor Speedway），和傳奇車手小戴爾．恩哈特（Dale Earnhardt Jr.）大力握手；在北卡羅萊納州立大學坐滿年輕非裔美籍學生的演講廳，談著多元性的重要。如果在那裡放個下巴方正、穿著長褲和扣領襯衫（並捲起袖子）的傢伙，活脫脫就是到處都能看到的公職參選人。但這次，這個人有著白皮膚、捲髮、帶點書呆子氣，穿著藍色牛仔褲搭深灰色T恤。

一直有人在猜，祖克柏究竟會不會出馬競選美國總統；雖然經過驚天動地的爆料，揭露了俄國在背後操縱內容影響美國選舉，而臉書又和俄國國家投資人有關係，但是關於祖克伯想選總統的傳言依然甚囂塵上。在臉書資料洩露的消息傳出後，傳言是否會停息，令人十分好奇。

這項傳言首次達到高峰是在2017年，祖克柏發表了著名的願景，說要認識美國真正的民眾。當時，備受爭議的總統大選仍餘波蕩漾，他聲稱要在這「動蕩的一年」，決心「和民眾談話，瞭解他們的生活狀況」，聆聽他們的故事，看看科技如何「改變賽局，讓人人都能參與」；當時新聞就一片熱議，認為祖克柏可能正在計劃（至少是最後應該會）競選總統。而臉書董事會也承認，已經同意這位執行長最長兩年的公共服務假，而且期間只要他願意，仍可保留公司的控制權。

## 千禧世代的政治覺醒？

至於祖克柏的各項公開聲明，也繼續一派的冠冕堂皇。他的2017年哈佛畢業典禮致詞充滿著對公民的呼告，呼籲千禧世代要看清世界面臨的挑戰，要擁抱共同的使命及社群，要透過創新、創業精神和勇氣，解決人類面臨的最大問題。他呼籲制定一項「新的社會契約」，透過像是普遍基本收入（universal basic income）及持續的成人教育，希望讓人人都能夠因應不斷的科技變革，於是也都享有平等的機會。

在這場常春藤盟校的畢業典禮上，他對著這群被雨淋濕的畢業生、家長及學者表示：「我們這一代的挑戰，是要創造出一個人人都有某種使命感的世界。」他以過去的太空競賽以及甘迺迪、胡佛等重要人物為例，指出那是個美國人站在一起、大步向前、成就非凡的時代。

講到這些挑戰，祖克柏說：「在我們的父母畢業時，工作、教會、社群都必然能帶來使命感。但到了今日，科技與自動化正使許多工作消失，各種社群的人數節節下滑，許多人感到孤單脫節、灰心沮喪，而希望能夠填補這種心靈的空白。我走訪各地的時候，曾經和少年觀護所的孩子和毒品成癮者促膝長談，而他們告訴我，如果只要讓他們有事可做，他們的生活可能就會不一樣……

「每一代都會有它們最重要的成就……數百萬志工，讓全球的兒童注射疫苗、預防小兒痲痺。又有幾百萬人，建造了胡佛水壩與其他偉大的工程。

「這些計畫不只是讓人得到使命感，更讓我們全國上下感到自豪、覺得我們能夠成就非凡。而現在輪到我們去做偉大的事了……」

在許多方面，祖克柏政治覺醒的步調是與千禧世代同步，許多人這時達到候選年齡，而投入政治參與。追隨祖克柏腳步的人可能還會很多。例如36歲的創業家暨經紀人史庫特．布勞恩（Scooter Braun）也開始多角化經營，從當小賈斯汀（Justin Bieber）的經紀人，加上了政治人物這個身分，據稱正考慮競選加州州長。他的公司SB Projects自稱是一家「多元化的娛樂暨媒體公司，跨足音樂、電影、電視、科技及慈善事業。」

從歷史上看，千禧世代一向對政治相當冷漠。對於像婚姻平權、漸凍人之類的議題，他們做的就是在社群媒體按「讚」支持，或是以冰桶挑戰之類的活動表達心意；另外，他們也會選擇購買倫理商品（ethical goods）。但在不久之前，講到要實際去投票，這群人的參與度還是低到不行。然而，由於學生債務、生活成本上升、氣候變遷，千禧世代其實面臨著極沉重的經濟挑戰，對比他們的政治冷感，令人更覺諷刺。時至今日，美國大選與英國脫歐餘波蕩漾，兩者都可見到巨大的世代對立（而年輕人屬於弱勢的一邊），於是他們也開始積極參與。在接下來十年間，這可能會造成巨大變化。皮尤研究中心（Pew Research Center）指出，在2016年的美國總統大選中，千禧世代與X世代的選民人數首次超過嬰兒潮世代。在英國，工黨在2017年大選搶下的席次意外亮眼，主要也是要歸功於年輕選民。《標準晚報》（*Evening Standard*）的一項調查顯示，在35至54歲的民眾當中，政治傾向大幅轉向左傾的工黨。而就整體而言，千禧世代的態度和價值觀也都較偏向自由派。

祖克柏會是下一位總統候選人之一嗎？他的政治表態在去年大幅升高，但之後很明顯就是一場長期運動，要將他重新定位為一個討人喜歡、面面俱到的公眾人物。

迅速瀏覽祖克柏（在數位社群裡，他喜歡用暱稱「Zuck」）的IG發文，會發現早從2014年起，就發生了一項微妙的變化，開始有策略地將祖克柏做為品牌來經營，希望打造出平易近人、聰明居家好男人的形象。IG上有狗的照片、有他的女兒瑪克絲（Max），但也像是矽谷許多人想與文化同步的時候一樣，就是少了一點感動、少了一點自我認知。祖克柏希望自己在大眾面前是個有趣的傢伙，所以就聽了不知道誰的餿主意，和比爾・蓋茲與摩根・費里曼（Morgan Freeman，臉書AI助手的配音）拍了幾支尷尬至極的搞笑短片。另一項著名的誤判局勢案例，則是祖克柏在瑪莉亞颶風（Hurricane Maria）之後的那場波多黎各虛擬實境之旅：影片原本希望展現臉書捐贈的150萬美元如何投入救災，但卻是讓祖克柏以動畫人物的形象出現，先到了再真實不過的災難現場，再快速轉場到月球上、最後又回到客廳去看他的狗，讓影片效果大打折扣。

在他許多「真誠的」社交照片裡，明顯可以看到操作的痕跡。像是參加紐奧良嘉年華（Mardi Gras）的家庭照，就顯得經過刻意安排而太過溫馨；表面是與太太約會的照片，但相機怎麼知道要去拍他們約會、而且還是個充滿藝術感的背光照？還有一張彷彿再真誠不過的家庭照，是在他宣布要有第二個小女兒的時候，他和姐妹三人的景象。此外，他在2018國會聽證會上的麻木或閃躲的反應，也成了社群媒體上嘲笑的對象。

在某些方面，祖克柏可說是下一代政治人物的典範。如果說以前的政治人是律師和銀行家，穿著西裝、打著領帶，那麼這位32歲、會說中文、穿著運動鞋的馬克・祖克柏，身兼科技巨擘、慈善家、全球主義者與社群媒體代表等身分，就正是千禧世代價值觀的體現。

## 社群媒體的信任危機

然而，想到祖克柏成為政治人物，也會讓人想到一些令人不安的問題。如果美國大選與英國脫歐正是血淋淋的例子，讓我們看到任由社群媒體塑造政治話語（及選舉結果）的教訓，一旦臉書所蒐集的大量資料數據被有策略地運用，情況會如何？這件事最讓人心驚的例子，在劍橋分析的醜聞後仍然繼續發展中，也就是臉書的內容能夠以多麼複雜的方式加以操縱，在選舉的時候為每個人量身打造熱門話題，而有可能影響你的觀感與情緒。至今，我們仍然不清楚那些背後有俄國操縱的臉書粉專與貼文究竟對美國大選造成多大影響，但假新聞、社群媒體分身及機器人的影響，以及他們塑造及扭曲數位領域的能力，正逐漸變得明顯。特別是羅伯特・穆勒（Robert Mueller）已經起訴了川普的四位前顧問、十三名俄國人、三家俄國企業、一名加拿大人、一名在倫敦的律師，而且名單還在增加中。臉書、推特、Instagram與YouTube上的社群媒體分身、貼文、群組及身分盜竊，已經成為造成美國人彼此對立愈演愈烈的關鍵工具。其中又以臉書最為突出，在長達37頁的起訴書中就被提到35次。

面對這項起訴，臉書公開表示肯定、也對調查結果表達歡迎，只是臉書的廣告副總羅伯・高德曼（Rob Goldman）倒是發了一篇失控的推特文，似乎是在駁斥穆勒的調查，不過臉書很快就對此發表譴責。但從起訴書裡可以清楚看到，在臉書用來改變及扭曲意見的工具當中，俄國買的廣告只是其中的一小部分。根據《連線》報導，看到俄國廣告的大約只有1,100萬人，但相較之下，有高達1.5億人看到了由俄國在背後控制的貼文。這可是一種多管齊下、具有針對性、沉浸式的社群媒體體驗，能用來造成改變。當然，臉書在當時想都沒想到這種事。但想像一下，如果這遭到刻意利用會如何？

在那種情況下，祖克柏就有能力把人推上總統寶座。會是他自己嗎？

劍橋分析醜聞爆發後，對祖克柏的領導激起一波廣泛的批判，他在臉書以外的形象也不如以往容易控制。不論是生硬的電視專訪，或是一直瞎扯著臉書是個「社群」、講得好像社群網路是個教堂集會所，都顯現出他缺乏自覺到驚人的地步。至於在同一週，臉書的營運長桑德伯格以貌似誠懇的說法談著信任，其實也如出一轍。但事實上，這一點都不重要。這兩場專訪，都是在經過精心安排的嚴格控管之下，訪問人幾乎沒有對他們做出任何挑戰〔Recode的卡拉．絲威許（Kara Swisher）與克特．華格納（Kurt Wagner）除外〕。揭露消息的英國「第四頻道」、《衛報》、《觀察家報》都未能取得訪問權，否則祖克柏應該無法如此平安度過專訪。第四頻道的主播瓊．史諾（Jon Snow）甚至發表了一封公開信，呼籲臉書回應。但等到臉書成了媒體本身之後，情況會怎樣？整個賽局可能完全改觀。

## 智慧科技的政治陰謀論

不只有臉書能進行這種微妙的操作。隨著臉部辨識、語音啟動與互動式家庭控制中心（home hub）等新科技成為常態，這樣的操作就會變得更為普及。在智威湯遜看來，2018年最重大的消費科技趨勢之一就是「視聽聯網」（Internet of Eyes and Ears），指的是新的消費科技能夠聽著我們、看著我們，接著快速做出回應。各種日常用品開始裝上智慧相機與最新的視覺辨識科技，再結合機器學習，分析圖像、情感及臉部表情，還能用來辨識人（甚至寵物）。與此同時，語音辨識和自然語言處理（NLP）的發展，已經讓人可以像科幻片一樣與電腦交談。運用這項科技，只要說話就能啟動產品、與虛擬管家交談，不用動手打字，就能在谷歌上搜尋資訊。根據產業分析高德納顧問公司（Gartner）的說法，行動網路搜尋已經有50%都是用語音完成。2017年，共售出了2,200萬台Amazon Echo智慧喇叭。結合這些新科技，能夠對人類的生活有一些全新而私密的瞭解，很容易就能在政治領域派上用場。

臉部辨識現在不僅能用在自動通關，更成為一種金融身分驗證的形式。2018年，使用阿里巴巴的微笑支付應用程式，中國用戶在肯德基買炸雞只要笑一笑就能付款。iPhone X也首次搭載蘋果的臉部辨識系統，用來為手機解鎖。谷歌旗下的Nest，也有售價299美元的Nest Cam IQ，內建臉部辨識科技，能判斷是家人或陌生人。

視覺科技風險投資公司LDV Capital的普通合夥人艾文・尼爾森（Evan Nisselson）最近就告訴智威湯遜：「靠著電腦視覺分析，視聯網（Internet of Eyes）就能讓所有無生命物體都具備視覺。將無生命物體裝上攝影機，企業就能開始蒐集資料，後續供電腦視覺與人工智慧演算法加以分析。分析內容可能包括物體辨識、情感分析、手勢辨識，以及辨識其他許多人類的行動，將會影響所有產業及人類。」LDV Capital預測，未來五年內，嵌入式攝影機將會成長至少220%。

很快，如果Amazon Echo智慧喇叭（以及Google助理到蘋果Siri之類的產品）成為人人家中的耳朵，大咖科技業者將會能夠分析我們的閱讀習慣、對話及政治討論，而這種以前主要發生在螢幕上的互動就要出現另一種新層次。智威湯遜的資料顯示，美國的千禧世代上網購物時，89%都是以亞馬遜做為購物搜尋引擎。而亞馬遜新推出的Echo Look（一項運用AI照片辨識的購物輔助工具）就像是超級加強版的消費者意見調查，能夠拍攝使用者的照片、調查大眾對其穿著的意見、儲存並分析內容之後，提出量身打造的建議。這些應用程式蒐集的資訊，最後會不會不再限於消費類別，而開始侵入公民參與的領域，用於影響選舉？感恩節團聚時的政治對話，會不會被用來量身打造具有針對性的廣告和簡訊？智慧連網電視攝影鏡頭的圖片辨識功能，會不會用來分析政治廣告所引發的情緒？這與其說是可能的下一步，恐怕是早已發生。

## 當矽谷思維擴張為治國理念

消費者、尤其是年輕人，似乎對於讓矽谷領導政治樂見其成。智威湯遜2017年為本書所做的民調結果顯示，如果有矽谷領袖參選從市長到總統等公職職位，有84%的美國消費者都願意把票投給他。其中，民主黨人（91%）、城市居民（89%）、少數族群（黑人／非裔美國人89%，西班牙裔美國人89%）願意投票將科技人物送上公職的比例又高於平均。不意外，年輕受訪者同樣更有可能把票投給參選公職的科技領袖：15-20歲有90%，21-34歲有88%，35-54歲有85%，而55歲以上則是79%。換言之，千禧世代有88%會把票投給參選公職的矽谷人物。

就算祖克柏沒有參選總統的打算，臉書也可能是一股強大的力量，足以決定誰才是優秀的候選人，並影響最後的選舉結果。畢竟，臉書擁有大量的個人資料，再結合AI，能夠瞭解及事先操控使用者的情緒反應。而且，不論是谷歌、推特和臉書，都會創造出幾百萬種涵蓋各種範疇、為個人量身打造的體驗。想針對某個候選人加以設計，讓他不管在哪位民眾的數位螢幕上看來都適才適任，並不是太難做到的事。畢竟，Netflix的首頁就已經為你量身打造了，不是嗎？有趣的是，這件事還可能不僅限於螢幕平面；臉書的未來科技已經開始走向3D化身、擴增實境、虛擬實境等等。希拉蕊競選的時候，曾因未造訪某些關鍵州而遭受批評，但祖克柏可能很快就能以虛擬方式讓自己無所不在。這一切的發展，都是因為數位平台、社群媒體及科技在政治與選舉裡扮演著愈來愈重要的角色。

如果祖克柏或任何一位同輩的科技人參選並當選，未來可能就會發生重大變化。有人說，臉書或亞馬遜都已經像是個獨立的國族國家（畢竟全球人口有近三分之一都上臉書），但這些平台與服務仍然只是供人參與、限於像社交和購物之類的行為，我們每個人也能加以調整。在某種程度上，至少彷彿還受到消費者力量的監控。與此同時，這些創辦人就算心中有偏見、理念有偏差，也只會影響到他們的慈善事業與投資事業。就算馬斯克相信普遍基本收入可以解決迫在眉睫的自動化失業危機，這也只是他能拿來大聲疾呼的論點，而不是已付諸實踐的政策。

有人認為目前的學校大有毛病，應該改用科技導向、極度量身打造的方式，才能加以導正，為低收入公民創造平等機會，並讓社會能夠面對未來。但這種想法忽略了教育其實會受到社經結構、系統性的多代失業、褫奪文化公權等因素影響，而有許多無形的差異；但不論如何，目前還只有在由這些科技億萬富翁支持而新成立的私立實驗學校，才會運用這種新的教育方式。另外，雖然矽谷所支持的各項科學大獎基金大幅偏袒白人男性，但光是如此並無法阻止女科學家的發展，也不是她們唯一的經費管道。但如果是，會如何？

如果這些情況成了社會的普遍現象、開始取代國家的制度，扭曲的情況就可能更為嚴重。到時候影響的就不只是某個我們能自由加入或退出的社群網路或線上超市，而是人人都被迫生活在這種結構之中。

所有事情，一開始都是天真而正面的。資料自由共享，有什麼不好呢？服務無縫接軌，有什麼不好呢？政府如果由矽谷主持，許多系統確實會更有效率，走向自動化和數位化。只不過，這一切也很容易變調，變成由跑腿打工平台TaskRabbit這樣的平台來取代各項緊急服務，由承包商隨需提供消防服務，至於供水或道路，也以社群媒體來監督管理。（但這樣一來，如果定價忽然飆漲、Uber消防人力不足、又或是對這些業者沒有背景調查，會發生什麼事？）光是以臉書為例，工作、生活和社交就已經變得難以區別。而在可能並不遙遠的未來，或許公民身分、受雇就業與消費主義之間的界限也可能變得模糊，一切成為連續的生態系統，不論是消費者評分、個人政府文件，都能儲存在臉書上，而所有人的履歷表也通通公開，人人均可查看。

隨著像亞馬遜這樣的公司投入金融服務和身分驗證，較高收入的消費者有可能會得到較好的對待。等到亞馬遜成為具備Echo Look這類設備的社群網路，就能結合個人的財力與社會影響力相關資訊，做為設計競選操作或政策的參考。目前看來，臉書似乎很重視永續、LGBT權利，以及偏向新自由主義的信念體系（但同樣別忘了，部分原因都是臉書是個重要的消費品牌），但這一切也都可能造成內部的分裂。千禧世代的新自由主義，能否取代現在美國的極右翼領導？就算做到，一切會不會仍然一樣分裂？在美國，川普或許並不能代表那些住在沿岸的自由主義者，但矽谷那些享有特權、讀常春藤聯盟名校、生活和工作都在北加州高級社區裡的人，他們的信念體系同樣無法代表所有人的想法。畢竟，進步主義本身其實也就是一種精英概念。又或者，政府會變成一種終極、演算法驅動、不斷更新的消費者品牌，會不斷注意消費者的情緒來做調整。運用區塊鏈這種去中心化、即時更新的資料庫科技，我們就能針對各種議題立即投票表決。或者更簡單一點，投票可以就像是參加BuzzFeed上的調查一樣。

在許多方面，看看二十世紀中期傳奇的城市規劃師羅伯特·莫西斯（Robert Moses）做的事，就足以讓我們警醒，注意目前矽谷的公民影響力可能造成什麼後果。當時，莫西斯把自己的願景強加於戰後美國，把他看不順眼的街區全部拆除，建立新的現代化街區、公園和游泳池，並且因為他認定汽車對美國經濟未來至關重要，就蓋出條條的道路。就算是有重要歷史意義的市區，他也讓高速公路揚長而過。在「都市更新」的口號下，他蓋起新的住宅、進行各種收容窮困人民的社會實驗，但許多此類計畫其實是傷害了這些社群，讓他們更為孤立疏遠。對於那些城市內既有、而且大致上並無問題的複雜生態系統，他視若無睹〔相較之下，在珍·雅各（Jane Jacobs）1961年的名作《偉大城市的誕生與衰亡》（*The Death and Life of Great American Cities*）當中，則是觀察、推崇並強調這些生態〕。

矽谷正在向我們推銷一個升級版、資料驅動、沉迷科技的未來，有著與莫西斯一樣的願景、偏見與盲點，而且距離實現也正愈來愈接近。我們真的想看到滿天飛著送貨的無人機？大眾運輸應該要隨需供應？自駕車真的是我們的未來嗎？效率、提升的永續性、科技的進步，這一切都是好事，但隨著城市愈來愈緊緊相連，我們也有愈多互動變得商業化。

說到底，不論是Amazon Echo、或是谷歌的Google Home，之所以會賣得如此便宜，是因為真正的商品根本不是這些玩意，而我們才是真正的商品。我們的互動、行為和購買行動都會產生資料，而如果要針對我們每個人進行後續的銷售和廣告，這些資料就價值非凡。等到整個城市都連上網路，城市生活整體就會成為另一項商品。

## 敢與政府平起平坐的影響力

講到政治上的影響力，矽谷現在也比大多數產業更占優勢，而且手法前所未見。現在的矽谷隨時都同時具備政府供應商、合作者、贊助商、顧問、溝通者、競爭對手與敵人等各種角色。矽谷手中的各個平台，已經成為民主、選舉和政府所不可或缺。矽谷的企業和風投基金能動用的資本遠超過以往。在2017年，蘋果手中的現金超過2,500億美元；而2016年11月的美國聯邦準備金也才1,180億美元。蘋果如同經濟強國般的實力，是隨著消費科技一同興起，當時所有的創新重點都轉向了商業產品；政府不再像1930至1980年代那樣刺激創新。根據Future Marketing Insights的資料，預計到2020年，全球消費科技市場價值將從2015年的1.45兆美元成長到3兆美元。印度和中國會推動新的需求，而美國預計將繼續投資升級既有科技。

在今日，矽谷企業比任何人都更了解消費者與公民。在某些方面，甚至會比親人朋友更瞭解你，至於和其他產業相比更不在話下。製藥公司不會知道你多常看星座資訊，石油公司不會知道你上次改變旅行目的地是什麼時候，也不知道你上週是不是去了墨西哥城、齋浦爾或上海，又或是你在那裡查了什麼資訊。矽谷所擁有的豐富消費者資料，已經超越了地理與政治疆界。至於矽谷現在所存取的資料類型，也正在變得更為隱私與全面，包括像是我們的健康與生物電子資料、銀行帳戶資訊、語音辨識命令之中所取得的資料。此類科技也可以讀取臉部表情，即時分析你的情緒。

就算是傳統的影響力領域，矽谷也並未缺席。矽谷與許多石油和製藥公司一樣屬於跨國企業，同樣都會在企業成長的同時擴大對華盛頓特區的投資。矽谷會進行遊說、設有政策主管，在政治圈也有影響力。在文化界，矽谷企業同樣有強大的影響力，與消費者關係良好，這一切之間的拉扯於是格外耐人尋味。矽谷企業一方面可以像大型石油和製藥公司一樣進行遊說，但也能夠運用它們在勞工與消費者（兩者常常重疊）的公民基礎促成改變，即使意味著和傳統政府對抗也在所不惜。

矽谷公司（特別是大企業）與政府之間的權力動態不斷改變。相較於其他企業，大型科技企業因為會刻意標榜自己是為善的力量（而不只是為了獲利），因此更喜歡發表政治聲明。例如蘋果和谷歌，就和迪士尼與可口可樂並列於全球最具影響力的品牌。過去的幾波工業化，讓人覺得產業擁有能力，但這次除了能力，更覺得矽谷能創造奇蹟。而且矽谷也讓政治成了一種行銷策略。在全球前十大品牌當中，就有七個在英國脫歐、個人隱私、2016年美國總統大選等諸多政治議題上表達立場，從過去歷史上多年來中立的立場，開始大步走向公開挑戰政府。連商業品牌都有足夠的信心，能夠在政治議題上公開發聲、反對政府，這可說是一種典範轉移。蘋果、臉書、谷歌和微軟的領導者，都主動批評川普退出巴黎氣候協定的舉動。戶外服裝品牌Patagonia也因為對國家公園的保護縮減，而正式提告美國政府。還有，會見DACA計畫追夢者的是祖克柏，而不是美國總統。然而，這樣的激進主義也與他們做為消費品牌的角色有關：他們需要展現出自己與時代精神和集體意見站在一起，就算和總統對立也沒有關係。此外，在這個基礎上，他們也會受到比製藥和其他公司更為嚴格的檢視。在2017年超級盃期間，許多企業都推出了非常政治的活動。例如在川普對穆斯林國家實施移民禁令後，Airbnb就發起#WeAccept（#我們接納）活動，以強調該企業的包容政策。（雖然這個活動還是有其限制，例如在活動中，沒有任何一人戴了穆斯林頭巾。目前並不清楚這究竟是戰術疏失，或是單純的愚蠢。）

當政策影響到矽谷企業利益，讓矽谷試圖動員其使用者，矽谷與政府之間的關係也就變得更加複雜。「這不是你想要的！寫信給州長！」Uber就用過這種策略來推翻政府對它的限制與禁令。Airbnb也曾經為了動員用戶（或是Airbnb所稱的「社群」）代表Airbnb來向政府遊說，建了一整個平台，告訴用戶發生了什麼事、該寫信給誰，好讓Airbnb繼續出租公寓和房產。他們把所有Airbnb用戶講得像是一個共享經濟的新「公會」，並發展出完整的策略，以集結顧客、發起運動，支持短期住宅出租。一方面，Airbnb可能會有政策主管、可能會進行政策遊說，但同時又站在體制的對立面，成為「革命推動者」，只不過是為了自己的商業利益。這裡的象徵很重要。Airbnb這家企業，變成似乎是站在人民這一邊、而不是國家那一邊。

這項重大改變的起源，在於矽谷已經擁有比美國與許多其他政府更大的金融影響力，在許多關鍵領域取代了過去的政府而引領創新，所肩負的關鍵治理角色也愈來愈吃重。矽谷所做的，可不只是馬斯克在造太空船而已。由於矽谷這些商業公司擁有更多資金、引領更多創新，目前已有愈來愈多NASA與政府合約交到矽谷手中。各項聯邦計畫因而積極討好矽谷的機器人新創事業，針對未來可能與軍事和政府用途相關的新科技，試著持有相關新創企業股份。這樣一來，解決問題與創新的推進力如虎添翼。例如英國政府就求助於谷歌旗下的Deep Mind，處理醫療保健服務所需的機器學習功能，也找上Palantir處理分析工作〔紐奧良據稱也已開始試行Palantir的預防性警務（predictive policing）科技〕。矽谷正在成為大家的「專家好朋友」，而且人人都可以看到這樣的權力轉移。過去，是政府把人類帶上太空、是政府的科學家建立了網際網路、是政府官員在規劃戰爭策略，但現在我們期待科技公司帶領我們走向未來。

隨著社群媒體成為政府與政治行銷的管道，這群科技團體不僅主導政治言論、還會加以擴大。現在，各項社會運動都會在社群媒體上運作，而且成效良好。政治新聞也在社群媒體上得到目光，以及遭到扭曲。臉書、推特、YouTube和Instagram現在都會用於政治活動，而且都有政府的官方粉專。這又是另一個矽谷影響政府的例子。

社會與政府在許多面向正走向數位化，也往往需要民間企業的投入。由於經濟成長也是經由這些產業所推動，許多政府都希望讓矽谷成為他們的商業夥伴。在SXSW互動節（SXSW Interactive）上，歐巴馬就曾笑稱希望把現場所有人都聘到政府裡。正因為科技成了人民心中的未來，各國政府都希望自己能夠明顯看來與科技走在一起。

但在光譜的另一端，則有一種更宏觀的觀點，看到矽谷的科技最後會加重政府身上的所有壓力，讓政府收入減少，實力進一步削弱。自動化、機器人科技、人工智慧，都會讓失業率上升。自駕車、感測器和自動化則會大幅減少停車與超速等罰款收入，而這都是政府的重要收入來源。Airbnb等平台扭曲了住宅與租屋價格，讓低收入消費者被迫離開。在研究、理解、預測、甚至是規範上，新科技都造成許多道德難題，也給政府造成進一步的壓力。例如光是廣泛使用無人機這項議題，就會出現隱私考量，需要加以規範。總而言之，政府彷彿遭到凌遲，進入一場緩慢（或者並不那麼緩慢）的消耗戰，一方高舉的是「效率」，另一方則是政府一貫的緩慢和官僚主義。就算政府的緩慢是因為深思熟慮，來自科技界的對手也會公然表示這就是在阻礙進步。哪邊會贏呢？

## 矽谷沼澤：變化中的華盛頓特區

2016年12月下旬，一個寒冷結霜的早晨。許多人已經進入度假模式，購物、拜訪親戚、溜班、和朋友見面。然而，希拉·克魯荷茲（Sheila Krumholz）不一樣，她是華盛頓特區非營利無黨派組織「回應政治研究中心」（Center for Responsive Politics, CRP）的執行長，CRP的工作是追蹤金錢和遊說對選舉和公共政策的影響，尋找其中的利益衝突。

克魯荷茲此時非常疲倦。經過許多個月不斷的競選活動，總統大選才終於落幕，但接著是川普總統在選後仍有爭議餘波蕩漾，於是又有了大量新事物得去追蹤。

「我們要推廣一種觀念，就是不論你在什麼職位，都必須能夠取得資訊，才能做到基本的盡職調查、讓政府擔起應有的責任。這樣一來，才能確保推出的政策是為了做對的事，而不是為了錢，」克魯荷茲這麼說，指的正是川普政府。「金錢正湧入我們的系統。億萬富翁和極度富有的商人得到任用，擔任政府中最有權勢的職位，程度前所未見——而且我要補充一點：他們根本缺乏政治經驗。」

在川普當選之前，克魯荷茲注意的是矽谷在華盛頓特區的影響力上升。從新聞就可看到，矽谷的遊說日益增加，歐巴馬政府與科技龍頭之間的旋轉門問題，以及矽谷出沒於華盛頓的蹤影。可能得像川普那樣程度的身家、那麼多層面的商業利益衝突，才比得上矽谷的影響。

克魯荷茲表示：「科技對我們日常生活的影響如此無所不在，我們每週7天、每天24小時都被它包圍，這與其他任何關係都不同。我們不會被保險所包圍，甚至也不會被時尚、或是好萊塢包圍。但如果你想刻意不用任何科技，有可能連五分鐘也撐不過，其他任何事物都很難跟它相比。特別是在華盛頓特區。」

然而，就算是在選後紛紛擾擾的這幾個月，矽谷領導者也逐漸成為新總統任內的關注焦點；不是批評川普、就是被批評和川普站在一起。而不論這些矽谷領導者站在哪一方，光是發現他們比汽車、能源或金融界的領導者占據了更大的新聞版面，就可看出矽谷的文化影響力。

在政治領域，為了個人與產業利益而進行遊說並非新鮮事。例如在2016年，投入最多遊說資金的就是美國商會、全國房地產經紀人協會、製藥與醫療產業、波音公司，以及AT&T。然而，現在多了一個競爭者：矽谷，在創紀錄的短時間內，貢獻了與前述成熟產業不相上下的遊說資金。克魯荷茲表示：「我們已經看到矽谷的影響力成長，也看到四處蓋起了閃亮的科技大樓，主人就是谷歌和各大科技企業」，此語指的是矽谷在華盛頓特區的各個新辦事處，成為遊說活動的中心。

據CRP資料顯示，Alphabet公司（重組後擁有YouTube、谷歌和谷歌旗下事業）在2017年，就投入超過1,800萬美元進行遊說。同年，亞馬遜投入1,280萬美元，臉書則投入1,150萬美元。如果再加上蘋果，2017年的總金額將近5,000萬美元。在2016年的總統大選中，希拉蕊得到他們最多的政治獻金，總額達400萬美元。

雖然最後的當選人是川普，矽谷的影響力仍然繼續成長。彼得・提爾這位川普的代表、競選時的金主、白宮交接團隊的早期成員，或許正是這些關係延續最明顯的例子。

矽谷在華盛頓的影響力，有何特殊之處？

克魯荷茲表示：「情況很複雜，就某種意義來說，矽谷也只是另一個產業，代表著就業機會；而既然代表就業機會，選民也就會關心。當然，選民也會關心矽谷生產的那些神奇產品。只不過，矽谷本身就有大眾吸引力，他們有錢，也有政府需要的專業知識。矽谷就是通訊產業，和農業或國防不同。」矽谷的手段，可說是軟硬兼施、無所不用其極。

克魯荷茲認為，華盛頓對於這件事的意義，到現在仍未徹底瞭解：「總有些國會議員對矽谷充滿敵意，有可能是因為他們不瞭解矽谷，但或許更有可能的是覺得矽谷都站在民主黨那邊，而〔在2017年〕共和黨目前在國會占多數。當然，也有一些矽谷的人還是覺得自己比華盛頓那些政客更優越，並不是真心想來遊說這一套，因為他們認為自己可以把一切做得更好、讓華盛頓整個自動化，而不是仍然把一切交給這個在華盛頓生根成長的傳統政治系統。」

她補充道：「然而，還是有人會說要讓政治徹底改變，而且我認為，許多人都在等著，希望科技就算不能徹底改變華盛頓，至少也要徹底改變美國人對政治的參與。」

當然，「政府」和「政治」的意義因人而異，也因國家而異。在美國，「政府」包含了民間事務、軍事事務、聯邦事務、地方事務，以及執法事務。另外，NASA、醫療保健、聯邦醫療保險（Medicare），甚至國家公園，也都是政府涵蓋的範圍。此外，就連你的駕照、稅務、船在海裡沉了要救援，也都由政府管轄。在這之中，有許多不同的互動，而民眾對每項互動都會有不同的感受。然而現在，「政府」這個整體概念似乎正受到挑戰。

至於「政治」，也有一套雖然不同、但同樣令人煩惱的感受問題。如果說英國脫歐和美國大選的結果是用選票表達了反對國家體制，那麼那些投票支持留歐與希拉蕊的年輕人，則可說是支持國家體制。然而也正是這一群年輕人，對政治和投票漠不關心，對政客也多所懷疑。

2016年美國總統大選，投票率幾乎降到二十年來的最低點，只有大約55%；是自1996年的53.5%以來最低。克魯荷茲表示：「大多數美國人都沒興趣去投票。許多人還處於經濟困境，除了源自經濟危機，更重要的是來自四十年的工資成長停滯。不論哪個層級，積極參與政治活動的美國人都只占了極少部分。」

克魯荷茲認為：「你會覺得，如果一切陷入僵局，最後一定得付出代價，但某些人現在就是希望讓國會什麼事都不做、削弱政府的權力和權威。而且到目前為止，尚未付出任何代價。也許那就是我們會面臨的未來：並不是得到什麼科技解決方案、得以擴大民眾參與和民主，而是使整個民主進程萎縮。我不知道。但在某種程度上，這已經不再是民主，而是另一種形式的政府。」

前美國國際資訊局（U.S. Bureau of International Information Programs）統籌暨前白宮新媒體主任馬肯·菲利普斯（Macon Phillips）表示：「人民抱著懷疑的心態，不相信官員真心想追求人民最大的利益。」菲利普斯身材高大、出身富庶，坐在華盛頓特區熱門的杜邦圓環區（Dupont Circle）咖啡館裡思考著這個話題。在歐巴馬競選的時候，菲利普斯擔任其數位策略顧問，他的職涯就是想改造傳統組織，讓它們能夠適應數位時代，而且要做有良心的事。他說：「民眾普遍認為政府效率低落、跟不上時代……在這個世代長大的過程中，看著唱片業崩潰死亡、遭到顛覆，也看著報業崩潰死亡、遭到顛覆。我認為，我們身為關心制度的人，必須面對的一個重大問題是：政府究竟有哪些部分該拋棄、又有哪些部分該拯救？這問題很難回答。」

矽谷在此的優勢，在於它們屬於消費者品牌，似乎更要對人民、而非政客負責，而這裡的選舉是每天舉辦，不是四年才一次。此外，公民消費主義（citizen consumerism）的意識在提升，消費者更有政治意識，會運用購買力促成改變：如果不喜歡某個品牌的作為，就能夠拒用、拒買，或是在社群媒體上帶動人民怒火，以促使品牌回應，而這也讓人覺得自己有控制權。

看到政治如此狗屁倒灶的千禧世代，心中的政治想法不吐不快，不過他們選擇的方式仍然不是前往投票所，而是上新媒體平台（推特、Instagram、臉書）。但到目前為止，這樣的做法引起的注意或成效都十分有限。確實，臉書直播影片會有人分享、網路迷因（meme）會有人上傳，甚至也出現了一些規模前所未見的大型抗議活動；但在2017年3月的洛杉磯市長選舉，投票率仍然只有12%。相較之下，在投票不到兩個月前，女性遊行（Women's March）活動估計有高達50萬到75萬人參加，占該市總人口20%，而且整場活動的規劃主要都在社群媒體上進行。

然而，這些並非美國獨有的問題。全球都能看到政府和人民之間的信任崩潰。有些人把矛頭指向社群媒體，認為是它們對造成政治分裂的話語推波助瀾，也認為政府反應不夠快，於是讓自己愈來愈邊緣化。也有人認為，是因為全球化的力量過於強大而無所不在，讓各國政府無法再保障國民的安全與就業，於是也就難以維持權力地位。可以看到，有些地方於是開始出現國族主義高張，或是裁員緊縮開支，但這是最終的答案嗎？矽谷企業身為跨國、消費者中心的實體，確實比各國政府占有優勢，而且也已經開始懂得動員使用者與公民來推動自己想做的事。

而在這一點上，矽谷與川普就意見不同。矽谷想做科學研究，相信再生能源是我們的未來，也希望達到自動化。至於川普，則是在2016年競選期間承諾把工作機會帶回美國，而且似乎相信全球暖化是杞人憂天。〔前白宮幕僚長蒲博思（Reince Priebus）就在2016年底向福斯新聞表示，川普認為氣候變遷是「一派胡言」，但還是「抱著開放的心態，傾聽人們的意見。」〕矽谷希望世界全球化、無國界，而川普則想要蓋一道牆。但也有某些方面，雙方看法相同。畢竟，如果政府有更多部門轉為民營，很少產業能比矽谷受益更多。

## 從經營平台到走向政治

應該可以說，矽谷一直有點看不起政府和治理，認為它們就是一種干預、像一頭動作緩慢的野獸。然而，隨著科技公司成熟發展，開始與許多領域的法規產生衝突，就開始需要聘請政策主管來打進政治體系。創業家看到了在政府合約與發揮影響力背後的商機。隨著這些公司愈來愈成功，使命感與自信也日益膨脹，開始希望重新思考所有體系，包括政府。

正如超迴路列車公司Hyperloop One前常務主席暨創投Sherpa Capital常務董事謝爾文・皮西瓦（Shervin Pishevar）所言：「我最早到矽谷的時候，這裡的人對政治沒有半點興趣，也看不起洛杉磯、看不起媒體、看不起好萊塢。而所有這些狂妄自大，顯然都錯了。〔華盛頓（政治）、洛杉磯（好萊塢）、矽谷三者其實互相依賴，有著共生關係。〕

矽谷最新一波與政府的互動，主要可追溯到2011年，當時風險投資人約翰・杜爾（John Doerr）在家裡辦了一場晚宴，這場晚宴現在十分出名，歐巴馬、賈伯斯以及祖克柏都是座上賓。根據賈伯斯傳記作者華特・艾薩克森（Walter Isaacson）的說法，賈伯斯是被求著去的，但事後很不開心，抱怨著：「總統非常聰明，〔但〕一直講著一堆理由，解釋為什麼事情做不到。這讓我很火大。」歐巴馬在他的匹茲堡演講裡，曾經提到矽谷高層自以為有能力管理政府，這會不會就是例子之一？

在那之後，矽谷與政府之間的關係隨著各家公司的範疇和複雜性而增長。矽谷成立了一個正式機構「FWD.us」，這是一個政治遊說組織，目的是推動符合矽谷利益的重要政策，由祖克柏等人在2013年成立，一開始的重點是放在移民政策改革。該機構募到了5,000萬美元資金，並得到比爾．蓋茲支持。

在遊說方面，矽谷第一次大出風頭是與政府進行重大政策的辯論，例如歐巴馬醫改（Obamacare）、2008年金融危機，以及各項重大的科技戰。這一切多半可說是不出意料。任何一間公司只要發展到一定規模，就得面對現行政策、瞭解法律規定。

然而，科技業的大批湧入，也在華盛頓特區造成一些文化改變。愛德華．奧登（Edward Alden）在2016年就說：「在過去的五、六年裡，我真的比較有這種感覺。」奧登是美國外交關係協會（Council on Foreign Relations）的講座資深研究員，專長為美國經濟競爭力。「你會看到，這些公司代表參加的活動比以往多出許多。你真的看到，他們在歐巴馬第二任內努力促成移民政策改革。他們讓科技公司投入的程度，遠超過我以往所見。」

然而，真正讓矽谷改變做法的，是兩項立法提案。矽谷在此意識到了自己的力量，不再只是在晚宴上閒聊，而是真正起身反抗、動員其消費群眾來對抗新法案可能造成的鉗制。2012年的〈禁止網路盜版法案〉（SOPA）與2011年的〈保護智慧財產權法案〉（PIPA），重點在於推動網路安全執法懲罰、打擊侵犯版權及盜版的行為，這也是矽谷企業首次攜手合作、對抗政府。

當時，政府希望能夠控制矽谷企業經營的這些平台，並且要這些公司對侵犯版權的行為負責，而谷歌、英語維基百科，以及幾千個較小的網站就聯合起來，全面暫停服務，鼓勵人民請願抗議這些法案。他們將這些法案視為審查制度、反言論自由、反網路自由。美國唱片業協會（RIAA）則回應表示：「這是一項危險而令人擔憂的發展，做為資訊門戶的平台刻意歪曲事實、煽動用戶，並提供錯誤資訊做為武器⋯⋯在傳播者同時擁有這個平台的時候，就很難對抗錯誤的資訊。」這兩項提案，後來都遭到撤銷。

這件事創下先例，網路霸主靠著消費者大量並廣泛使用網路，操縱各種改變以符合自身利益；這項先例自此之後不斷重複，現在幾乎已經成為固定的做法（而且至少在美國，一直沒有受到太大的挑戰）。Uber已經精心設計一套做法來發動對計程車業的政變：要進軍某個城市的時候，就開始使用遊說、草根運動、寄電子郵件給所有會員，並用廉價車資來打擊傳統經許可認證的計程車（靠著規模經濟、一再重新募資，讓Uber就算一時虧本也不用擔心，但這也讓計程車業只能苦苦防守）。面對政府試圖加以控管，Uber也已經十分善於讓成員組成輿論團體來對抗：對司機直接發送簡訊，成立新平台和微網站來鼓吹自己的做法，拉攏成員，恐嚇政府官員。

奧登說：「他們真的打算從整套故事下手。把一邊說是僵化、阻礙發展的政府管制，另一邊則說是解放、自由、消費者的選擇。他們在建構這套框架的方面做得非常好。我認為這確實在很大程度上降低了政府限制其活動的意願和能力。」

在矽谷的行銷與資訊當中，不斷積極將自己打造成「英雄」角色，要對抗「巨大又邪惡的政府」。例子之一是蘋果對上聯邦調查局：2015年12月，加州聖伯納迪諾（San Bernardino）發生恐攻事件，而蘋果拒絕接受政府要求，儼然成為隱私權的仲裁者。至於政府，則成了不受人民信任、一心想窺探隱私的眼睛。當時，大規模槍擊造成14人死亡、22人重傷，聯邦調查局在其中一名槍手家中發現一具iPhone，於是找上蘋果公司希望將手機解鎖，據稱可取得重要的資訊。然而，蘋果拒絕開發新軟體來解鎖槍手個人密碼，理由是這將成為後門程式，可能造成濫用、影響所有公民的隱私。

蘋果公司執行長庫克在給蘋果客戶的信中寫道：「政府這些要求可能造成的影響，令人不寒而慄。如果政府可以使用全令狀法案（All Writs Act），使得您的iPhone解鎖變得更容易，政府就會有能力進入任何人的設備、取得他們的資料。政府還可能把這種侵犯隱私的行為更進一步，要求蘋果開發監控軟體來攔截您的簡訊、存取您的健康記錄或財務資料、追蹤您的位置，甚至在您不知情的情況使用手機的麥克風或鏡頭。」庫克表示，蘋果並非藐視該項命令，但「面對我們認為美國已經濫權的情況，必須直言不諱。」

同一套說法，也在英國被用來迴護加密的WhatsApp資料。在四月，在發現一名恐怖份子曾在2017年國會恐攻前使用WhatsApp之後，英國內政大臣安珀·魯德（Amber Rudd）要求該公司應該讓簡訊能夠被攔截。魯德在BBC電視節目中表示：「我們必須確保像WhatsApp及許多類似的組織，不會讓恐怖份子有私密的地方得以交流溝通。」

科技的公民不服從現在每天都在成長，而背後的動力之一，在於有些人認為政府不懂創新、也不該扯創新的後腿。

喬治梅森大學馬凱特斯中心（Mercatus Center）科技政策部門（Technology Policy Program）資深研究員亞當·希勒雅（Adam Thierer）表示：「創新者和企業基本上是正在將傳統監管程序、甚至是傳統的民主監管形式畫下句點。」在希勒雅看來，他們也只是在做符合自己利益的事，因為現在這個世界就是如此去中心化、不受控制、有著人人平等可用的創新。「這讓我們面臨一項艱難的選擇：該由誰為我們所生活的新世界制定法律？什麼是法律？又究竟什麼是治理？」

## 社會政治

在很多方面，歐巴馬都可說是美國第一位臉書總統，懂得用這個流行的平台和觀眾建立連結，也得到臉書共同創辦人克里斯．休斯的協助（Chris Hughes，曾在歐巴馬競選時以臉書做為其動員平台，發揮關鍵作用）。在2016年，甚至還有一個歐巴馬聊天機器人，讓使用者能透過Messenger與總統聯繫。希拉蕊的競選活動也是如此。

無論是政治或是政府的溝通傳播，社群媒體都成了不可或缺的一部分，也讓美國開始得依賴矽谷做為其供應商。至於傳統、經過驗證的溝通傳播手段（例如新聞媒體），也因而遭到去中心化。（看看川普以及他如何使用推特。）就本質而言，矽谷推出的各大平台，已經成為政府和其受眾的最大中介工具、也是各候選人最大的行銷工具。

隨著我們走向以數位、行動管道接觸媒體，政府的廣告業務也轉移到這些平台；政府為了推廣宣傳軍事、醫療保健及其他各種服務，就讓臉書與谷歌成了政府購買廣告的主要受益者。美國政府責任署（Government Accountability Office, GAO）2016年研究指出，聯邦政府每年廣告支出達9.96億美元。同年，可口可樂的廣告經費將近四倍。現在美國政府的廣告支出有大半流向矽谷，但實際金額難以估量，正如GAO所言：「聯邦公關活動的全貌如何，在很大程度上無法得知。由於各種因素，很難提出實際數字，知道聯邦政府究竟在公關上投入多少資源。其中因素就包括擴大使用各網路平台，例如臉書和推特」。在2014至2015年，《衛報》報導英國政府的行銷活動總共花費2.89億英鎊，而且在數位和社群媒體的預算顯著增加，其中一大部分可能流向臉書和谷歌。（只不過，英國政府的廣告在2017年竟被放在YouTube極端主義影片旁，之後英國政府就成了少數減少在Alphabet公司投放廣告的組織之一。）

然而，這些經費究竟有多少真正流入臉書、推特和谷歌等平台而用於推廣宣傳，幾乎不得而知。

社群媒體已經以前所未見的方式改變了政治。由於現代人的媒體消費都走向數位，社群媒體也就成了主要的宣傳管道。而且因為有了演算法，一切變得可以測量、甚至可以預測，於是對於消費者的情緒、接收到怎樣的資訊，都能有一番新的見解，而且十分細緻。資料分析團隊、悉心安排的廣告現在已經是選舉所必備，讓矽谷再次以專家姿態上場主持全局。此外，矽谷也因此對選民有一份獨特的瞭解。矽谷打散了過去曾有的正式溝通管道與流程，大大影響我們和政治人物與政府的互動方式。政治人物和政府彷彿變得更容易親近、更現代、也更具人性，但同時也顯得不再那麼莊重威嚴。

菲利普斯追溯美國政府在2008年使用臉書的狀況，他說：「臉書是2008年大選的一個重要部分，當時的重點是在大學校園內的組織活動……在早期，大家已經看出社群媒體能夠影響政治和運動，但還沒想到用於治理層次。是歐巴馬與其他領導人開始推動改變，但最重要的就是歐巴馬。」

時至今日，這項改變更是無所不在。菲利普斯說：「你看到所有社群媒體公司都在華盛頓特區設立辦事處，希望讓政府人員知道怎樣使用他們的平台、怎樣在他們的平台上投廣告。」歐巴馬總統、希拉蕊國務卿和川普總統都擁有活躍的社群媒體帳戶，粉絲人數在數百萬之譜。在2016總統大選期間，希拉蕊就曾在推特上有一波大師級的公關操作，靠著川普的推文來為自己的陣營籌募捐款。現代候選人想要對千禧世代具備吸引力，擁有社群媒體曝光度已經是不可或缺。

這些平台和搜尋引擎不僅已經完全和政治融為一體，而且就像新聞界有第四權之稱，網路已儼然成為「第五權」。菲利普斯就提到：「希拉蕊曾在一場辯論中說：『川普說過這些事，你去谷歌就知道了。』我認為這非常有趣……這就好像在說『你不要相信我，去相信第三方吧』。」換句話說，谷歌已經成為最終的事實檢驗者。

直播影片又是另一項可能改變政治對話的強大新工具，目前也已經被民眾拿來反監督警察和政府的活動。公民權利份子德瑞．麥克森（DeRay McKesson）在2016年7月的一場「黑人的命也是命」（Black Lives Matter）抗議活動現場，就直播了自己遭到逮捕的情況，而這部影片的觀看數也迅速超過65萬次。2016年10月，演員雪琳．伍德莉（Shailene Woodley）也直播了她因為反對達科塔輸油管（Dakota Access Pipeline）而遭逮捕的情況，共有4萬人觀看。伍德莉的臉書頁面觀看數來到470萬次，影片公布短短十天，就得到88,000次轉貼分享。

2016年，智威湯遜在一項名為「政治消費者」的研究對此有所描述。這項研究檢視名人文化、千禧世代及品牌如何在社群媒體的推動下，整體變得更為「政治」。調查全美1,000名消費者後，我們發現一些耐人尋味的結果。年輕人覺得，臉書Live這類平台的串流直播，比起其他媒體更為真實。在研究的受訪者中，51%的Z世代及56%的千禧世代表示，社群媒體上的直播影片在政治討論中扮演著重要角色。（所謂Z世代，是行銷人員所定義的青少年，出生年齡大約介於1990年代中期到2000年代初期，到2019年大約是13到22歲。）

這再次給推特、臉書和YouTube等矽谷平台提供了政治領域的獨特優勢。菲利普斯表示：「我想，我們已經開始真正體認到這些公司的權力動態。他們做了這些選擇，也控制了這些演算法。」所以，他們也就控制了對話。

## 跨境系統

矽谷企業跨越不同地區的法律與邊界，所以要談矽谷的區域治理實在是件怪事。雖然這些企業的總部在美國，但運作早已超越國界，成為跨國社群。

亞馬遜已經自成一套全球治理系統，有自己的法律、定價與條款，永遠以消費者為第一。亞馬遜正在從頭開始建設學校、郵政網路及娛樂，而且它是一家真正的全球性商業公司，擴展至日本、印度等地。此外，亞馬遜緊緊抓住消費者與網際網路互動的每個面向，於是正在成為一個具備高度智慧、而且高度個人化的購物機器。現在已經有Amazon Look這項產品，只要拍下衣櫃裡的新舊衣服，記錄我們每天的穿著，就能從群眾提供的回饋取得穿搭建議（至於亞馬遜，則能靠著感光科技記錄我們的體重是否增加）。Amazon Echo智慧喇叭可以幫你查詢總統的生日是幾月幾號（開始搶谷歌的生意），以及協助消費者上網買東西。另外，Amazon Dash按鈕可以連結各種家用品牌產品，讓亞馬遜知道我們什麼時候需要多少汽水或洗衣精。〔毫不意外，亞馬遜並未真正把這些業務交給汰漬（Tide）、可口可樂或高露潔（Colgate），而是開始生產亞馬遜的自有品牌。亞馬遜正變得能夠看到一切、知道一切，而且也變得比政府更得到民眾的信任。〕

2016年，華盛頓大學坦率直言的法學教授康涵真（Jane K. Winn）發表〈成功者的離去：亞馬遜做為民間全球消費者保護監管機構的崛起〉一文，討論像亞馬遜這種有規模、消費者至上的企業，能發揮怎樣的力量。（康涵真是網路、數位、隱私和電子商務法方面的專家。）她認為，亞馬遜身為最重要的全球消費者中心企業，基本上已經自成一個國族國家，一方面滿足著其「人民」的需求，但也因此傷害了一些供應商、品牌，並且逐漸開始對各國政府造成傷害。

康涵真認為在這個層面，亞馬遜其實就像是個「民間監管機構」：「亞馬遜、谷歌、蘋果、臉書與微軟等全球平台崛起，既掌握了全球線上市場，同時也做為這些市場的主要監管機構，讓人想起羅伯特．萊許（Robert Reich）在1991年提出的『成功者的離去』：那些富有、掌權的人退出公民社會，轉進一些私人、封閉的社群。」

像這樣身兼市場與監管機構的角色，在許多方面對消費者有利，但對供應商來說卻是個壞消息，因為亞馬遜規模實在太大，供應商愈來愈無法控制自己的價格和銷售條件。康涵真在文中解釋：「在由其掌管的市場中，亞馬遜身為主要的實際監管者，再加上一心追求客戶滿意度，致使亞馬遜的員工關係與供應商關係，問題層出不窮。平台營運商在創造出市場後，如果也身兼主要監管者，就可能產生負面的溢出效應（spillover effect）：在壓榨員工及供應商以滿足消費者的任何需求之後，只會將衝突從這種平台『生態系統』的一處推到另一處。」

她在文章中的結論認為，正因如此，線上商務的交易到最後並不會更公平。這可能是一語成讖。亞馬遜現在之所以把消費者擺第一，是因為還需要贏得消費者的支持。但等到變成壟斷者，民眾就會變得像亞馬遜的供應商一樣，只能被迫遵守其規則、制度及做法，亞馬遜就像是控制了香蕉共和國的邪惡企業、或是獨裁統治者。

短期內，亞馬遜可能還是會讓消費者決定方向，但該公司最後必然會壟斷所有的消費者採購。等到亞馬遜掌握了所有的消費者支出種類，殲滅了所有其他賣家，條件就隨它愛怎麼訂就怎麼訂，而消費者此時已經沒有其他選擇，只能被迫接受。

康涵真認為，由於這些企業的數位本質，如果用它們的系統來處理民眾服務，應該能比政府體制反應更快。政府體制有繁複的文書與人事責任，而且在許多層面仍然處於類比時代，相較之下，數位企業、特別是我們常常與之來往的那幾家，就像是活生生、會呼吸、容易掌握、一看就能瞭解的生物，動作極其靈活敏捷。而這樣的能力，就能應用在治理以及許多的政府系統上。

一天下午，人在華盛頓的康涵真在電話上說到：「有一個原因，能夠解釋為什麼亞馬遜是全球最進步、最有效的消費者保護監管機構：因為一切就像是發生在一個魚缸裡，亞馬遜掌握了所有的行為資料……這就像古老的羅馬天主教教會法（canon law）或倫敦金融城的商人法（Lex Mercatoria）。谷歌是谷歌平台的監管機構；蘋果是蘋果平台的監管機構；亞馬遜是亞馬遜平台的監管機構。而且，因為一切都在雲端運作、又百分之百透明，因此這些業者就能以幾乎零成本的方式、擁有最令人讚嘆的執法能力。正因如此，他們〔裁定判決時〕比政府更有效率。」

畢竟，Uber能夠根據叫車人數、駕駛會員身分、天氣、需求等各種因素，迅速調整佣金計算方式。就算對駕駛不公平也在所不惜。Uber以不斷逃避使用雇主語言著稱，它號稱所有駕駛都是「合作夥伴」，以躲避提供員工福利的責任。然而，Uber對駕駛的收入及權利卻有極高的掌控權。此外，因為消費者願意埋單、又有一定的規模，Uber因而常常出現藐視法律的行徑。

由於使用演算法、加上民眾生活幾乎已經離不開這些平台，矽谷公司不但能夠即時、甚至是可以先做好預測；因為它們早就知道我們的行為、願望、錯誤和行動，也能用政府做不到的新方法，看看各種行為會如何互相影響。在他們的治理下，我們不斷受到測量與監督。如果不管隱私考量，身為消費者，這一切其實對我們有利。我們能得到量身打造的推薦列表，業者能夠預計我們什麼時候可能需要補充洗髮精、又可能喜歡哪個品牌。然而，隨著業者開始變得無所不包，我們就再也無法控制其影響力。

過去也曾有人嘗試透過世界貿易組織來建立全球貿易協定，對這群業者的跨國界特性加以管控，但成效並不大。例如，過去曾將書籍和娛樂依不同地理區域做代理和銷售（因此你才會在某個國家無法觀看某部電影），但現在已經愈來愈難執行。

GAFA（谷歌、蘋果、臉書、亞馬遜）正在以各種方式侵害這些權利。康涵真表示：「我們稱之為法定過時或逐步放鬆管制。法律可分為硬法（hard law）與軟法（soft law）。傳統的命令控制式強制法規，例如速限，屬於硬法。而在過去的三十年間，有愈來愈多形式的國際合作、獎勵方案、合作架構，這些就屬於軟法。軟法的用意，是政府希望促使民眾表現某種行為，但並沒有強制要求，而且如果民眾沒有表現這種行為，也不會有懲罰。」結果就是民眾不會去表現這些行為。

瑞士日內瓦Hill & Associates公司負責人暨科技政策顧問理查・希爾（Richard Hill）認為，矽谷在國際的權力之所以被允許達到如此失控的地步，是因為從歷史上來看，美國的地緣政治策略就是希望掌握優勢。矽谷的強大，對商業、對美國的利益都有好處，因此沒有道理加以限制；直到現在，情況才有所不同。

希爾說：「你不能怪谷歌，而是該怪政府失職，沒有管好這批人。那才是該怪的對象。而且在某種程度上，你甚至不能怪美國政府，因為這又與地緣政治和地緣經濟策略相關。」換句話說，這些公司已經等同於美國的未來、進步與金錢。這樣一來，誰會去對抗它們呢？又有誰有這種力量？

## 衰敗的效率

矽谷權力愈強，政府權力便愈弱。

非營利性公共政策組織布魯金斯學會（Brookings Institution）的使命是「進行深度研究，為解決地方、國家及全球層面的社會問題帶來新思維」。該學會有一項發人深省的研究，題為「2035年的地方政府：新科技的策略趨勢及影響」，指出矽谷創造的許多科技若非使政府資源承受更沉重的壓力，就是大幅減少政府的收入。而這樣的變化，將會讓矽谷占據絕佳地位，能夠接手政府服務、提供民營化的版本。

布魯金斯學會研究預料，未來的地方政府，立法速度將趕不上時代變化。舉例來說，要管制無人機造成的隱私及空域管制議題，就得投資相關科技、投入全年無休的資源，因而十分困難。我們的生活方式，有愈來愈多面向都交給科技與感測器等來推動與讀取，也就出現各種新的隱私權需要保護。現在，如果是直升機或飛機，確實都受到嚴格管制。但如果送達美樂披薩這件事交給了天上飛的無人機、街上跑的自主機器人，會是什麼意義？你又該怎麼管制它們？據說，亞馬遜和谷歌都已經開始打造它們的航空控制系統，但政府在哪裡？這些都是全新的媒體與行為，對公民會造成再實際不過的影響，政府需要設法有效監控。

另外，新科技也可能減少政府不可或缺的收入。舉例來說，自駕車（理論上）會讓停車罰單、超速罰單和其他罰款忽然歸零。學會的報告指出：「加州各城市，平均每年收取4,000萬美元的拖吊費，由政府和拖吊公司分帳。簡單來說，不當駕駛行為帶來了數億美元，這是一筆重要的資金，能用來補助交通基礎建設與維護、公立學校、司法人員薪俸、家暴防治宣導、保育以及許多其他公共服務。」有了手機，車主就能遠端支付停車費，不用擔心來不及繳，但也就會減少政府歲入。而如果自駕車代表以後的車禍事故會減少，就會影響保險機構的收入。整體而言，矽谷的科技透過自動化、或是創造出需要法規管制的新事物，還會再進一步給國家造成困難。

此外，還有因為自動化所導致的大量失業問題：根據牛津大學牛津馬丁學院（Oxford Martin School）2013年的研究「就業的未來：各項工作有多容易被電腦影響？」，結論是美國有47%的工作可能在二十年內被自動化取代。機器人將會取代更多勞工，而這一切就會造成預算赤字與失業。報告指出：「聰明的領導者已經開始看到這個『不願面對的真相』，知道政府在未來社會所扮演的角色將有所改變，而且他們也開始尋求解決方案。要找到解決方案並不容易，但地方政府方向正確的一步，就是要控制自己的命運，而不讓自己的角色被科技、公民或民間團體篡奪。」

政府非常需要相關的理解及遠見，才能修正、利用、或是減輕這些新產品、創新和服務的影響。畢竟在歷史上，每次出現新科技，新的稅收及歲入來源總是會隨之而來。像在汽車業蓬勃發展的同時，停車費與交通罰單就成了一項收入來源。對這些平台與服務，應該可以設計新的稅收結構。

雖然政府尚未充分探索創新的長期影響，消費者還是繼續推進它們的影響力。別忘了，這些新產品和服務大多數仍然是對民眾有益、而且能夠節省成本。但如果民眾知道了後果，還會這麼喜歡這些科技嗎？是不是一定要等到天上飛滿送達美樂披薩的無人機，我們才能好好重新思考？通常，我們會需要一次不幸的事件、或是到了某個臨界點，才能把這些事看得清楚。在英國，2017年災難性的格倫非大樓（Grenfell Tower）大火，造成71名低收入住戶死亡，就讓我們看清民營化、知道以民營取代國家可能發生的陷阱。當時，該事件引發對英國國家價值觀的集體辯論，社會良知也重新抬頭。也許我們也需要發生類似的事情，才會看清楚科技所促成的權力轉移。

## 駭進政府

面對大咖科技業者在實務及意識形態上逐步進逼民族國家的主權，國家是否會提出反擊？科技之所以會勝出，原因不僅是金錢和創新，還有文化影響力。政府、國家、甚至民主，會不會都需要重塑形象？

矽谷已經成為美國講到創新和發明的代表，對科技友善的媒體也不斷轟炸民眾，希望大家相信目前領導創新的是矽谷各大品牌、而非政府。事實上，矽谷一開始正是由政府在與史丹佛大學合作下出資創立。然而，比起事實，矽谷大神全憑一己之力、跨上獨角獸拯救世界，這樣的神話故事還是動聽得多。

史蒂夫．布蘭克（Steve Blank）在他的《矽谷的秘史》（*The Secret History of Silicon Valley*）提到：「在1950與1960年代，所有研究型大學的科技研究有大約三分之一是由美國軍方出資，這是一個很大的數字。例如在1966年的史丹佛大學，電子學的所有研究經費有35%來自機密計畫。而且不是只有史丹佛，麻省理工學院、密西根大學、喬治亞理工學院、加州理工學院等諸多學校都得到美國聯邦政府冷戰時期軍事計畫的經費。」

我們不知道這些是政府的功勞，因為政府做這些事不是為了自我吹噓，通常也不會大力宣傳自己的成就（除非是在競選連任）。或許是政府應該來一場形象重建，不只要展現出自己所做的一切，也要讓大家知道它做出哪些創新。

其中一項有趣的個案，是Vote.org這個無黨派、推動選民登記與投票的組織。這個組織想重建的不是政府、而是民主本身，希望鼓勵所有年齡和背景的人都去投票。在矽谷基金

Y-Combinator的支持下，Vote.org希望透過科技、行動簡訊、有針對性的線下競選活動，鼓勵民眾（尤其是低投票率群體）出來投票、參與民主。創辦人暨執行長黛博拉·克莉弗（Debra Cleaver）常常談到，必須讓不分年齡層的所有人都把民主與投票當成習慣、認為是本來就該做的事，至於方法就是透過行銷。她曾戲稱：「如果民主制度現在有個行銷長，做成這樣真的該被開除。」與此同時，她的推特簡介寫著：「選民投票率低，是因為在這個國家，哥倫布日放假，選舉日不放假。」

在2017年的阿拉巴馬州選舉，黑人選民投票率創下紀錄，一般認為正是Vote.org的活動發揮關鍵作用。在選舉最後四週，該組織投入65.8萬美元，推動有針對性的活動。他們在該州各地買下140面看板，向黑人選民寄信、發出超過60萬條簡訊，提供當地投票站資訊。或許政府也該採取類似的主動方式？

歐巴馬前科技長史密絲，就曾試圖矯正這種年輕人與政府脫節的問題。史密絲曾任谷歌副總裁，是白宮的第三位科技長，也是第一位女性科技長。或許也可以說她比別人投注了更多心力，希望拉回政府與矽谷間的權力平衡，並且同時確保讓政府去做一些矽谷沒在做的事：第一，讓更多元的勞動力都有機會進入矽谷。第二，在創新的故事中，讓女性的功勞得到應有的讚許。

雖然她或許無意追求這件事，但一般矽谷男性領導者會得到的崇拜，在史密絲身上都看不到。她是個真正的科技書呆，但也完全不像是流行文化與媒體所打造出來的那種「踫上天的谷歌員工」刻板印象。在各種推廣科技正面形象的研討會上，常常都會看到她的身影。在拉斯維加斯消費電子展上，我也參加過幾場她的導覽，她興致勃勃地向一群吵鬧興奮的女性展示著最新的科技創新。她喜歡穿簡單的灰色長褲，一頭蓬鬆的頭髮，語音友善而溫柔，讓人感覺不到她其實握有巨大的影響力。

在她任職政府期間，史密絲領導多項重要方案，讓社經地位更多元的族群及地區有機會進入STEM職業。她打造了一些快速培訓計畫及推廣計畫，好向女性推廣STEM。透過演講與採訪，她也積極將女性寫回美國的科技創新史中（在目前講到美國的科技創新史，主要還是只談那些孤狼般的男性人物）。

很難想像，史密絲本人從來沒有像那些男性同行一樣，登上《彭博商業週刊》的封面。但話說回來，她並不像馬斯克那樣，會在停車場裡挖個大洞。而且，她不是男的。〔馬斯克之所以新成立「鑽洞公司」（Boring Company），是因為他受夠了洛杉磯的交通，決定從Space X的停車場開挖，希望建個隧道系統來解決。但這整件事非但沒被當做是瘋了，竟然還上了商業雜誌的封面；大概是因為馬斯克做的任何事似乎都是這樣。〕但說句公道話，整個隧道系統倒也似乎真有些進度。

已經有不少人在談白宮與矽谷間的「旋轉門」，而有些時候，這也是美國政府回應矽谷力量的策略做法，而且很務實：如果無法擊敗他們，就加入他們。或者讓他們加入你，就算暫時又何妨。

史密絲在谷歌工作了11年，到了白宮則推出「服務之旅」的做法，帶進科技人才處理數位平台、策略及系統方面的議題，架構與過去的和平工作團（Peace Corps）十分類似。她努力以新的方式擁抱矽谷，靠著類似風投的基金，讓白宮也能接觸到新創企業與創新，以便迅速投資新科技，無需冗長的採購流程。此外，她還確保在研發各種政府平台的時候，能有科技人才從早期階段就加入。

DIUx（Defense Innovation Unit Experimental，國防創新實驗小組）是美國國防部在矽谷的辦公室，時任小組合夥人的克里斯多夫·基爾霍夫（Christopher Kirchhoff）曾與史密絲密切合作。基爾霍夫說：「在過去的八年裡，她盡的努力比我所知其他任何人都多，鼓勵那些一般會在谷歌、蘋果、特斯拉或Uber渡過整個職涯的人休假一兩年，進到政府、成為團隊的一員。」我和基爾霍夫是在2016年底的某個下午會面，當時正是川普新政府的交接期。他的電話響個不停，可以肯定都是想詢問該小組的未來，但他顯得很平靜樂觀。他說：「她的基本見解是對的，也就是商業科技世界正在蓬勃發展，如果政府裡沒有來自那個世界的人、做些她所謂的『任期之旅』、擔任政策團隊的一份子，政府就真的會被淘汰。如今，許多公共政策上的考驗就在於科技，一方面有可能是機會，但坦白說，一方面也可能是威脅或挑戰。」

2016年5月，國防部長艾許·卡特（Ash Carter）宣布擴大DIUx矽谷辦公室。白宮的一份聲明解釋說：「在這個創新分布於各領域的新時代，許多聯邦部門正迎向重大的挑戰與機會，希望重塑與科技產業的合作方式，好讓政府能夠取得並使用更多由商業公司及新創公司所開發的科技。

「特別是在國安領域。過去在冷戰時期，幾乎所有先進科技都是由政府出資獨占，但現在的商業科技市場規模已達數倍，許多重要創新是出現在商業市場，例如機器人、資料科學，還有許多與國安有關的領域。」DIUx表示，將會「協助將更多美國人從科技行業召募到政府中，好讓我們有更多最優秀、最聰明的創新者能與政府裡才能出眾的同事合作，來一場服務之旅，攜手解決國家最艱難的國安挑戰。」

DIUx的設立，就是為了探索科技業的這個部分，也擁有特殊的收購權力，能夠極迅速地與新創公司互動。該小組著眼於五大領域：人工智慧、商業空間、網路科技與網路安全、自主、生命與生物科學。到2016年政府會計年度結束，DIUx投資金額已達3,600萬美元。

我們很難判斷，比起政府，究竟矽谷是真正擁有不同或更優越的創新方式，又或只是有錢、會說嘴。基爾霍夫認為，兩者確實有根本差異，他說：「毫無疑問，除了科技經濟之外，很少有其他經濟部門會像這樣有人願意把幾千萬美元交給一群年輕、熱情、想做些新事的人，真心祝他們好運。而且後面還會真正試著去支持他們，幫他們成就一些偉大的事。在我們的經濟裡，大多數其他部門的情況都不是這樣，公共部門肯定更非如此。那樣的冒險行為並非公共部門的文化。」

但以直言不諱聞名的經濟學家瑪利亞娜·馬祖卡托（Mariana Mazzucato）認為，正是因為政府不需要依賴即時獲利，才有了那些備受關注的實驗與重大突破。一旦過度崇拜大咖科技業者的能力，只會造成這些研究得到的經費減少，進而造成傷害。

然而，由矽谷來主導創新，也顯然會有角色衝突：我們多半需要靠矽谷的專業，來判斷目前的政策是否合宜。希爾表示：「政府請來的人，背後有多方利益牽扯。」他解釋這裡的情況：「因為問題太複雜，單靠政府無法解決，政府必須與民間公司合作。這沒什麼問題。但接著，民間公司連決策過程都要參與了。」

自從安尼許・喬布拉（Aneesh Chopra）在2009年出任美國首位科技長之後，從聯邦到各州等級的政府單位都開始設立科技長或數位長等職務。這些職位已經無所不在，各國政府和大多數企業都是如此。就連美妝業龍頭萊雅（L'Oréal），也想將自己定位為科技品牌，於2016年在舊金山開設「科技育成中心」。從本質而言，這是因為科技無所不在、一切都成了科技。現在不論是哪個產業，都得顧慮到使用者體驗（UX）如何、網站是否方便使用。與此同時，民生消費品及美妝產業也開始運用科技，創造新的管道來接觸消費者，也創造出新的診斷與個人化工具。現在我們不論與哪位業者或哪個產業互動，都會希望過程能像是使用矽谷平台一樣輕鬆方便。

除了上述，美國政府還有其他計畫，希望讓政府與矽谷創新建立更緊密的關係。2016年，歐巴馬政府邀請矽谷專家前往華盛頓，共同思考如何以網路對抗激進組織伊斯蘭國。美國國務院於2016年創建了駐矽谷代表一職，由國務院策略實驗室（Strategy Lab）主任茲維卡・克里格（Zvika Krieger）擔任。

非營利組織美國代碼（Code for America）的創辦人暨常務董事珍妮佛・帕卡（Jennifer Pahlka），過去曾是歐巴馬政府的副科技長，現在也開始與川普總統合作，希望找出新方法來加強政府對科技的運用。她就一系列問題向政府提出建議，例如採購改革、雲端運算，以及以使用者為中心的設計。帕卡與史密絲一樣，相信科技能為公民生活帶來好處。她談到加州的例子，過去的食物券（food stamp）應用程式得花一小時，而且只能在桌上型電腦操作，但現在可以用智慧型手機在短短七分鐘內完成。

顯然只要找對人，政府就能運用科技讓自己更容易親近、對使用者更友善，在年輕人眼中也更跟得上時代。史丹佛大學在2016年開了「國防駭客技巧」（Hacking 4 Defense）與「外交駭客技巧」（Hacking 4 Diplomacy）兩門課程，也算是重振史丹佛大學實驗室與政府合作創新的傳統。這兩門課由創新大師兼作家布蘭克率領，並有克里格教授課程。

現在可說是個尷尬的時刻，因為川普這位或許可說是最類比時代、也最顯然反現代性的總統，仍然在位。〔川普的反現代性之處，除了意識形態，也包括仍然用真人送信，並且把網路攻擊（cyber attack）說成「網路」（the cyber），可見他對於複雜的科技議題瞭解不足。但另一方面，他對推特的熟練程度倒是眾所皆知。〕究竟這種對科技創新的開放態度能否繼續，仍有待觀察。在川普決定退出巴黎氣候協定後，他最具爭議的支持者馬斯克已經辭去顧問一職。而提爾在川普政府中所扮演的角色，至少就表面看來也減少了。許多當初由史密絲開創的計畫都是由政府出資，而現在政府削減經費似乎勢在必行。

根據川普2017年的預算，十年內將削減3.2兆美元，包括許多安全網與教育計畫在內的公共計畫遭到全數刪減，而增加的項目則在基礎設施、國防與軍事。川普自己可能並不是個懂科技的總統，但他可能會需要與科技公司更緊密合作，才能確保政府的未來、美國經濟未來的成功。

亞希拉曾任職於谷歌，最近也曾擔任美國前科技長史密絲的特別顧問，在政府及民間都有工作經驗。她反思著自己與史密絲和歐巴馬工作的過程：「我一直回到時間這個概念。實際上，得花大把時間，才能消除過去所作所為帶來的一切影響。如果下一任總統有四年，造成的影響會有多深？但同樣地，我也覺得在歐巴馬總統執政八年的時間裡，講到用科技與創新輔助政府的服務及能力，我們還只碰觸到表面而已。想到那些曾經受深度關注的領域，像是資料驅動的正義、全民電腦科學、網路中立性，都還只是剛剛萌芽。情勢愈來愈明顯，如果你看一下現在列出的優先事項，重點都放在生存和安全；所有那些需要比較長時間才能達到目標的投資，都被列到清單的後面。」

Google[x]是谷歌的登月實驗室，重點是研發能夠「為數十億人帶來正面影響」的科技；亞希拉就在這個實驗室擔任「為X求解」（Solve for X）社群的計畫總監。在來到谷歌之前，她曾在高盛（Goldman Sachs）擔任投資組合分析師，也曾在科林·鮑威爾（Colin Powell）的非營利組織「美國的未來」（America's Promise）擔任董事會成員，並共同創辦非政府組織「自由的答案」（Freedom's Answer）。她與人合著了一本關於公民行動主義的著作。她從矽谷被召募加入歐巴馬總統的政府精英科技團隊。

亞希拉表示，還是必須要有替代的培訓計畫，也該把求才的地域放廣：「還有一群更大的候選族群，可能表面上看起來不像典型的科技創業家，或者沒有傳統的科技背景，不是來自擁有工程師背景的家庭，或者不是專業的電腦科學出身。而且，這些人可能完全不認識其他做科技的人。」亞希拉認為，STEM教育應該完全融入所有的教育系統，不能只靠像「編碼女孩計畫」（Girls Who Code）這樣的活動組織來推廣。她說：「我們需要國民廣泛具備科技能力。我們已經看到電腦科學教育成功整合到英國的課程當中。其中最有希望的領域，就是要讓孩子們以創意、批判、科技的方式來自我發揮。我認為，對於目前正在發生的事情本身，及發生的方式，如果我們做為公民，希望能有更好的處理，就必須擁有這樣的科技技能及科技心態。」她預言道：「因為到最後，這一切都會很快地變得非常政治化。」

確實，訓練各行各業的人面對科技革命，可說是各國政府最急迫的一項重大挑戰。然而，限於每任政府只有四年任期，這項問題很難發揮決心來處理。

講到大咖科技業者可能在未來承擔更大的公民責任，亞希拉有何看法？目前，靠著擁有充足的資金，科技業正進軍健康和教育領域，同時也在智慧城市與基礎建設等領域把自己定位為公民力量。亞希拉表示：「無論任何團隊，缺乏多元性都會是一項致命弱點。沒有了背景的多元性、思想的多元性、特權的多元性，解決問題時就不可能面面俱到。我認為，現在表面看來大家已經體認到多元性議題的重要，也確實付出相當多的努力，希望從全球找來最優秀的人才。然而，我們仍然只是把這些人才帶到一個非常理想化的場景，在田園詩般的加州景色中，用巴士載著他們來回穿梭。這樣一來，要對發生在這美麗泡泡以外的一切保持同理心，就會變得十分困難。」

這一切也就反映在矽谷所著手解決的各種問題，以及矽谷對公民問題的處理方法。我們討論到，Airbnb以Samara這個內部設計工作室的名義推出專案，在日本吉野一座開滿鮮花的小山興建社區中心，希望能夠振興當地。那是一棟美麗的多用途房舍，閣樓有房間可供晚上住宿，白天可以舉辦茶道儀式。這是Airbnb做行銷和推動社會公益的方式，也是它慈善計畫的一部分。亞希拉說：「去日本解決一個與自己沒有任何實際切身關係的問題，實在比較有異國情調，勝於看看自己的後院，思考是怎樣複雜的歷史，才會讓每兩個街區就有無家可歸的退伍軍人、年紀大到無法再寄養的年輕人成為遊民。然而，對於我們自己那些停滯不前的系統性問題，其實我們的創新社群與科技平台都有非常大的機會能夠發揮。」

矽谷真的關心整個世界嗎？它聲稱如此。這就是矽谷所推出的故事，它也用這套故事在我們的生活中取得愈來愈大的利益。不只提供服務，也在擘畫未來。矽谷也正在用這套故事，試著在全球打動更多的國家。

對矽谷來說，要推動自己的議程，故事變得非常重要。雖然矽谷缺乏多元性，但矽谷的平台成為新聞和媒體的中介之後，我們就得透過這些平台來看一切事物，而平台也成了動員觀眾對抗政府的工具。矽谷已經成了我們新聞的篩選器，雖然號稱是「每個人」的聲音，但由它所定義的「每個人」，本身的定義就會受到矽谷特權組成的扭曲及窄化。也正如亞希拉所言，這樣的扭曲與窄化，從矽谷處理問題的方式及普遍觀點就可見一斑。

矽谷對媒體的控制力變強，也成為它的另一項軟實力，能夠強化文化影響力，進而更能閃避問題、影響立法。這也成為改變與政府之間權力平衡的關鍵：矽谷成為供應商的同時，也控制了政治對話。在快速成長及取代媒體的過程中，矽谷正控制著過去對其權力的制衡機制。

如果「媒體」這個檢視權力當局的機制遭到削弱，甚至可能被史上權力最大的產業部門所取代，到時候會如何？

# 第3章

# 第五權

「全世界最有權力的編輯。」這個頭銜聽起來很了不起，而祖克柏意外地避之唯恐不及。給他這個頭銜的是挪威最大報《晚郵報》（*Aftenposten*）的總編暨執行長艾斯本．漢森（Espen Egil Hansen），就在頭版公開對這位臉書創辦人給了這項評論。事情要從挪威作家湯姆．艾格蘭（Tom Egeland）說起：他發了一篇貼文討論歷史戰爭意象，但遭到臉書刪除，漢森當時就曾向祖克柏寫信表達憤怒。艾格蘭所謂違反臉書規範之處，在於用了黃公崴（Nick Ut）所拍攝的普利茲獎獲獎照片「燒夷彈女孩」（Napalm Girl）；照片中的女孩滿臉痛苦與恐懼，正逃離燒夷彈的攻擊，一般認定這張照片正能看出越戰的恐怖。這張照片之所以被臉書移除，是因為認定照片中有裸露不雅。（但顯然，美軍向照片中的婦孺投下燒夷彈、造成她們的痛苦，這件事實倒沒被認定是不雅。）祖克柏被指控是在進行言論審查，對文化敏感不足。漢森在信中指控祖克柏，在這個已經成為全球新聞主要管道的社群媒體網站上，輕率濫用權力：「對於你即將對一個民主社會支柱所做的事，我感到不滿、失望，甚至實際上是害怕。」

在很多方面，該事件只是點出了我們都知道的事：臉書、推特和谷歌並不只是社群媒體平台。艦隊街的編輯群及紐約的新聞大樓或許曾代表著「第四權」，是一種制衡當局權力的力量，但今天正在被矽谷取代。矽谷企業成了新的媒體龍頭。〔至於亞馬遜的貝佐斯（Jeff Bezos），是直接把《華盛頓郵報》給買了下來，成為擁有者。〕

## 社群媒體吞噬新聞媒體

有了Amazon Echo之後，我們是直接開口問Alexa今天有什麼新聞，又或者，我們會直接在蘋果的設備上瀏覽Apple News。從推特到YouTube，種種平台都會串流播放各種現場實況、頒獎典禮等等。彭博社甚至已經推出內建在推特上的24小時新聞平台TicToc，配置有專門的新聞團隊，可見推特平台對新聞消費的重要性。臉書目前已經正在推出原創娛樂節目，以後會不會也有新聞節目？目前，臉書已經和新聞及娛樂公司Vox Media、BuzzFeed、ATTN與Group Nine Media簽下協議。如果真有「臉書秀」，會是什麼樣子？會用「按讚」來調整內容嗎？過去親自前往全球各地的通訊記者和新聞機構，會不會由虛擬實境人像取代，可以直接在線上前往自然災害的現場（就像祖克柏用虛擬實境造訪一片殘破景象的波多黎各）？以後的普通新聞報導，會不會直接用AI來寫稿、無須再經過查證？而且，會不會連播報都由AI機器人來負責？也許，新聞主播這個職業會完全廢除。又或許，每個觀眾都可以有一個針對自己喜好量身打造的AI虛擬主播，就連播報的新聞內容與切入角度都是依據個人喜好所挑選。在以後，原本適當的新聞內容會不會遭到限制，而標準就是臉書等平台上那些莫名而常常只有他們說了算的規定？〔這已經成為BuzzFeed用「X大清單」（listicle）嘲笑的主題。例如在2017年耶誕節期間，就有一張知更鳥圖案的耶誕卡被判斷有成人元素。另外，也有一張婦女分娩的照片遭到移除。這兩張照片，如果是在傳統媒體、有正確的情境，要刊出都不成問題。〕這一切都是可能發生的事。

但在這樣對新聞業的蠶食鯨吞當中，矽谷帝國也正在削弱一項史上最大、最重要的權力制約機制。這項機制過去制約著政府，而也有可能應該要制約著矽谷。然而，專業、經過事實查核的新聞內容，目前在各種平台上卻是與未經查證的故事、使用者所寫出的內容並列。這些矽谷企業已經成為新聞的中介者兼策畫者，成為新聞傳播的主要管道，除此之外，它們還愈來愈成為新聞的製造者。

皮尤研究中心資料顯示，現在大多數美國人（62%）會在社群媒體上看新聞，其中有18%更是「經常」如此。與此同時，消費者正與傳統媒體切斷關係。千禧世代有40%完全只看串流媒體或網際網路。這樣一來，資訊的存取確實成為個人自由，但這時的重點就在於演算法的排序會讓哪些搜尋結果排在上方、又會讓哪些報導成為熱門（常常是根據目前的點擊量、引起人們興趣的頻率，又或者只是單純有沒有買廣告）。因此，這樣的新聞就會受到民粹與驚嚇值（shock value）的左右。

目前，臉書的受眾規模已經是許多媒體機構的總和。然而，臉書一方面擁有這樣龐大的影響力，一方面卻只用放任、自動化或是群眾外包的方式來做事實查核，並未真正擔負起傳統上的報紙責任，因此也造成一種持續的緊張局勢。臉書迅速吸引了一群不再看任何報紙或可信新聞媒體的觀眾，但臉書卻無須承受傳統組織要做到的盡職調查或事實查核政策。只不過，隨著一些恐怖的案例開始出現，有真實世界的謀殺案被現場直播，現在大家也已經開始討論臉書的權力及責任。

2017年，臉書的影片平台直播了一場謀殺案，臉書一直到三小時後才將影片下架，還責怪使用者未及早通報。相較之下，像是《紐約時報》或《紐約客》等知名出版機構，就連公司名稱拼寫錯誤，都會發布更正。這些機構會擔起新聞業的責任、擔起找出真相與行事準確的責任。

隨著媒體消費走向數位，媒體需要能夠在像是臉書或谷歌之類的平台上推出具有高度針對性的數位廣告及定位，而這對傳統媒體來說會是一項沉重的打擊，將影響他們的收入。據估計，光在2016年，臉書就從報業搶走超過10億美元。這些平台的影響力還在擴大，但他們態度如此輕率，會不會把自己鬧成新聞？

## 反制力道微薄

目前已經有反撲的跡象。2016年3月，包括沃爾瑪、通用汽車、摩根大通（JPMorgan Chase）、百事可樂、星巴克和嬌生公司（Johnson & Johnson）在內的許多品牌，都因為自己的廣告出現在極端主義仇恨言論影片與未經查證的使用者生成內容上，而選擇退出YouTube，使得YouTube的母公司重新檢視業餘影片的管理政策。而在2016年假新聞泛濫之後，臉書也聘請了CNN

主播坎貝爾．布朗（Campbell Brown），希望與新聞機構改善關係。此外，在川普總統上任後不久，《紐約時報》的銷售額不斷上升，也讓不少人大感欣慰，認為這是良好的報導與新聞價值重新受到重視。CNN在2017年推出一項「支持事實」的活動，宣傳自己在新聞上的嚴謹，也讓CNN迎來收視率最高的一年。在文化方面，隨著代表性的新聞大事得到讚頌，傳統新聞也正在復興（例如2018年由梅莉史翠普主演的「郵報：密戰」（*The Post*），講的是《紐約時報》與《華盛頓郵報》報導五角大廈文件、在1970年代點出美國在越戰中的參與）。《紐約時報》、《華盛頓郵報》、《紐約客》也都有了創紀錄的一年，揭露俄國與美國大選和川普的關係，以及爆出針對哈維．溫斯坦（Harvey Weinstein）、阿拉巴馬州政治人物羅伊．摩爾（Roy Moore）、Vice媒體等等的一連串性騷擾指控。

然而，這一切就像是螳臂擋車，報紙機構仍然正在死去。在ACLU與其他非營利組織看來，該做的就是撐住其中最好的機構，也就是要留住訓練有素、會做事實查核的記者，以及經驗豐富的作家。這樣留下的機構幾乎就是做為一種慈善公益的形式，而不再是曾經的營利事業。

想像再過五年，尤其是等到所有媒體消費都走向數位，很難想像還能有哪個依賴著廣告的編輯出版品牌會有未來。未來是屬於臉書、蘋果與谷歌的。比較強健而受歡迎的出版品，將能夠透過付費訂閱的機制存活，但在一個免費內容無所不在的時代，這個時期將會非常殘酷，要面臨物競天擇的競爭整合。在媒體中，比較軟性的生活風格類別（例如本來就彷彿有著一層文化新聞面紗的時尚及奢侈品類）已經因為銷售及廣告營收減少，加上慢慢調整適應著數位空間，變得更像是業配內容，又或者直接被社群媒體上的「影響者」（influencer）所取代。

「假新聞」這個口號或運動，打擊了新聞界的可信度。同時，廣受敬重的各大報集體誤讀了美國大選的局勢，也讓許多人質疑我們所知的新聞業是否已與人民離得太遠。公平來說，《紐約時報》等媒體確實已經嘗試要擺脫精英主義、沿海地帶的進步主義形象。而一波由傳統記者領軍撰寫、開創性的政治報導，也有幫助。只不過，就連這種努力也曾引起批評。在維吉尼亞州夏洛茲維爾市（Charlottesville）白人民族主義者及活動份子之間發生衝突之後，《紐約時報》訪談了白人民族主義者東尼・胡佛特（Tony Hovater），希望能讓人看到親納粹主義者的心態。《紐約時報》因而被指責麻木不仁，讓胡佛特看來太過善良、使種族主義得到正常化。該報全國版的總編馬克・萊西（Marc Lacey）在一篇回應中寫道：「我們很遺憾這篇文章對如此多讀者造成冒犯。我們承認，眾人對於怎樣講一個令人不愉快的故事，可能會有不同意見。但我們認為無可爭議的是，對於美國生活最極端的角落以及居住在這些角落的人，我們需要瞭解得更多、而不是更少。這篇報導並不完美，但正是為了這個目的。」

智威湯遜在2017年1月調查1,000名美國消費者，大多數受訪者認為新聞業在十年後的價值將比現在更低。自總統大選以來，受訪者認為自己對電視的觀感有所改變的占53%；社群媒體平台為48%，線上網站為45%。而在那些觀感有所改變的人當中，多數人表示觀感是變差。準確來說，表示他們對電視觀感變差的受訪者占69%；社群媒體平台為69%，線上網站為66%。

這也呼應了蓋洛普（Gallup）在2016年的民調結果，該調查顯示民眾對新聞業的信任程度為史上最低。2017年，情況略有好轉，信任報紙的比例從20%升至27%，但仍與1980年代和1990年代報紙的鼎盛時期相去甚遠，當時信任報紙的人有37%。

顯而易見的是，傳統新聞不論在形象或財務上，都受到外部侵略者的挑戰，既被看做不受信任、跟不上時勢，還得透過科技龍頭的中介（並被賺上一筆）才能接觸到受眾。然而，失去新聞業（指的是傳統的新聞業），就是失去了一個重要的消費者保護層。我們將會失去對話、爭論、質疑與調查，最後的世界只有經過偽裝、其實都帶有特定立場的內容，各種影響與行動都不受限制。這種情況，可能會比我們想像的更早發生。也有人認為，其實是已經到來。

## 矽谷與媒體

雖然矽谷打著各種開放公開的口號，卻很少接受媒體的檢視。隨著矽谷變得愈來愈無所不包、無可挑戰、無所定形，這樣的優惠待遇就愈來愈危險。諷刺的是，矽谷破壞傳統媒體力量的同時，如果想繼續維持身為重要消費品牌與文化影響者的地位，關鍵仍然在於報紙、電視和雜誌對矽谷的吹捧報導。矽谷想要和千禧世代拉近關係、想要抬高自己的哲學和明星、想要強化矽谷的故事，都是以傳統媒體做為重要工具。殺死了傳統媒體，基本上也就是殺死了矽谷神話的一位主要建築師。

畢竟，傳統媒體並不常和矽谷作對。許多矽谷企業都會在自家網站發布新聞稿，但對於自己的各項做法，很少會和外界進行有意義的對話或接受批評。除了像科技媒體Recode會打著妙語來挖苦、或是像《衛報》及《紐約時報》批評得比較直接，許多出版品其實是不斷對科技大加讚許。只是近來確實批評聲浪升高，原因在於歐盟對大咖科技業者有所恐懼，對科技業逃稅與侵犯隱私祭出重罰，而亞馬遜收購全食超市（Whole Foods）的作為也隱隱有壟斷疑慮。〔下一個會是誰？塔吉特（Target）？推特？〕然而，這些反對的聲音完全被淹沒在無數推崇科技的網站、雜誌、書籍當中。就連《浮華世界》（*Vanity Fair*）這本以好萊塢為主的雜誌，也已經迅速放大視野，開始關注科技新貴這種新的明星：既推出媒體平台Hive，又在洛杉磯舉辦「新權勢名人峰會」（New Establishment Summit），連皮西瓦與Snapchat的執行長伊萬．斯皮格（Evan Speigel）也在受邀之列。

媒體一向對科技公司態度軟弱，而科技公司也經常繞過媒體，直接發表聲明，而不與記者進行對話，這種做法完全看不到矽谷聲稱的開放。英國《金融時報》科技、媒體及電訊總編拉維．馬圖（Ravi Mattu）表示：「對於創辦人、對於要『改變』的說法，都會得到相當的崇敬。像是《連線》雜誌，有一整期以祖克柏做為封面的報導，就問他是不是要去改變這個世界……美國夢被擬人化成一個科技新創公司的創辦人，而他確實已經做到一些了不起的事。但問題在於，這種概念基礎很糟糕，因為這代表人們不會去認真找出這個產業的問題、找出他們該採用的做事方法。」另一期較新的《連線》雜誌，則是在關於臉書影響選舉的醜聞延燒一年後，以祖克柏被打得鼻青臉腫的照片做為封面。然而除了這張封面之外，《連線》與其他雜誌數不清的封面主流仍是讚許白人男性的科技創業者。

確實，現在市面上就是有一套極具威力的「創辦人故事」，與美國夢緊緊相連，於是讓人覺得「我們憑什麼批評這些人？」這些人白手起家，成了極其成功的創業家。而在美國的DNA裡，就是看重成功、看重創業。在2008年經濟危機之後，千禧世代面臨職涯發展停滯、機會短缺、經濟不振的問題。這些創辦人有許多都屬於千禧世代，雖然同樣面對這些挑戰，但獨力站了起來、打下一番天地、取得勝利。這件事實在太鼓舞人心，於是許多千禧世代講到影響自己的關鍵人物，提的都是科技業創辦人（而不是什麼明星）。也因為這樣，如果要去質疑這些創辦人，有時候就顯得似乎太負面、也沒什麼必要。

創辦Theranos的伊莉莎白・霍姆斯（Elizabeth Holmes），一開始廣受眾人崇拜，也正是出於這種偏見。（為不知道背景的人介紹一下：Theranos是一家總部位於帕羅奧圖的健康科技公司，他們研發出的血液檢測號稱只需要幾滴血液便可進行，再搭配其專利技術，檢測成本遠低於專業實驗室。公司在2003年成立時，霍姆斯才19歲，在科技圈成了大紅人，吸引到大筆資金，但等到《華爾街日報》揭露該公司篡改研究數據，一切假象立刻崩潰。）在事跡曝露之前，霍姆斯的形象就像是賈伯斯再世。馬圖繼續說著：「大家沒去問相關最基本的問題，而《連線》就是代表。對於那個世界裡發生了什麼事，那些科技刊物真的提出足夠的問題了嗎？我不這麼認為。《快速企業》（*Fast Company*）讀起來很有趣，但內容有多少只是膨脹了我們都想相信的夢想？我這裡要談的不是大眾媒體與報紙，畢竟就是《華爾街日報》踢爆了Theranos的故事。但在日常情況裡，我們還沒有足夠的人跳出來叫大家『等一下』。光看募資階段的相關報導就知道了，說的都是有人募到多少錢，然後公司估值又是多少錢。一切忽然就成了個叫人驚嘆的故事，沒有人出來說：『這家公司確實募到一大筆錢，但都是騙人的。』」

與矽谷的接觸受到嚴格管制，而科技人士彼此也有共識，認為最好直接和受眾談、而不要透過媒體（這與川普總統所見略同）。但同樣地，這是廣播，而不是對話。臉書現在會直接在自己的網路上發布公告，產品發表控制嚴密，至於修辭則是滿滿的詩意和自我吹噓。

創辦人愈來愈喜歡把自己塑造成思想領袖，這件事值得注意。不管是在部落格平台Medium發表評論短文、用推特累積跟隨人數，或是發podcast及電子報來介紹最新科技新聞和事件，這一切都像是一條單行道，就是建立內容後以某種媒體形式輸出。安霍創投從很早以前就瞭解，曝光度、能見度、新創價值構成一個三角形關係，所以安霍創投會舉辦年度高峰會，讓各公司高層大力介紹自己的公司，而安霍創投一方面能夠支持這些他們投資的公司，一方面也能控制相關談話。許多科技媒體公司所舉辦的活動都需要由技術高層出面，要進一步提升創辦人的知名度，但同時也會吩咐主持人，不准提出難回答的問題。（這些公司門禁森嚴，如果是重要活動，光是想參加分組座談或討論，就已經難如登天。訪談者提問所得到的答案常常是行話滿滿又鬼打牆的政治空話，但他們很少會再追問，除非準備以後和這家公司老死不相往來。）

在2010年的電影「社群網戰」（*The Social Network*）裡，祖克柏是個討人厭的爛人，但到了《浮華世界》，這群科技人就像搖滾明星；這種轉變走了很長的一段路。馬圖說：「他們現在變成名人兼經營公司的極客。但他們其實不是極客，而就是機構的一部分。」

面對外界對其政策、策略及巨大權力的批評，矽谷的回應就是不斷重複自己那套故事，而且愈講愈大聲，講得似乎所有的批評都是在反對自由、網際網路與人權等等價值觀。有可能受到法規監督管制的時候，矽谷就聲稱網際網路應該是「自由」的，不該受到監管。他們會去談要「連結全世界」，而不是目前「在一個商業營利空間裡，靠著出售你的資訊去連結全世界」這樣的現實。至於面對要他們負起更多責任的要求，矽谷則是把那些批評者都稱為「盧德份子」（luddite）。

在劍橋大學研究法律與科技相互作用的茱莉亞·鮑爾絲（Julia Powles）笑稱：「對於那些〔在這個神話下〕造成問題〔或是提出批評〕的人，要給他們貼上標籤，說他們是盧德份子、反對者，甚至說他們根本是個共產主義份子，實在太容易了。」鮑爾絲也是對矽谷所作所為最直言不諱的反對者之一。講到矽谷在我們的生活中無所不在，她說：「對這件事，我和非專家聊的次數不下於和專家聊的次數，可以說只要你坐下來和任何人談，大家都有同感，但接下來就會覺得，自己居然開始去質疑這件事，是不是太偏執？還是太虛偽？」

鮑爾絲提出的批評之一，在於公開辯論時，像谷歌這樣的公司為了取勝，會用更大的概念議題來包裝個案。舉例來說，某項個案本來只是當事者希望從網路上移除掉自己已過時且負面的資訊，但到了媒體上，就被說是「反自由言論」，至於網際網路則成了推動真相的引擎。在這個「被遺忘的權利」（right to be forgotten）的案例，是西班牙的一份地方報紙把檔案庫數位化之後，一名律師發現如果搜尋自己的名字，第一條結果會是幾年前自己的房子被取消贖回權。但當時是因為他遭到誹謗，這根本不是他自己所能控制，而且現在也已經真相大白，於是他提出了合理的刪除請求，畢竟他可沒允許這項資訊永遠留在網路上。然而在谷歌的精心安排下，這項案子引發更廣泛的辯論，變成是關於存取所有線上資訊的權利，以及新聞自由。

鮑爾絲在她2015年的論文〈不被遺忘的個案〉（The Case That Won't Be Forgotten）當中寫道：「谷歌用來占上風的手法，是把整個辯論留在抽象層次，以確保媒體及社會上最願意發聲的民眾會持續支持，並且激起那種出於本能、常常難以解釋、非人的反應。」換句話說，討論重點變得不在於個別的隱私個案，而變成「你到底想不想要言論自由？」，而這根本不該是本案重點。房子取消贖回權的消息根本與公眾利益無關，而與那位律師執業能力如何也毫無關係。這裡的重點，在於現在有了谷歌之類的搜尋引擎、搭配著它們判斷資訊重要性的能力，有怎樣層次的資訊會在無意間呈現在公眾眼前？對於谷歌來說，如果允許本案成為先例，可能就會造成後勤問題：需要補充新的人力來處理這種案子。像是臉書就已經被迫得雇用員工團隊，監控這個社群平台上的恐怖主義威脅。矽谷的平台及其成功，要看其演算法能否放大規模、帶來巨大影響力；正因如此，已有愈來愈多情況是因為一旦有影響就非同小可，因此矽谷平台必須對自己的任何舉動負起責任。如果全世界只有一套搜尋引擎，而搜尋某個人的資訊時，唯一的資訊就是他過去曾遇上經濟困難（但現在其實已經過去），這就有可能毀了他的一生。尤其，這些人很可能根本不是公眾人物。

是因為網路背後的商業利益，才讓我們都成了公眾人物。

這一套神話機制，也有助於矽谷逃避監管。矽谷讓自己做的事彷彿與眾不同，也讓網際網路像是個特殊、有生命、不該受約束（至少不該被政府約束）的東西。在關於網路中立性的辯論裡，最能看出這一點。在美國，在聯邦通訊委員會（Federal Communications Commission，FCC）於2017年投票廢除網路中立性之前，像康卡斯特（Comcast）、AT&T、威訊通訊（Verizon）這樣的網路服務供應商會受到歐巴馬推動的網路中立法限制，不得依據不同網路內容收取不同費用或限制網路流量，因此所有新業務與新創公司都能免費進到搜尋的結果當中。而在沒有網路中立性之後，新品牌、新物品和新網站再想得到曝光度，就得透過商業管道。有趣的是，在這個例子中，亞馬遜、臉書、Reddit、Netflix與微軟一直透網際網路協會（Internet Association）支持維持網路中立規範；或許是因為這樣一來，才會是繼續由這些企業（而非電信業者）擔任付費廣告的守門員。

在社會的幾乎所有層面，各地規範不同似乎並不是問題。像是我們都能接受，某些藥物在英國不能使用，某些食品成分在某國的管制較嚴，或是課稅較重。然而，網際網路卻似乎是「無國界」，就像空氣和大海，不該受到限制。

高克傳媒（Gawker Media）創辦人尼克．丹頓（Nick Denton）認為，矽谷不可能永遠維持崇高地位。他說：「我其實認為矽谷的波動性很高。地位高的時候，簡直叫人驚嘆、虔誠膜拜，但地位低的時候……還記得2000年〔科技新創泡沫破裂〕的新聞嗎？那可沒什麼好話。科技界曾有一些英雄人物，像是卡莉．費奧莉娜（Carly Fiorina）或Theranos的霍姆斯，女性似乎比男性更容易落入這種情形，先是風光崛起，後來又被完全擊倒。整個過程的修正非常暴力，但事情不該是這樣。這些人本來就不該提到那麼高的地位，但也不該在他們未能達到期待的時候，就受到那麼大的羞辱。他們並不是那麼差的人。」（這在祖克柏2018年出席國會聽證會的媒體報導就很明顯。）

《好萊塢報導》（*Hollywood Reporter*）的執行總編馬修・貝洛尼（Matthew Belloni）在TEDxHollywood上發表演說，談到矽谷媒體龍頭崛起之後，數位媒體領域對權力、影響及損害的想法有何改變。當時台下的觀眾有科技咖、地方高層，還有我，而他指出現今民眾並不信任媒體。他解釋道：「但與此同時，民眾消費媒體的程度前所未見，只是方式有所不同。現在，陽光下的一切都是媒體，而且我們關注媒體的程度比以往都高。」

貝洛尼提到一個新典範，是鄉村歌手布雷克・謝爾頓（Blake Shelton）控告《In Touch Weekly》週刊封面誣指他要接受勒戒，涉嫌誹謗。「在我看來有趣的一點，在於誹謗法的目的是為了提供一種機制，讓個人能夠對抗『強大的媒體』。因為多年來，確實媒體力量強大，民眾幾乎無力回應。但在今日，我認為情況不一樣了。謝爾頓的推特跟隨者人數高達1,790萬，而且他一再告訴這些人，週刊的消息並非事實。至於《In Touch Weekly》，推特的跟隨者只有19.4萬人，紙本發行量也不到40萬本。所以，謝爾頓對週刊消息提出的否認，接觸到的受眾規模大概是15到20倍。問題：所以到底造成了什麼損害？」

在貝洛尼看來，這裡的權力關係完全是上下翻轉：「由於社群媒體無所不在、數位媒體環境力量驚人，個人現在擁有了遠高於在有社群媒體之前的權力。任何人想說的話，放到自己的臉書、推特、Medium、或其他任何地方，都會變得像《紐約時報》

的內容一樣強大。現有的法律是不是也該反映這一點？」現在這個世界，新聞、行銷和隱私之間的界線如此扭曲，是不是得有新的方法來定義正確、錯誤與公平？因為這一切正變得愈來愈微妙而複雜，甚至已經完全糊成一片。

毫無疑問，一如政府的權力，傳統媒體的「權力」正受到矽谷及產業景氣不佳的侵蝕。然而，批評者仍然繼續諷刺著媒體和娛樂產業，認為它們行事不公、總在試圖洗腦民眾。川普就經常發推特，抨擊「週六夜現場」（*Saturday Night Live*）對他的諷刺〔特別是亞歷克．鮑德溫（Alec Baldwin）〕，但其實他也不見得居劣勢。「週六夜現場」的收視人數大概是1,000萬人，川普的推特跟隨者高達1,830萬人（但也要看有多少是假帳號）。此外，川普還曾在記者會上趕走重要記者，上任一年也只舉行一次接受提問的記者會。（儘管如此，正如《紐約時報》的讀者人數增加一樣，川普公開批評「週六夜現場」，似乎推高了該節目的收視率。）

貝洛尼也談到了浩克．霍肯（Hulk Hogan）對高克傳媒臭名昭著的訴訟。霍肯背後有提爾當金主，於是對於這件通常結果會非常不同的案子，取得簡直無上限的法律資源，最後獲勝（稍後會詳細介紹本案）。如果像提爾這種科技界的億萬富翁代表人物，可以在一項訴訟上砸錢來讓某間媒體關門，權力到底是在誰手上？絕不是媒體。而且情況愈來愈是如此。

出版及媒體業的現況，正反映在無奇不有的網站經營方式。有的網站主要就是一堆彈出式視窗，滿滿都是不請自來的圖片、影片、標語，簡直像是趕不走的疹子；或者更可怕的，像從《衛報》到維基百科，簡直像個古板的學校老師在教訓著：「如果你用了，如果你也喜歡，為什麼不付點錢呢？這樣才公平啊。付出一點貢獻吧。」至於《金融時報》、《華爾街日報》，則乾脆設了即時付費牆（instant paywall）。最近，《衛報》的乞討手法更進一步：「與許多新聞機構不同，我們尚未設置付費牆；我們希望盡可能維持新聞的開放。《衛報》的新聞獨立調查，需要付出大量的時間、金錢與心力來製作。但我們的廣告收入正在下降，愈來愈需要讀者的資助。如果每個喜歡我們報導、喜愛我們的人都能出力資助，《衛報》的未來就能更安穩。支持《衛報》，1英鎊不嫌少。」新聞不斷報導裁員，更別說在藥妝雜貨店諸多薄到不行的雜誌，這一切都在訴說一個悲傷故事。

對媒體業來說，舉辦各種活動、高峰會和研討會已經成了搖錢樹。編輯被一再推到現場。走味的咖啡、無趣的茶點、劣質的紅酒，門票就要幾百美元。或者，在這個廣告攔截程式愈來愈多的時代，許多人運用創意打造業配內容「商店」，提供看起來像評論、但實際上就是廣告的內容，並以廣告價碼來收費。

舉例而言，《紐約時報》就成立廣告內容工作室T Brand Studio，能搭配傳統內容，為客戶打造適合的業配影片及文案等等，雖然也會標記為廣告，但標得巧妙而不明顯，而且廣告與內容的界線也愈來愈模糊。現在，電影、新聞專題與podcast除了一般經過編輯的內容外，也都會提供業配內容，做為新的收入來源。至於業配的「體驗」內容也已經成為最新的營利管道，希望吸引喜歡各種體驗的千禧世代。像Refinery29這樣的媒體公司，已經開始打造售票的沉浸式體驗，結合真正的藝術裝置與品牌的「活化」：從Dyson吹風機（站在有各種吹風機的房間裡）、Casper床墊（在一堆枕頭上面跳），到Juicy Couture（站在一個真人大小的雪球裡)。這一切,都是為了讓人忍不住想自拍、上傳Instagram而設計。

這一切已經發生,而接下來可能是新聞的大規模自動化(也就是用演算法來寫新聞)。在最單純的運動新聞,已經開始使用演算法自動寫稿。在日內瓦的科技顧問希爾就表示:整個過程「沒有任何真人參與,沒有為新聞增加任何價值。而這十分危險,因為這基本就是消滅了調查類的新聞,只是從政府或公司得到的官方資訊裡,大量自動產生稿件。」

希爾表示:「傳統新聞業已經沒有其他收入模式了。過去唯一取得資金的方法就是廣告與線上媒體,現在所有廣告都由谷歌控制。像是我這裡的地方報紙,有個不錯的網站,有廣告功能,他們也想用這些來賺錢,但你知道他們的紙本銷量淒慘,廣告頁數下滑。」

丹頓及許多其他人相信,會出現像這樣的財富移轉,是因為新聞媒體自己缺乏多元性,和觀眾的關係愈來愈遠。丹頓說:「不論在哪,媒體業都被視為一種國家機構、第四權,是傳播新聞、仲裁分歧的某種機制。但這個角色已經喪失、或說被取代。很多人現在認為,現在的媒體業不是單純的媒體,而是一種博雅媒體,只能代表一部分人的精英、進步觀點(甚至也不是全部):就是城市、世界主義、國際主義的觀念,而這些觀念大概就是總人口5%或10%的想法。」

媒體缺乏多元性,主要並不是因為白人特權自我設限及裙帶關係,而是因為地位不斷降低。很多時候,現在只有夠有錢的人,才能在新聞業待得下去。美國記者的平均年薪是43,440美元。許多想闖蕩新聞界、二十來歲的千禧世代,都得靠父母補貼房租才撐得下去。根據密西根大學社會研究所2016年的研究，美國創意產業二十多歲的年輕人裡，有高達53%需要接受父母的經濟援助。

就算只是想在新聞界、電視業、或其他許多創意藝術領域找工作，都需要能夠先當免費的實習生、忙到沒天沒夜（而且對此感到高興）、住在可怕的市中心、拿著低廉的工資。確實，媒體業的某些部門（特別是書籍和雜誌的出版）多半就是由白人、自由派的精英份子所把持。然而，矽谷也是如此，而矽谷也正是實際上的新媒體，正操縱著我們的報導編排。

而且，這種新媒體絕對就如你能想像到的同樣精英、同樣白人、同樣特權。

## 矽谷八卦

丹頓來到Sant Ambroeus這間小小的義大利餐廳，位於紐約諾利塔區（Nolita），店裡有紅色的皮革長椅和木鑲板。時間是2016年總統大選後的幾天，正是一個訪問的好時機：科技億萬富翁提爾加入了川普總統的陣營，協助他登上大位；而在不久之前（就幾個月），那樁聲名狼藉的訴訟案也才剛讓高克傳媒關門、丹頓個人破產。我點咖啡的時候，丹頓走了進來。

丹頓是英國人，牛津大學畢業，在2002年創立報導消費科技的網站Gizmodo，並於同年創立高克網站、最後發展成高克傳媒，旗下有許多熱門網站，包括流行女權主義網站Jezebel、以體育為重點的網站Deadspin，以及汽車網站Jalopnik。他早期的職涯是在《金融時報》撰寫矽谷相關報導，對於得不斷奉承科技創業家感到很不開心。丹頓還創立了Valleywag，這是高克傳媒旗下的一個部落格網站，曾有一段時間由丹頓本人編輯，報導矽谷科技創辦人、企業及風險投資人的八卦。

這個網站的著名事蹟，包括爆料谷歌創辦人佩吉曾和時任谷歌高階員工的梅莉莎・梅爾（Marissa Mayer）在2000年代末期約會，以及施密特與妻子是開放式婚姻的關係。丹頓爆料的消息，也包括Salesforce.com執行長馬克・貝尼奧夫（Marc Benioff）試圖扣留《華爾街日報》的記者，並表示其他記者都不願報導這條新聞。至於一些更具爭議性的頭條，則是嚴厲批評了提爾和其他科技名人。關於矽谷（特別是提爾）和媒體的關係，丹頓討論起來可說是有著獨特的優勢。

提爾和川普一樣厭惡傳統媒體，也都用數位平台表達自己的想法。提爾報復高克傳媒的方法，就是資助霍肯告倒了高克傳媒。提爾表示，這是為了報復高克在幾年前將他出櫃。法院判決高克傳媒必須賠償霍肯1.4億美元，而使得高克傳媒被迫拍賣，丹頓個人也宣告破產。

然而，丹頓與矽谷的關係並不只有霍肯一案。他身為高克傳媒創辦人、Valleywag在2006至2007年的編輯，深知在網路泡沫破滅後，矽谷是如何重生、其間重要人物與企業又是何人，也持續密切關注著科技發展。

丹頓啜著咖啡。雖然被如此對待，他可說是非常樂天，甚至在評論的時候講得風清雲淡。整件霍肯訴訟案，在他心中彷彿就成了一個寓言故事。（諷刺的是，提爾在2018年表示希望買下高克傳媒尚未售出的部分，可能讓丹頓覺得好笑或氣憤。）

丹頓認為，名為「過濾氣泡」（filter bubble）、「回聲室效應」(echo chamber )等的同溫層效應，比我們這種一般消費者以為的更為廣泛。他認為，問題不只在於我們所看到的新聞消息，而在於從線上收到的所有資訊。他解釋道：「想想新聞業，新聞機構與作者能得到的激勵機制，是由臉書演算法所決定。臉書時不時會稍稍透露這一切究竟如何運作，但透露得已經愈來愈少。我們的日常生活、專業、經濟活動，已經愈來愈受到這些規定、條款，以及這些平台演算法的支配。」

仔細觀察會發現，相較於早就被大小報紙批評慣了的產業(例如金融業)，科技公司似乎很禁不起媒體的批評。

丹頓講到已經解散的Valleywag，表示：「那正是Valleywag存在的原因。矽谷是個只有一個產業的城市，而且還是個相對比較新的產業。矽谷不像紐約、更不像洛杉磯，那些地方都有相對完整的媒體生態系統，有雜誌可以放上名人好看的簡介和照片、問一些很容易回答的問題，也有許多記者可以為電影寫出好評，交換派對、試映之類的邀請函。但同時也會有一些八卦媒體、一些激進媒體，也多多少少會有其他聲音。但在矽谷，他們永遠搞不懂這件事。」

許多矽谷公司園區門禁森嚴，也把進出的權利當成吸引人最主要的手法。為了這本書要進行訪談和參訪的時候，或許是因為(1)這本書不是關於特定科技企業(也就沒辦法為它大加吹捧)；(2)顯然會帶點批判性；(3)想必要求訪談參訪的人不在少數；於是最大的那幾間公司都直截了當加以回絕，又或視而不見。此外，他們也應該有一張熟悉的科技記者名單，而我並不在那張名單上。

甚至是在那個時候，丹頓想拜訪矽谷也同樣受限，他說：

「當然，如果你是矽谷的記者、又寫了批評的話，就可能會失去參訪權，而管矽谷的就是那20個人：10個風險投資人，還有五大科技公司裡的10個頂頭人物。沒什麼別的辦法能得到參訪權。他們把員工管得很緊，有各種機密和保密協定。在網際網路剛出來的時候，曾經有一小段的自由時期，有一群懂科技的員工會洩漏資訊。而我認為，這些公司現在已經大致封上了這個漏洞。」

就算在霍肯案以外，只要惹上了矽谷的自尊，總得付出代價。他解釋道：「我們那時候就吃過苦頭。臉書從來沒有擋過我們，但在我們刊出iPhone 4的報導，而且可能是我們最重要的一篇報導之後，我們就再也進不了蘋果了。那是在2010年。」（Gizmodo在iPhone 4正式發表之前，就買到一台原型機，並曝光規格細節。）

現在的產品專訪，都會經過事先安排、精心策劃。直接將專欄文章刊在知名報紙上，而無須接受採訪者提問。

丹頓指出，亞馬遜的貝佐斯特別與眾不同：「他特別得媒體的歡心，因為他支持《華盛頓郵報》，允許他們做獨立新聞調查，也批評提爾這樣的人是太過敏感。他似乎是一個現有媒體能夠接受的新大亨。」

矽谷不願意參加有意義的批判性對話，雖然外界可能覺得不明智，但丹頓認為這其實是它能維持成功的關鍵：「如果美國市值前五大科技公司多少都是遵照著類似的政策，誰能說這不是好辦法？」

但不論如何，這些政策就是屬於孤立主義，會讓公司難以接觸到客觀的意見、批評與辯論。但這些企業想成功，就必須維持人氣、在消費者心中不退流行。關於矽谷的冥頑不靈、缺乏同理心，目前已經眾所皆知，也曾惹出許多公關笑話。如果能聆聽批判的聲音、而且真心接受，就可能讓矽谷企業看來更有人性。

## 真相與故事

對矽谷來說，媒體只是一種工具，用來擴大傳播公司的消息、推廣他們那套奇蹟故事。這種情況有部分原因在於科技比較抽象，需要透過媒體來解釋、推上神壇。如果講不出那套故事，就什麼都不是。然而，矽谷連那套故事也想控制。

畢竟，這一切都是資訊業務。矽谷做的本來就是概念生意，可不是什麼鋼鐵廠。有許多事情靠的都是說故事，丹頓就說：「很多時候，民眾並不瞭解產品，這時把故事說好就很重要，這樣才能雇得到員工、得到適當的投資人數、並讓顧客願意光顧。一切都得靠故事，程度甚至要比過去的類比世界更高。如果這個故事出了問題，不論是有漏洞，或是內部發出批評的聲音，都可能極具破壞力。」因此，矽谷比起其他大多數企業更需要注意維持高尚的形象（像汽油就是必需品，購買時不見得是出於支持該企業）。

對於矽谷打造出的故事，媒體成了它們強力的宣傳，也被用來為故事加一些情緒，讓消費者更有切身感受，並落入一種道德框架。在這些矽谷公司所打造出的形象中，這些公司不只是平台，而是有感情、有道德的生物，做著了不起的事情。

然而，打造出這種形象後，卻會引發複雜的結果，特別是在矽谷成為媒體新的守護者、開始介入新聞界而產生利益糾葛之後。我們一旦讓這些公司有了道德、人性，讓它們提升到更高的層次，就會給它們做的事附加一個道德框架、而非業務框架。一方面，我們會因此覺得和這些公司關係更緊密、也更忠誠（這對矽谷有利），但如果它們又表現得太像公司、似乎在欺騙我們的感情，我們感受到的背叛也會更加強烈。於是，故事就像一把兩面刃，而就算都在矽谷，用法也各有不同。以亞馬遜和臉書為例，亞馬遜從來沒把自己吹捧成什麼道德典範，也只會說自己就是個好得不得了的零售業者。所以，在聽說亞馬遜使用機器人、商業手段絲毫不講情面的時候，我們並不會太驚訝。亞馬遜就是這麼高效率、無縫運作，雖然總有新聞頭條又爆出它虧待工廠工人、對地方企業造成破壞，但大家用起亞馬遜還是大致上心安理得。至於臉書，多年來一直告訴我們自己正在解決世界上的問題、連結全世界，於是臉書一旦傳出負面消息，我們就覺得更受到侮辱和背叛。

希爾認為：「講到大型電信商，沒有人會認為它們是『好人』。至於像是惠普、IBM或思科之類的大型硬體製造商，則大概是中立的態度。但如果講到網際網路公司〔當然，蘋果並不是網際網路公司〕，忽然之間卻好像這些人開公司都是出於心中的善意、為了人類的利益。我認為，大家現在才剛開始覺得，事情或許沒那麼簡單。」

畢竟，這些都是營利企業，抱持的並非道德準則，而是商業利益。在歐洲數位權利（European Digital Rights, EDRi）國際宣傳組織常務董事喬．麥克納米（Joe McNamee）看來：「我們最好盡早認清，這些企業並不是有情感、有道德框架的生命，而是代表著其股東的經濟利益。」在他看來，問題在於「每個人似乎都覺得，這些公司會像變魔術一樣，能夠清楚知道大家認定正確合適的審查程度或內容是怎樣，但事實並非如此。不管在什麼時候，這些公司就是會去弄清楚自己做什麼或不做什麼最有利可圖，然後就會這麼做。」

舉例來說，矽谷在比特幣和區塊鏈科技上的對話就透露了部分真相。比特幣是一種加密貨幣，現在被人說得像是自由主義的終極象徵，而在狂熱份子眼中，也成了對政府體制的逃脫出口、推動民主的去中心化引擎，而不只是另一種形式的數位貨幣；但諷刺的是，比特幣的股票市值目前仍然只能用傳統貨幣來表示（換言之，比特幣並非獨立存在，而必須與美元相比才能展現其價值）。

至於區塊鏈（一種即時不斷更新的程式，能夠衡量數位資產的多寡），也被人說得彷彿帶有意識形態，是要從愛插手事務的銀行和政府手中奪回權力，讓所有貿易與交換不受任何干擾。但在許多方面看來，區塊鏈就只是一個更先進的會計系統罷了。

這裡也可以看出，矽谷、科技和網際網路如何讓自己顯得比實際更特別，彷彿科技人就是比我們這些平凡人更不一般。

大衛．果倫比亞（David Golumbia）的《比特幣政治：軟體作為右翼極端主義》（*The Politics of Bitcoin: Software as Right-Wing Extremism*），就討論了這件事。果倫比亞是維吉尼亞聯邦大學（Virginia Commonwealth University）英語系副教授，研究專長為媒體語言，他認為目前圍繞在比特幣和區塊鏈科技周圍的言論，都有著一種意識形態：認為只要有人批評，一定是因為不懂這項科技。他說：「也就是認為，如果是沒有科技專業知識的評論家，就不夠格談論這個話題。」

許多科技人都說，用區塊鏈來選舉，是能夠最準確實現民主的方式。果倫比亞說：「光是因為你忽然可以在電腦上投票、不用去投票所，並不會讓世界就此翻天覆地。我同樣認為區塊鏈確實有各種合理的潛在用途，但都是在諸如改善記錄保存，或者對現有、運作中的科技稍加改良。」

換句話說：區塊鏈確實能讓股票交易所或選舉更快或更有效率，但它不會徹底改變投票或貨幣本身。然而，如果去參加科技會展或比特幣活動，還是能看到死忠粉絲懷抱著如同邪教的堅定信仰，深信這能改變一切。比特幣的創辦人就以深信自由主義而聞名，推崇這項去中心化、不受監管的貨幣能夠成為逃脫政府干預的終極手段。雖然這項信念後來已經不那麼堅定，但廣泛講到能用區塊鏈推動民主，這項概念仍然留存在相關的字裡行間。或許，隨著比特幣和其他加密貨幣開始在創新國家大量使用，這項概念就能有所發展。（包括愛沙尼亞在內的幾個國家，正在嘗試加密貨幣能有哪些用途。）

然而，這些說法都成了科技界有力的幫助，能夠讓科技的能力與工具看來更加特殊，並逃避批評、扼殺反對意見。

## 假新聞及未來

關於真假新聞的議題，目前正變得愈來愈重要。原因就在於，隨著谷歌、YouTube、臉書和推特等矽谷平台成為新聞週期（news cycle）的核心，刻意製造出的假新聞可能會和經過事實查核的正當內容同台出現，而且光是要判斷哪些是真實新聞、那些是人為杜撰，也已經愈來愈難。影片報導，特別是現場直播，曾被視為是一種解決辦法，因為一切不受約束、即時、發自內心、而且沈浸其中。我們也已經見到，對公民記者（citizen journalism）來說，現場直播特別有效。

然而，很快就連現場直播也會有動手腳的可能。在過去兩年中，研究人員透過機器學習、人工智慧程式，在圖片、影像及聲音處理方面取得巨大進展，也讓輸出的結果不斷改進。初步成果看來，在十年內就能輸出極精細的移動及靜止視覺效果，所以以後或許就不能眼見為憑了。

對矽谷各大科技龍頭來說，假新聞的議題已經成為壓力點，因為其他企業或大型媒體公司一旦發現自己的廣告與極端主義或假內容並列，就會抽掉廣告。然而，只有最明顯、最有爭議的案件會得到這樣的討論。如果是真假新聞間的灰色地帶呢？業配文、有黨派色彩的「新聞」呢？又或者，如果是AI寫出來的新聞報導，而有不準確之處呢？又或者更嚴重的是，如同情報調查報告顯示，俄國在美國與法國大選前，都曾用線上宣傳影片試圖影響公眾輿論，這樣的內容該如何處理？為此，英國政府還曾要求祖克柏提供證據，以瞭解俄國出資的帳號究竟是否影響了脫歐公投與大選結果。

假新聞正成為關鍵的政治問題。法國廣告龍頭哈瓦斯（Havas）和英國政府，就與《衛報》、BBC及倫敦交通局（Transport for London）合作，在谷歌無法保證解決廣告投放問題之後，於2017年抽掉所有在谷歌投放的廣告。哈瓦斯指出，會決定抽掉廣告是因為谷歌無法「提供具體的政策及保證，確保其影片或顯示內容能以夠迅速、或採用正確篩選器的方式進行分級。」

法國已採取進一步行動。2018年1月，法國總統馬克宏（Emmanuel Macron）就頒布一道新法律來打擊假新聞。在選舉期間，社群媒體對於自己允許上線的內容，將需要負起較嚴格的責任。如果有人刻意模糊真相與謊言間的界線，就會破壞民眾對民主的信仰。在馬克宏頒布的新法中，嚴格規定貌似「新聞」的內容需標明來源，業配新聞的經費也有限制。

馬克宏在聲明中談到，傳布假新聞的成本變低，只要花幾千歐元，就能在社群媒體上傳播假新聞。（根據這個數字，就能瞭解俄國在美國大選前每個月投入125萬美元是怎樣的規模，又可能帶來怎樣的影響。）他說：「社群網路上有成千成萬的宣傳帳戶，在全球以所有語言散播捏造的謠言，抹黑政府官員、政治人物、公眾人物與記者。」

問題在於如何解決這些緊張局勢。

2016年爆出臉書員工會刻意調整貼文，讓偏自由主義的文章出現比例增高，但微軟的博依德比較在意的並不是文章遭到調整，而是消費者普遍有種誤解，以為用演算法來排序和列表、就能比人類更沒有偏見，以為在顯示新聞文章時，用程式來處理就能比人類更中立。2016年5月，她同時在資料與社會（Data & Society）的平台與《赫芬頓郵報》（*Huffington Post*）發表一篇題為〈臉書必須對公眾負責〉的文章，寫道：「現在令人擔心的並不是人類在捏造新聞（他們一直都在這麼做），而是臉書的介面營造出一種貌似客觀的假象，號稱以演算法程序帶來中立性，讓人以為最後呈現的優先順序只是反映用戶（或說「公共領域」）的興趣與行為，而不是反映臉書、廣告主或其他強大實體的興趣與行為。」

她補充道：「世上從來就沒有中立，未來也不會有……我很尊重馬克．祖克柏，但我認為他說只要臉書還在他手上就會維持中立，是一種危險的說法。那就是所謂仁慈的獨裁者，而且世界上有很多人不會同意他的價值、承諾與邏輯。身為一個進步主義的美國人，我和祖克柏的相似大於相異，但我很痛苦地意識到，臉書與整個美國社會架構就是深深帶著新自由主義的美國價值體系。」

臉書與「燒夷彈女孩」的事件，都是雖然出於好意、但透露出矽谷觀點的文化盲目。

而隨著矽谷愈來愈掌控著新聞週期與線上言論，這就形成矛盾。如果我們希望矽谷加強網路上的內容控制，讓我們免受假新聞與網路濫用的危害，該設下怎樣的指導方針？到底是由某套演算法來做比較好，還是由臉書選定一群帶著個人偏見的人來做比較好？接下來的問題則是關於臉書，它究竟是什麼？媒體公司？社群網路？這個問題的答案，將會影響它所應該承擔的責任。

希爾表示：「德國司法部長曾說，臉書應該加強處理仇恨言論。那確實是非法的，所以為什麼他們的處理力道不強一點呢？原因在於他們並不是執法機關，雖然可以刪掉內容，但除非你可以接受他們完全不受懲罰，否則他們就不能做那些你希望他們做的事。這個社會的問題在於，只要有政治人物說『臉書應該擔起更多權力，提高效率來規範自由言論。』你就不能同時說臉書的權力已經太大。」

在許多方面，谷歌和臉書就是陷入兩難。博依德告訴我：「谷歌可以被訓練成極端的種族主義。如果真變成這樣，谷歌是否該負責？確實如此，但只是遭到輿論批評，這樣的責任也太簡單了。想想看臉書目前的情況，他們到底該怎麼處理動態消息的呈現？到底是只要有動態就呈現出來，也成了民粹主義；還是要加以控制，也就是過去民主與共和主義的做法？若是如此，會建構出哪些價值？……不管臉書做了哪個選擇，都會受到譴責，所以說要管制是一回事，但重點在於我們真正想要什麼價值？整體民眾無法對此達成共識，所以在我看來的問題是，到底正確的答案是要用現行的法律來管制動態嗎？但現在的法律本身就大有問題。又或是要用輿論的力量來加以管制，也就是目前有一部分就在做的方式？」

或許這一切又會回到原來的問題：這些公司是有意、有策略地把自己放到了我們生活中更廣泛的象徵框架中。這樣一來，我們對這些企業的期望就不會只是做為企業。雖然這會給他們帶來好處，但也會造成其他產業或許無須承擔的壓力。矽谷公司過去培養出了具備意識形態與道德的形象，但隨著假新聞、酸民文化、同溫層效應在流行話語變得更加普遍，可能已造成反撲。我們到底希不希望矽谷擔起責任？矽谷自己當然是不想。

矽谷過大而想主導世界的野心，與它試圖給自己呈現出的形象，之間的差異已經愈來愈大。全球最大的幾間媒體公司，包括計程車公司、飯店業者，進軍全世界，都把自己偽裝成「科技公司」、「平台解決方案」和「社群推動的住宿業者」，希望可以躲過束縛前人的繁文縟節。在矽谷企業勢力強大的市場，它們可以暫時騙過大家，用各種歡快、有烏克麗麗配樂的影片，大談為社群賦權；矽谷正試圖潛進並征服新的領土。而這些新的領土是否也會被騙？

第4章

# 連結全世界

有幾張照片，簡直可以當成班尼頓（Benetton）的廣告、或是聯合國兒童基金會（Unicef）的宣傳照，又或兩者皆宜。但那是在Internet.org的網站上，這是臉書旗下一個故做慈善組織貌的機構，致力於為未開發國家提供低成本的網際網路。網站上的照片，有戴著穆斯林頭巾的女孩開心笑著、世界各地的孩子們穿著民族服裝微笑、或是在鄉間騎腳踏車之類；只不過，他們手裡不是拿著水桶或籃子，而是握著手機。這裡的樂觀和價值，實在表現得太過刻意。臉書提供的「Free Basics」是一項免費但內容有限的網路服務，讓用戶可以連上某些特定網站取得內容。也確實有一些個案研究指出，它能帶來一些正面影響。兒童可以用網路來學習，爸爸們也能吸收教育資訊，知道怎樣做個更好的爸爸。包括三星、愛立信（Ericsson），諾基亞（Nokia）和高通（Qualcomm）在內，臉書與六家網路與行動通訊業者，以及各地營運商合作，提供Free Basics的服務。Internet.org也有一些抱負更為遠大的目標，進行其他更加雄心勃勃的計畫，例如Internet.

org連網實驗室（Internet.org Connectivity Lab），就是研究如何使用雷射和輕型無人機將網路帶到偏遠地區。

Internet.org表示：「透過我們努力推動連結，已經讓超過2,500萬原本無法上網的人成功上網，並向他們介紹網際網路的驚人價值。這些人目前在校成績進步，事業開創新機，也正在學會怎樣保持健康。」

矽谷征服美國與其他成熟市場之後，正打算殖民世界剩下的其他角落，而且很多時候是打著利他主義的旗幟為之。

其中一大目標，就是非洲及其12億人口。2017年，谷歌執行長桑德爾．皮蔡（Sundar Pichai）宣布，將培訓1,000萬個非洲人的數位技能，並擴大資助非洲新創公司。谷歌特別為撒哈拉以南的非洲聘請了一位行銷長，還推出「YouTube Go」，這是特別針對網路品質較不穩定的地方所推出的YouTube版本。同年，臉書宣布計劃在烏干達鋪設近800公里的光纖電纜。臉書和谷歌這兩大企業，都正推出科技中心與各種方案，希望擴大在非洲發展中市場的影響力。

這裡的網際網路就像過去的基督宗教一樣，被說得像是偉大的文明推動者，能解放經濟、為人民賦權（又是這個詞），讓他們發揮潛力。建造免費的網際網路基礎設施做為禮物，但換來的是整個消費族群的數位宇宙，當然是遠遠更有價值。

除了這些市場，矽谷也開始進軍從東南亞到南美的各個新興經濟體，但也碰上新的挑戰。首先，矽谷即將和阿里巴巴、華為等中國科技龍頭正面交鋒。2017年，阿里巴巴執行長馬雲宣布提供金額達1,000萬美元的非洲基金。事實上，中國的科技公司正與矽谷激烈爭奪許多利潤豐厚的市場，其中包括印度與巴西。

阿里巴巴已經在印度的Paytm與Snapdeal這兩家電子支付公司上投入大筆資金，至於滴滴出行（相當於中國的Uber），則是投資了印度的叫車服務Ola。智慧型手機製造商小米，也在2017年4月聯手其他投資者，以2,500萬美元投資印度線上音樂和影片供應商Hungama。至於網路服務公司百度，也正在探索印度。

誰會勝出？

風向開始轉變。在過去二十年間，全球的文化創新可以說是矽谷獨霸，但現在已經出現各個活力充沛的新樞紐，正挑戰矽谷的地位，並創造新的競爭對手。以色列、印度、峇里島等地，一片新科技場景欣欣向榮，培育著許多後起之秀。谷歌的產品管理副總裁凱薩・辛格塔（Caesar Sengupta）向《華爾街日報》表示，這些新興企業領導者正在「打造滿足當地需求的應用程式與服務，為網際網路的未來打造產品。」一如當初矽谷的發展，下一代的全球科技龍頭，有可能就是出自於班加羅爾或胡志明市的某家當地咖啡店。」Uber前執行長特拉維斯・卡蘭尼克（Travis Kalanick）也同意這種說法，他在北京的一場科技會展上表示：「未來五年內的創新、發明、創業，會有更多是發生在北京，而不是發生在矽谷。」

只不過，矽谷目前風華仍在。就像之前的希爾頓（Hilton）、麥當勞與可口可樂，矽谷希望將自己的美國品牌推向全球，希望能夠贏得各國青睞，並比先前較為狡詐的企業巨獸與帝國主義者有更好的形象。然而，在這個民智已開、一切開放透明的數位時代，這件事愈來愈難。

隨著矽谷進入新市場，也就進一步暴露了矽谷著名的冥頑不靈。十九世紀的帝國主義者，或許能夠長驅直入、橫掃一個又一個島嶼，但矽谷進入新市場時的失利，正是因為有了網際網路，受到的各種批評就會被即時報導、現場直播，這說來不免有點諷刺。在早年，矽谷龍頭面對的是一群天真的消費者，只要靠著幼稚的音樂、新創企業的好聽話，就能假裝自己沒那麼龐大，攻進任何看上的市場。但他們其實就是人盡皆知、大膽厚顏的全球公司，這點無可逃避。也因此，眾人對這些企業的反應也迅速從興奮轉成厭惡，覺得它們只是自私自利。

由於民眾的看法改變、也開始感受到矽谷造成的巨大影響，就連過去能維持強勢的市場，矽谷也走得愈來愈艱難。從英國到歐洲，在這些最成熟的西方市場，矽谷曾有十年可說是暢行無阻，但挑戰目前正迅速到來。在某些情況，是因為矽谷企業規模太大、主宰一切，而引發政府以罰款、禁令與訴訟等形式反撲。至於在消費者心中，早期由於想法天真，對這些企業十分歡迎、甚至是推崇，但現在正迅速轉為集體的懷疑，至於對那些當初靠著貌似誠懇的話而興起的企業，則更是感到不齒。矽谷企業扭曲了各種競爭、社會、房地產價格與就業，而隨著這些情形浮上台面、開始受到重視，也讓許多國家重新喚起集體的社會良知。在歐洲，各國開始保護自己的價值觀、稅收制度及法規，對抗矽谷的快速入侵。

過去，矽谷的全球擴張可能是順風順水，但現在，前方等著的是洶湧的波濤。

## 歐洲起義

雖然矽谷在歐洲非常成功（谷歌在歐洲市占率高達90%，

在美國則因有競爭者而只有約64%），但歐洲一直沒讓矽谷真正稱心如意。在法國與西班牙，計程車司機發動罷工抗議Uber。坎城影展鄙視Netflix，還特地制定一條新規則，必須在法國有院線上映計畫的電影才能參加（電影若想在法國院線上映，就必須繳稅支持法國影業，也要遵守發行日期的規定，而Netflix迴避了這些規定）。雖然如此，蘋果、谷歌、臉書和亞馬遜還是在歐洲發展蓬勃。只不過，事情開始發生變化。去年，歐盟競爭專員（European Competition Commissioner）瑪格麗特·維斯塔格（Margrethe Vestager）已下令愛爾蘭向蘋果補收130億歐元的稅款；也因為臉書在購買WhatsApp期間誤導監管機構，而對臉書開罰1.1億歐元。此外，亞馬遜也被命令向盧森堡補稅2.5億歐元。與此同時，谷歌被指藐視競爭法、濫用自身在搜尋市場的主導地位打壓對手，遭罰款24億歐元。歐盟最近也裁定，Uber的管理監督適用交通運輸業，而不再繼續讓Uber為了規避一般計程車服務業應遵守的法規，而號稱自己是科技解決方案、又或任何其他假面具。

此舉讓維斯塔格聲名大噪。在《新政治家》（*New Statesman*）的個人簡介中，她表示：「這些企業的設立方式，有些在經濟上根本說不通……並不是為了達成公司的使命；只是想要逃稅。」而在另一次，她談到科技公司壟斷的權力：「公司可以規模龐大、可以十分成功，但不可以濫用權力來扼止他人在五年或十年內挑戰你、成為下一間成功的公司。」

當然，2018年5月《一般資料保護法規》（*General Data Protection Regulation*, GDPR）生效後，就有了新的隱私法，嚴格規範個資的運用、並強化個人對自身個資的控制權，這套法規

「旨在協調全歐資料隱私法律，保護及授權所有歐盟公民之資料隱私，並重塑全區組織處理資料隱私之方式。」

隨之而來的，就是對這些公司行為的不滿。公眾開始意識到，某些人的角色在矽谷龍頭企業員工與歐洲政府人士之間自由切換。由美國道德組織「問責運動」（Campaign for Accountability）所發起的「谷歌透明度計畫」（Google Transparency Project）發現，自2005年以來谷歌與歐洲各國政府之間至少有80起互相轉任的「旋轉門」案例，就為了阻止反壟斷的立法。這些轉任案例包括前立陶宛無任所大使托瑪斯・古爾比納斯（Tomas Gulbinas），與歐洲議會某法國議員的顧問喬治歐斯・馬夫羅斯（Georgios Mavros），兩人目前都是谷歌的遊說者。Uber也在2016年聘任前歐盟數位資料專員尼莉・克蘿斯（Neelie Kroes）。2017年，「國際透明組織歐盟分部」（Transparency International EU）發布報告指出，谷歌所登記的遊說者當中，有50%曾於歐盟任職。

表面看來這並沒有什麼不妥，歐巴馬不也是聘了許多來自谷歌的人，好讓政府更瞭解科技嗎？隨著這些巨型企業不斷發展、開始面臨法規監管問題，找些政策主管來處理這個領域，也很正常。然而，太多的身分重疊，就引發了利益衝突問題。有誰會受到來自什麼的影響？

國際透明組織歐盟分部的宣傳主任丹尼爾・佛恩德（Daniel Freund）在報告發布時指出：「曾任政治人物的經驗和見解，所有組織都能受益良多，但如果有人前一分鐘還在制定歐盟法規，下一分鐘卻在向過去的同事、就同一項議題加以遊說，這就有問題了。我們需要規則，以避免利益衝突，並藉此避免遊說者把持這些機構。」

關於對抗矽谷影響力的立法，已經開始一段時間。2016年，柏林法院維持禁令，Airbnb（及類似機構）的用戶如未經市府許可，不得將超過50%的公寓房間做短期出租，違者可能罰款高達10萬歐元。市府當局甚至建立了一個網站，讓使用者可以匿名通報Airbnb的使用情況。原因則在於Airbnb這樣的服務扭曲了租金，影響了合理價格租屋的數量。阿姆斯特丹及倫敦也立法規定，房屋所有人每年出租天數不得超過60與90個晚上；Airbnb在2016年底同意遵守，開始對用戶有所限制，這是該公司首次做出這樣的讓步。

對於零工經濟，也開始訂定相關法規：德國在2015年開始處理Uber，要求司機應取得與一般計程車司機相同的許可，Uber因而必須暫停在漢堡、法蘭克福與杜塞多夫的服務。在法國，Uber也因為開通使用無牌計程車的UberPop服務，遭罰款80萬歐元，兩名公司高層也被罰款總額5萬歐元。

同年，歐盟執委會開始針對各種競爭問題對谷歌進行反壟斷調查，包括操縱搜尋結果、優先顯示谷歌購物選項、優先顯示廣告主相關搜尋結果及廣告，以及為自身利益操縱搜尋引擎速度。

最後一點，隱私一直是歐洲愈來愈關注的問題。在愛德華．史諾登（Edward Snowden）爆料美國政府在美國進行大規模監視之後，顯然歐洲用戶一旦使用谷歌、微軟和臉書等服務（都會透過在美國的伺服器），個人資料都可能面臨風險。這在歐洲掀起巨大爭議，包括奧地利律師馬克斯．施萊姆斯（Max Schrems）控告臉書侵犯隱私，導致歐盟法院宣告安全港協議無效（根據安全港協議，美國科技公司得以儲存歐盟民眾個資做資料處理）。

之後，歐盟與美國已經達成了一項新協議。但這件事對英國來說可能意義不大，因為英國為了反恐，在2016年通過《調查權力法案》（*Investigatory Powers Act*），允許英國政府對全國人民的通訊及網路使用，無差別進行駭入、攔截、記錄與監控。

2018年，新的隱私法規開始生效，讓歐洲國家的監管機構有更多權力裁罰科技企業不當蒐集或共享用戶資料。

至少在民眾心目中，這一切的起源是歐盟最高法院在2014年具有里程碑意義的「被遺忘權」裁決，宣告個人若認定某些資訊為訛傳、不再準確、或是並不相關，則有權要求從搜尋結果當中刪除此類個資。劍橋大學的鮑爾絲就在關於本案的論文中表示：「本案以適度但仍不完整的方式，承認及保護了我們對個資的基本權利；個資當中那些有意義但無形的連結，正是我們身分認同的基石，也已經成為數位經濟的基礎。」

為何歐洲能以更強大的力量來應對矽谷的影響？鮑爾絲認為，這是因為集體的力量。換言之，歐盟在許多國家擁有管轄權，能集結足夠的力量，不會被嚇倒。「這樣一來，〔歐盟〕就能處理與整個社會更相關的議題，而且規模足以有影響力。企業唯一在乎的就是股東利益，而歐盟是個夠重要的市場，想抽身或破壞都行不通，所以〔大咖科技業者〕就是得用點心思處理。」

## 特殊關係

矽谷業者在歐陸的經歷，相較於在英國發展蓬勃，形成鮮明對比。

鮑爾絲說：「英國一直在破壞歐洲的計畫，它是最親商的國家，沒有什麼想營造共同價值觀的道德或文化原則。但在其他歐洲國家則能強烈感受到這些原則，各種法規都會透露這點，像是〔歐洲〕規定工時，確保各項公共服務考慮到殘疾人士。」

大約在2012年，矽谷龍頭企業準備在倫敦開設分公司；雖然英國可能羞於承認，但當地人非常興奮。他們深深拜服在這些美國科技企業的魅力之下，蜂擁前來，發推特文談著大廳裡的免費食物（「真的是免費的！」），也在公司標誌旁邊自拍。公司高層辦公室的門隨時開放，想找這些矽谷公司員工會面，也都會得到熱烈歡迎。從那時開始，矽谷企業在英國的腳步愈站愈穩。然而，這些企業（臉書、蘋果、谷歌）還是與英國媒體相對保持距離，從而更顯神祕。

英國的稅法，也對矽谷很有吸引力。如果歐盟執委會繼續制裁對科技龍頭提供減稅的做法，可能會讓倫敦成為更大的科技樞紐。英國首相梅伊（Theresa May）已經表示，在蘋果遭歐盟要求補稅130億歐元之後，她「歡迎」蘋果公司前往英國。而且，隨著英國脫歐引發銀行業與其他產業移往其他歐洲城市，英國很可能推出更多激勵措施吸引科技龍頭前往倫敦，帶來就業機會與貿易。英國財政大臣菲利普・哈蒙德（Philip Hammond）在2017年就做出暗示，宣布將撥款超過6.74億美元，推動創新與科技。梅伊也將專業科技勞工的簽證數量增加一倍。與此同時，外交大臣鮑里斯・強森（Boris Johnson）接受英國《泰晤士報》訪問表示，將為科技業者推出有利的立法：「英國不同於其他歐洲國家，有非常獨到的經濟：科技部門、生物科學、大量資料，在這裡是非常創新的。我們希望，未來可以用與歐盟不同的方式執行監管。」

在許多方面看來，倫敦已經成為矽谷的殖民地、一個忠誠的前哨站，至於旁邊的歐洲則脾氣比較差，正在教訓那些大咖科技業者。舊金山灣區的那些豪華總部，正在泰晤士河畔迅速複製。預計到2020年，谷歌的國王十字區（King's Cross）總部將會讓該地成為都市裡的谷歌村，招募3,000名新員工，也讓倫敦總部員工人數上看7,000人。或許，很快這裡就該從國王十字區改稱矽谷十字區（Silicon Cross）：據《泰晤士報》報導，臉書最近也宣布將在該區興建總部，占地6.5萬平方公尺，使臉書在倫敦的占地面積成為原來的三倍。2017年，亞馬遜在英國雇用15,500人，臉書則估計為1,500人。Snapchat也在英國設立國際總部。在倫敦南部，耗資100億美元的巴特西發電站（Battersea Power Station）重建計畫在2021年完工後，蘋果也將成為其中最大的租戶。谷歌執行長皮蔡也在一次演講中宣布：「英國有優秀的人才、教育機構，以及對創新的熱情，我可以清楚看到電腦科學在此會有絕佳的未來。我們對英國有承諾，也很高興將繼續投資國王十字區園區。」

科技公司和英國政府之間密切的關係，可以追溯到前首相布萊爾（Tony Blair）任內。參與過英國數位計畫的人，許多都還記得英國政府及倫敦科技圈當時就像是矽谷的粉絲；當時是矽谷擴張初期，大家也很興奮地談著「矽環島」（Silicon Roundabout）的想法。早在2008年，麥特．畢度夫（Matt Biddulph）就創出這個詞，用來戲稱倫敦金融城老街（Old Street）地鐵站附近充滿科技新創公司的那一區。此後，該區的矽谷科技公司愈來愈多。而到了前首相卡麥隆（David Cameron）任內，科技公司的發展更進一步加速。

蒂芬尼・聖詹姆絲（Tiffany St. James）表示：「英國政府非常期盼大家知道，他們支持英國科技產業。」她是前英國政府公眾參與主管，也是英國互動媒體協會（British Interactive Media Association）常務董事，並曾在2004年與人共同打造英國政府首個綜合資訊和服務網站Directgov。

科技被認定是推動經濟成長的重要新領域，科技新創公司及計畫也得到了許多重點投資。谷歌、臉書以及新創企業創辦人，在卡麥隆任內都常常造訪首相官邸，正如歐巴馬與科技界同樣關係緊密。瑪莎・福克絲（Martha Lane Fox）這位lastminute.com（英國早期數位旅遊顛覆網站）的創辦人，在很多方面都是英國「數位政府」與擁護數位的代表，帶領英國政府數位服務（Government Digital Service）團隊，推動平台集中數位化。此外，她也是推特的董事之一。

然而，現在有愈來愈多人不滿科技在英國的影響，對於科技據稱帶來的好處也開始浮現異見。雖然本意是讓英國成為本土企業的數位媒體中心，但數位廣告支出（這個市場在英國不斷成長）大部分進了谷歌和臉書的口袋。隸屬WPP集團的群邑（GroupM）估計，英國2017年的廣告支出為188億英鎊。雖然傳統媒體廣告正在減少，但英國已讓自己成為全球最以數位為中心的廣告市場。群邑發現，數位廣告的需求持續強勁成長，預計2017年成長15%，尤其是在社群媒體，以及從靜態到影片的數位廣告。群邑指出：「最大的動力在於付費搜尋（paid search）正在再次加速。這得益於自動化程度提升、地理定向（geo-targeting）功能強化，以及行動裝置具備在銷售端點的即時性，有利於重視績效的廣告效果。」但如前所述，全球的這些廣告需求成長，據估計有99%都會流向臉書和谷歌。

科技業與英國政府的密切關係，也受到愈來愈嚴格的檢視。

2016年4月，《新科學人》（*New Scientist*）發表一份洩密文件的調查結果，顯示英國國民醫療保健服務（National Health Service, NHS）與谷歌旗下人工智慧公司DeepMind合作的程度，而且這項合作先前並未公開。皇家自由倫敦NHS基金會信託（Royal Free London NHS Foundation Trust，負責在倫敦的三家醫院）向DeepMind提供超過一百萬名患者的醫療保健資料，希望打造一項應用程式，在可能有嚴重腎損傷風險時向醫師示警。這批資料中，包含有多項敏感資訊，包括HIV感染、墮胎、吸毒史等等。據報導，NHS還向DeepMind付費使用其Streams應用程式，該程式可在患者病情惡化時，在臨床醫師的手機上發出警告，也能讓醫師查看患者的醫療記錄、瞭解患者接受護理的部位。正如鮑爾絲與《新科學人》前記者哈爾·霍德森（Hal Hodson）合著的論文所言，這種合作關係引來批評及爭論，被認為「不透明、不公開，而且隨著計畫曝光，在隱私及權力方面都造成重大挑戰。」有人認為，資料的使用方式不夠透明，與相關患者也未曾明確協商。

DeepMind提出反駁意見，表示並未與母公司Alphabet共享資料，而且NHS與第三方共享資料也很正常。另外，DeepMind也引用醫療專業人士說法，指出該應用程式能帶來效率上的優勢。目前，這項應用程式正接受英國資訊專員辦公室（Information Commissioner's Office）調查。

還有其他聲音也加入討論。工黨影子內閣的戰略、科學及創新部長齊·翁烏拉（Chi Onwurah）呼籲，應該對臉書和谷歌的演算法進行監管、提高透明度。翁烏拉擁有倫敦帝國理工學院電子工程學位，她向《衛報》表示：「演算法不能凌駕於法律之上。演算法的結果要受到監管，使用演算法的公司也必須符合就業法與競爭法。問題是，如果我們看不到演算法，要怎麼有效監管？」翁烏拉還投書《衛報》的姊妹報《觀察家報》，對谷歌、臉書與Uber呼籲：「演算法與機器學習推動其獲利，但對於意外造成的後果，也應負起責任。」

對於最近臉書、谷歌和推特所碰上的挑戰，首相梅伊也呼籲科技公司動作加快加大，移除為恐怖主義火上加油的極端主義內容及資訊。至於科技公司的回應，則是聲明已投入「數百萬」英鎊致力於機器學習，希望能將移除相關內容的過程自動化。

這些事的發展值得期待。顯而易見的是，至少英國消費者已經開始對科技公司更嚴謹批判。但最近的事件也顯示，我們對科技公司的要求與看法有時候十分矛盾。如果說要讓民間科技公司自由取得醫療記錄，我們會覺得不舒服。然而，這麼做確實能提升醫療的效率，而且民眾其實也頗樂意地把自己的資料提供給Weight Watchers、Fitbit等公司，換取為自己量身打造的健康計畫。至於講到讓企業把我們的個人消費資料提供給警察或反恐單位，大家也不太開心。但沒有人想幫助恐怖份子，不是嗎？隨著人工智慧、科技與資料數據不斷改變，融入我們生活的所有層面，許多新的服務和系統將會是出自民間公司之手、而非國家，於是這些矛盾問題必會持續發生。在一切都與科技相關的時代，隱私與道德的概念究竟會變成什麼樣？國家該怎樣保護國民？

很多時候，我們對這些問題的答案要由根深柢固的文化差異出發。矽谷雖然會透過其產品和服務觸及這一切問題，但是市場不同，價值觀就會不同。例如在歐洲，德國由於共產主義時代的間諜活動背景，對資料保護有深厚的感情。在一定程度上，荷蘭與法國也類似。但新加坡就大不相同，大家都知道，新加坡人本來就會假定政府對他們無所不知。

就業權利也有類似的情形。在美國，除了某些工會化程度很高的產業，一般認為就業的重點就是獨立、自決、靈活。而在英國，Uber輸了一場關於駕駛最低工資的裁判。在法國，URSSAF（一個管理法國社會保障系統的組織網路）也對Uber提起訴訟，指控Uber採用一種「隱性雇傭勞動」，或是「偽裝的雇傭關係」。

2016年12月，許多來自歐洲與北美的工會（包括來自西雅圖和華盛頓特區的團體）、勞工聯合會及工人組織攜手合作，與零工經濟正面交鋒。這些組織呼籲「勞工、勞人組織、平台客戶、平台營運商與監管機構應建立跨國合作，確保勞動條件合理，而且對於像是不斷成長中的數位勞動平台（例如Clickworker、Amazon Mechanical Turk、Jovoto、Uber），勞工應該要能夠參與治理。」

歐洲人有著與美國、甚至英國截然不同的背景，因此對就業的看法也大不相同。美國歷史上就是讓眾人自由選擇就業，但像法國這樣的市場，一向就有著深厚的員工保護和雇主責任原則，自然會對像Uber這樣的平台有著不同的看法。Uber對旗下的「會員」幾乎沒有提供任何保護，也就牴觸了法國發展成熟、具有歷史背景的相關價值觀。

至於美國與歐洲對資料的不同態度，也是出自於國家的歷史背景。康涵真認為：「美國人深信『我可以重塑自己；我可以創造自己的命運。』美國的消費者信貸（consumer credit）制度，就與美國人覺得人有無限可能、事有輕重緩急有關。」她補充道：「正因如此，美國人並不認為把個人資訊商品化是件壞事。把個人資訊商品化，其實是信貸經濟能在美國運作的重要關鍵。至於歐洲人不支持將個人資訊商品化，部分原因在於這會鼓勵消費主義、消費金融、消費債務。」

康涵真也說，「在最深最深的結構面上」，歐美對政府的態度也不同：「美國人對政府的態度如何？不信任。美國人對市場的態度如何？信任。美國人不信任政府，而信任市場。歐洲人則是信任政府，不信任市場，所以像是在歐洲的資料保護法就反映了這一點……我不知道世界上有哪個國家會想效法美國的制度。那完全是美國文化所獨有的。」如果矽谷只在美國營運，這應該也不成問題，但目前矽谷在歐洲、亞洲、南美等地迅速擴張，而每個國家看待資料與隱私，都會受到各自複雜而深層的文化所影響。矽谷想在這些地方成功，就必須瞭解不同的文化習俗。但到目前為止，證明矽谷的文化敏感性大有問題。

## 金色拱門

在所有國際市場中，中國規模最大，價值也最誘人，但這也是矽谷企業最難掌握的市場。而且，中國也正在成為矽谷的對手，競爭利潤豐厚的新興市場。

中國有一些根深柢固的本土科技品牌，在國內呼風喚雨，並得到中國政府的支持。過去中國政府就曾經禁止不遵照中國遊戲規則的外國平台進入市場，而讓本土品牌站穩腳步。而在隱私與審查制度方面，中國科技企業與政府可說是密切且透明地形成一種共生關係。

出了國界，中國的科技企業還沒能擁有像矽谷企業一樣的文化神祕感與軟實力。雖然西方科技及商業媒體顯然很少報導，但中國科技企業在國際媒體上的知名度正逐漸增加。像阿里巴巴和騰訊這樣的中國科技及社群媒體企業，已經開始投資好萊塢和中國的電影（宣傳、票務、產品置入），也提升了這些中國企業在主流文化管道中的知名度。

近來，中國一直在軟實力方面發動攻勢。在2017年的坎城國際創意節（Lions International Festival of Creativity，南法坎城海灘上的廣告界年度盛事），阿里巴巴展示了旗下的全域營銷（Uni Marketing）廣告平台，以及與法國陽獅集團（Publicis Groupe）的交易。

阿里巴巴的執行長馬雲與川普在2017年1月見面後，表示將在美國創造100萬個工作機會。他還表示，目標是讓阿里巴巴有50%的業務來自海外。阿里巴巴也一直在投資好萊塢娛樂產業、科技公司Magic Leap等等標的。還有雙十一光棍節，從1990年代興起做為反情人節的單身慶典，到現在成了全世界規模最大的網路購物節，可以說是阿里巴巴輸出全球最重要的產品。在2016年，雙十一購物節的銷售額高達約177億美元，而且也推出如同精靈寶可夢GO（Pokémon GO）風格的擴增實境遊戲，鼓勵民眾前往賣場。購物節晚會還請來了凱蒂佩芮（Katy Perry）擔任演出嘉賓。在這之後，其他國際零售商也開始在雙十一舉辦購物節。

馬雲一直向美國企業招手，希望讓阿里巴巴成為通往廣大中國市場的入口。2017年6月，阿里巴巴在底特律主辦「連接世界」（Gateway 17）美國中小企業論壇，馬雲就在會上表示，阿里巴巴可以協助百萬美國企業在未來五年內將產品銷往中國及亞洲其他地區。此外，阿里巴巴甚至參加了2017年的紐約時裝週。一切就像是只要和它合作，就能接觸到中國的消費者。與此同時，騰訊也是拿著手中大量的消費者資料，在坎城向西方行銷人員招手。

隨著世界看向新興市場、尋求繼續成長的機會，中國科技企業或許確實占有優勢，因為這些區域就像中國一樣，都以手機為主，對於直接跳到這樣的生活方式也自有一番理解。滴滴出行宣布在巴西投資1億美元，也在2017年募得55億美元資金，準備大規模擴張。阿里巴巴也已經進軍中國以外市場，合作夥伴包括東南亞線上零售商Lazada。如果中國企業能夠成功為西方重塑形象，就可能給科技領域帶來重大影響。

中國科技也開始領導創新。Alphabet前執行長施密特警告，中國可能在2025年趕上美國在人工智慧方面的領先優勢。施密特在2017年11月於華盛頓舉行的一項會議上表示，這項權力的移轉，是因為川普削減了基礎科學研究的經費，而同時中國宣布以國家計畫研發AI。

與此同時，幾家矽谷企業仍然繼續在中國試運氣。像是在中國市場一直成長緩慢的亞馬遜，就宣布將免費提供亞馬遜Prime會員資格。也有其他企業已經放棄，如Uber經過與滴滴出行長期抗戰，已決定將業務直接出售給該公司。至於谷歌，也因為出現來自中國境內以谷歌與其他數十家公司為目標的網路攻擊，於是在2010年關閉中國業務。谷歌調查該次攻擊時，發現許多中國人權份子的Gmail帳戶遭駭。

儘管如此，中國的巨大市場規模仍然深具吸引力。時間到了2016年，谷歌再次回到中國，於深圳開設推廣體驗中心。雖然對於該中心的開幕或確切功能的消息很少，但媒體報導當中有一項細節，指出有相當高階的政府督察人員出席，這在許多人看來相當重要。

每過一年，西方企業在中國的處境就愈艱難。這些矽谷龍頭企業已經面臨來自中國本土企業的激烈競爭，這些本土企業不僅用戶群龐大，更結合了密集、多樣的服務。百度這個中國版的谷歌，是中國最大的搜尋引擎，占有中國80%的網路搜尋量。百度也如同谷歌，提供各種主題的熱門搜尋產品，例如圖片搜尋、影片搜尋、新聞搜尋以及地圖。（使用百度的地圖應用程式，就能叫車、訂餐廳、訂旅館、叫外送、尋找當地商店，幾乎無所不能。）

祖克柏試圖討好中國的舉動已經人盡皆知，他學說中文、向中國政府大獻殷勤，甚至邀請中國國家主席習近平為他的第一個孩子取名字。然而，雖然他不斷努力，臉書目前還是無法和騰訊QQ、新浪微博競爭。在過去，新浪微博曾被視為功能打了折扣的推特，但現在已經迅速成為一個充滿活力的平台，有各種華麗而領先市場的功能，例如嵌入式的評論與影片。

但最革命性的是騰訊的微信（WeChat），已經從原本的社群網路和簡訊服務發展演變成多層次的平台，提供的服務從免費視訊聊天、叫車服務，到現在可以做支付、也有強大的購物功能。整個微信的使用環境包羅萬象，簡直就像魔戒一樣，用它就能統御所有其他應用程式。這種情形由微信全球高達10億用戶可見一斑，其中包括了幾乎在中國所有的網路使用者，以及數百萬的海外用戶。

在中國境內，科技企業名人的名氣並不遜於矽谷名人。阿里巴巴（有人說是中國的亞馬遜）是全球最大的線上商務網站，由三個主要網站組成：淘寶、天貓（高級購物網站）、阿里巴巴（該公司的B2B平台）。阿里巴巴的創辦人馬雲深具領袖魅力，這位中國英雄人物專心一致，讓阿里巴巴從原本只是個熱情的想法，成為市值領先全球的科技公司。著名的未來學者凱文．凱利前一陣子在中國巡迴宣傳新書，而在他看來，馬雲的媒體曝光與祖克柏類似：「所有雜誌的封面上都有馬雲，每個人都認識他、看他的影片，也會模仿他的一舉一動。」

矽谷在中國遇到的問題，一部分在於中國既有已非常成熟的業者，而且面對網際網路（以及盜版和智慧財產權）的方式也非常不同。大家都知道，中國科技公司會自由拷貝彼此的特色。《紐約時報》撰稿人孟寶勒（Paul Mozur）就表示：「中國公司面對網際網路的方式非常不同。在美國，科技公司會主打應用程式簡潔單純。但在中國，是阿里巴巴、百度、騰訊（微信的母公司）這三大網路巨頭競爭激烈，都希望打造出唯一的應用程式，塞進愈多功能愈好。」

矽谷可能也正朝此方向邁進，於是應用程式裡的密度愈來愈高、功能愈來愈多，複製著中國科技業的那種繁瑣，就算這意味著公然抄襲也在所不惜。目前屬於臉書的Instagram，最近也加上了「即時動態」功能，就像是另一個Snapchat。它們正在侵吞著彼此的服務。

如果是在全球其他地區，矽谷打得過中國嗎？這在後續必然會引發如帝國間的爭鬥。在許多地方，由於中國由本身就能瞭解新興市場對科技的態度（或者有些時候，是瞭解這一切全然的混亂無章，一如Uber在中國的經驗），所以中國可能占上風。在爭取全球霸權的這場仗，可能會是矽谷又一次公然顏面無光。

## 連結古巴

「不用兩個小時，就能感受陽光照在臉上囉。」捷藍航空（JetBlue）胖嘟嘟的空姐眨著眼睛說道，同時扣上安全帶，準備起飛。

飛行過程中，螢幕上播著CNN和HGTV。等到飛機降落在哈瓦那，美國家庭裝修節目《Fixer Upper》的兩位主持人正介紹著另一次鄉村工業風穀倉改造（不總是這一套嗎？）

飛行距離這麼短，卻能來到一個完全不一樣的地方，實在很令人驚奇。乘客下機時，節目才要接近尾聲：一對德州夫妻看到自己的復古枝狀吊燈、大理石廚房中島，高興地哭了出來（還是那句話，不總是這一套嗎？）而乘客即將造訪的這片土地上，多數並沒有網路，又或者至少是沒有我們所習慣的那種網路。島上所有網路服務，都由國營電信公司ETECSA控制，主要透過全國各地密集、經政府核准的Wi-Fi熱點提供。全島共有237個付費公共熱點，供1,100萬人使用。一般家庭很少有網路，公共熱點每小時要價2披索（而且是「可兌換披索」），對平均收入每月17到20披索的古巴人來說十分昂貴。網路還很慢。然而，上網的欲望顯然十分強烈，熱點周圍都擠滿了人，一看就知道哪裡是熱點。這些熱點多半位於公園、國際旅館及其他公共場所，在放假的週日人滿為患，樹蔭下、長椅上，大家都專心盯著螢幕。

改變的跡象確實已經出現，由於谷歌最近得到許可，與ETECSA合作在島上安裝了伺服器，訊號不需再像過去先繞至委內瑞拉（與古巴最近的谷歌伺服器所在地），於是網速得以提升。在這些伺服器中，儲存了Alphabet旗下Gmail及YouTube的內容，因此使用相關應用程式的速度提高了十倍。至於華盛頓特區，則不會和這個共產島嶼有直接的資料連結。

據報導，谷歌簽下的協議中包含一項條款，規定ETECSA不得「審查、監視或干擾儲存在這些伺服器上的快取（catche）內容。」這些內容也會加密，代表古巴政府無法駭進這些內容。自從歐巴馬於2014年宣布與古巴重新建交，谷歌就全心投入在古巴發展，這次的網路協議也是如此。（但川普已經立刻讓進度倒退。）至少目前為止，谷歌似乎還在堅持這項努力。即便如此，如果古巴想要擁有大多數成熟市場、甚至是新興市場所擁有的網際網路，還有很長的路要走。與此同時，如果你用的是谷歌旗下產品，網路速度就會比較快。

古巴是近年來的熱點，由於長期的貿易禁運，在美國人眼中簡直是個充滿異國情調的時間膠囊，是勇敢的旅客想探索的新目的地。新調查支持解除美國與古巴間的貿易禁運，歐巴馬放寬旅遊限制，在2016年完成了歷史性的總統訪問，更讓古巴魅力大增。就在此時，新聞也熱烈報導各家航空公司有新航班飛向古巴（可不是只有從紐約直飛的捷藍）。已與萬豪（Marriott）合併的喜達屋（Starwood Hotels），在哈瓦那就有一間飯店。就像「玩命關頭8」（*The Fate of the Furious*），已經有許多電影來到古巴拍攝（馮迪索甚至還拍了MV）。香奈兒也在哈瓦那舉辦時裝秀，讓全球名人飛來此地，坐敞篷車遊覽哈瓦那舊城區的廢墟，自拍上傳Instagram到滿意為止。川普會讓這種局面改觀嗎？他制定了更嚴格的旅遊限制，加上伊爾瑪颶風造成的破壞，讓古巴旅遊業一時下滑。然而，國際對古巴興趣高漲，當地居民也躍躍欲試，這股勁道有可能勢不可擋。

在共產統治、美國禁運之後，哈瓦那有一大半就像是停止走向未來。哈瓦那在1950年代經濟繁榮，賭場與電影院如雨後春筍，但在外交關係被切斷之後，就如同在玻璃罩內一般。維達多區（Vedado）是在哈瓦那賭場業最繁榮時所建造的社區，就像後來的「傑森一家」（*The Jetsons*）一樣，總對未來抱持著無比的熱情嚮往。而到了今日，當初的水上樂園、體育館、有著各種現代主義線條、箭頭與曲線的電影院，都長著雜草，邊緣也在瓦解碎裂。過去鮮豔的色彩，褪色得像復古T恤，一切就像看著8mm攝影機拍的假日家庭影片。

哈瓦那就像是為了Instagram而生；然而，拍好了那傾頹中色調柔和的布雜藝術廢墟，那1950年代的美國敞篷車，你可能得等到坐著捷藍再回到國內，才能上傳到Instagram。

在古巴，想上網並不容易，但對上網又並不陌生。民眾顯然還是很希望上網，所有人對流行文化的瞭解與紐約千禧世代並沒有兩樣。

走在哈瓦那舊城區的街道上，年輕人幾乎人手一台iPhone或三星手機，車上傳來R & B音樂，手機裡裝滿各種應用程式（大約有200萬古巴人擁有手機），腳上也穿著耐吉運動鞋。看起來，新創應用程式發展蓬勃，只不過在設計上，必須面對沒有或幾乎沒有網路連線的問題。在這裡，甚至還有iTunes的抄襲版，裝了最新的雜誌、遊戲、電影及電視節目，透過一群創業家打造出來的物流網，以實體外接硬碟送到古巴居民的手中，稱為「週包」（El Paquete），除了國際雜誌，還會提供來自哈瓦那外地的新興本地雜誌。

難怪矽谷企業（主要是谷歌）已經瞄準這個島嶼，認為是很適合進軍的市場。除了是出於人道主義考量（更別說在新聞上可以有多好聽），也因為這是個未經開發且令人垂涎的市場，足足有大約1,100萬名新消費者。矽谷企業來到這裡，與新創企業洽談。贊助畫廊，還提供免費Wi-Fi！它向政治人物百般奉承，設法解決沒有網路或付款不便的問題。（Airbnb在古巴的最大挑戰，在於他們畢竟是數位行銷及支付平台，但當地網路連線實在太差、金融服務也有限。Airbnb找出的方法，是由某個能使用Wi-Fi熱點的人，負責管理多間租屋管理及匯款服務。至於真正的古巴房主，則會有快遞員騎著摩托車把現金送來，通常是在訂房後的一週內。）

在這裡，中國同樣不落人後。在古巴，中國的手機與iPhone一樣常見。正如谷歌，華為也不斷向古巴共產政府獻殷勤，希望協助提升古巴的電信通訊。雖然古巴和美國距離近，但中國身為共產國家，與古巴向來就有貿易關係。

矽谷的古巴計畫是更廣泛的新興市場戰略的一部分：將網路基礎設施當做禮物，屬於廣泛人道使命的一部分。然而，這同時也有明顯的商業動機，畢竟這就是個消費群龐大的新市場。這一次，因為是由矽谷鋪電纜、引進手機及付款功能，能得到的消費者資訊絕對比只是個搜尋引擎能得到的更為全面。只要搞定政府，就解決了一切問題。

古巴正處於許多改變的邊緣，但很清楚意識到自己與美國向來處於敵對狀態，也知道美國科技龍頭企業各種入侵窺伺的意義。但在這個無國界的時代，正如我的當地導遊所言，這種擔憂已經慢了一步：「大多數古巴人都已經有Gmail，也都有臉書。」只不過，由於還無法輕易連上高速網路，各種線上搜尋及互動能帶來的豐厚利潤尚未開始流向這些企業。

谷歌想將網際網路帶進古巴，最新的進度是為古巴設置伺服器，也與古巴的羅馬利諾博物館（Museo Orgánico de Romerillo）合作，提供免費Wi-Fi。（那是一個位於哈瓦那市郊的安靜庭園，但如果你在週末開車經過，也會發現這裡圍滿民眾。雖然只有路邊的長椅，附近並沒有住宅區，但就是有一群人拿著手機。）

一開始看來，這些矽谷龍頭面對的情勢並不樂觀：谷歌在2015年就表示願意免費在整個古巴安裝Wi-Fi基地台，但被古巴共產黨第二書記何塞・馬查多（José Ramón Machado Ventura）拒絕，表示：「大家都知道古巴網路為什麼不普及，就是因為成本很高。現在有些人要免費贈送，但並不是為了方便古巴人民溝通，而是要滲透我們、進行意識形態的操縱、達成新的征服。我們知道，帝國主義者是要用網路來摧毀〔社會主義〕革命，所以雖然古巴必須有網際網路，但要以我們自己的方式。」

將時間快轉到2016年，情景已經不同，但許多矽谷公司仍然面對同樣的問題。其中，只有谷歌和Airbnb屬於少數成功案例。亞馬遜已經在哈瓦那的網站加了一個「運至古巴」的按鈕，準備將貨物寄向古巴。但直到2017年，該選項仍然未能啟用，按了之後只會顯示：「由於出口管制及經濟制裁相關法律規範，我們無法於您所在位置處理這項交易。」至於祖克柏，也尚未將臉書為新興市場打造的免費應用程式Free Basics帶到古巴，但他說古巴「絕對符合我們的使命」。

Airbnb於2015年進入古巴市場，當時可出租的房源有1,000套。Airbnb拉丁美洲區總經理喬迪．托瑞斯（Jordi Torres）表示，一年後，房源已增加為4,000套，使古巴成為史上成長最快的度假市場。訪問哈瓦那舊城區的房東得知，許多人已經能夠靠著Airbnb的租金來整修房子。至於古巴政府，則是正在準備設法加以管制及徵稅。

奇怪的是，雖然古巴自己希望能夠上網，遊客也可能因為離開之前都無法發Instagram而很難過，但對外人而言，古巴的吸引力之一，正在於它就是這樣一個沒有網路、充滿異國情調的時間膠囊。一旦網路來了、付款方便了，一切也都將改變。

## 無網路下的古巴科技環境

在像古巴這樣的地方，竟然還有許多科技創業家，實在非常了不起。在幾次對話中，我瞭解了古巴現在的狀況，也可預期矽谷進軍古巴可能的前景。

目前在古巴，有一群年輕創業家已經打造出一些應用程式，專門應對這種網路連線不可靠的狀況。在這些巧妙的應用程式裡，已經載有當地創業者製作的古巴全島地圖，規模龐大而詳細，無需網路連線，就能提供如Google地圖一樣的功能。有些程式可以像Yelp一樣讓用戶評論餐廳，只不過並不會立刻發布，而是先儲存在手機裡，等到手機判斷有足夠的網路品質，再自動發布。這就像是模擬網際網路。另外，像地圖程式「Isla Dentro」與生活風格程式「Conoce Cuba」，則是絕佳的餐廳與購物指南，有令人驚嘆的設計品質、彷若隨時有網路連線般的細節。這些年輕的創辦人，正是古巴心靈手巧、創意獨具的代表。

但如果古巴的網路狀況改善，他們會高興嗎？這實在難說。畢竟，一旦有了高速網路，任何人都能輕鬆造訪Yelp或其他國際知名網站，不需要專門為了當地下載一套地圖，更別說這個檔案十分龐大、會占用手機許多空間。他們的許多應用程式，正是因為沒有網路才茁壯成長。

古巴的科技界有個奇怪的官方黑市，就像是政府知道年輕人渴求科技、美國品牌和網路連線，但不想正式承認或縱容。

在哈瓦那，路上到處都是科技維修店，也有許多掛著豪華的蘋果商標，顯現確實對矽谷品牌的渴望。這些科技維修店能解鎖手機、安裝應用程式，避開地區限制的問題。一切的設計安排，就是要看起來像是官方蘋果商店。此外，各種設備都會得到精心維修，儘量拉長使用壽命。古巴人到現在還是會帶著關愛、悉心照顧自己的車，他們永遠不會像美國人那樣，手機說丟就丟。

至於「週包」，就是個人盡皆知、進化版的盜版操作。每週的成本是5披索，大約6.50美元。我訪問的一位業者（他們不願透露姓名）表示：「大家希望消費資訊的方式能和美國一樣。我們得跟上。」週包現在也會賣廣告。這也並不令人意外，畢竟整個古巴都是它的讀者。

正如古巴大致的狀況，這些沒有網路可用的科技創業者也對矽谷企業頗為熟悉，而且說到谷歌的當地代表，很多人能直接親切地叫出他的名字。此外，他們都有iPhone或其他智慧型手機。許多創辦人都曾入選歐巴馬2016年「全球創業精神研究」（Global Entrepreneurship Study），也去過矽谷或紐約。但他們說，他們的心屬於古巴。

他們介不介意美國網際網路公司進到古巴？工程師荷黑・費南德茲（Jorge Enrique Fernandez）表示：「網際網路就像大海。自由自在，無法控制。」網際網路在古巴，現在就像是早期在美國尚未商業化的情況，大家會帶著幾分天真，認為這是一種解放的力量。換句話說，是通往自由的門戶。

費南德茲的說法，很能代表在所有正跨過數位邊境的地方（從肯亞到哈瓦那的街頭）所出現的典範轉移。在沒有網路的地方，網路看來是如此珍貴；但對有網路的人來說，還有更大的重點。雖然網路是免費供應，但為的是取得更加珍貴的資料數據。

## 數位大亨

位於印度拉賈斯坦邦的齋浦爾，正如任何發展繁榮、人口密集的城市一般喧囂。汽車不斷發出低鳴、喇叭聲此起彼落，排氣管也隨引擎運轉噴著廢氣。齋浦爾與許多印度城市一樣，正狂放地衝向未來，但問題就卡在狹窄的街道、泥濘的道路、上一個時代只準備應付目前一半交通量的道路系統。開車沿著街道，經過討價還價的小販和人力車，會看到有豬和牛吃著垃圾，還有人群。一群汽車、機車和卡車蜂湧通過阻塞的路口，旁邊則是美麗的粉紅宮殿（Pink Palace）、城市宮殿（City Palace）與熙熙攘攘的商店。也不知道怎麼地，總之一切就是行得通。

但在這一切的混亂與人性之間，還是有一個愈來愈明顯的共同點：科技。在路上，會看到YouTube的看板。至於中國的智慧型手機品牌OPPO，也在市場裡高掛廣告。條條大路上，有Uber在營運。印度熱愛科技、數位平台，而更重要的，印度熱愛社群媒體。

對臉書來說，很少國家能比社群意識強烈的印度更有潛力，目前臉書也在印度發展迅速（足足擁有1.66億用戶）。但在2015年，臉書推出Free Basics時爆發醜聞，也讓臉書遭受重大挫敗。

臉書表示要「連結全世界」，這項計畫常常會躍上新聞頭條。但這項計畫之上其實有個更完整的使命，是臉書要投資新業務、找出連結世界的新方法，會邀請政府、非營利組織及當地企業共同合作。然而，這項計畫同時也是臉書的業務發展工具，能讓臉書拓展到原本難以抵達的地區、接觸到新的受眾。

臉書一直在研究能夠達成這項使命的方法，負責單位是臉書的「連網實驗室」（Connectivity Lab），研究無人機、雷射等等科技，根據Internet.org網站所列的計畫頁面表示：「團隊探索研究多種科技，包括高空長續航力飛機、衛星及雷射。」SpaceX在2016年失事爆炸的獵鷹9號火箭上，就載有一顆租來的衛星（也在事故中遭摧毀），原本是要供Internet.org的計畫在非洲使用。這顆耗資2億美元的衛星，原本預期能為整個非洲大陸提供社群媒體服務。

Free Basics在非洲取得了成功，但批評者很快指出，該服務提供的網際網路有所限制，違反網路中立性的問題，並可能對不在其名單上的公司和競爭對手造成歧視。確實有些國家因為既希望改善網路、又缺乏經費，因此對Free Basic滿懷感謝；但也有些國家不然。

印度就是後者一個很好的案例，正能看出臉書想引入Free Basics卻又未能注意到文化細微差異的後果。

2015年，祖克柏大張旗鼓訪問印度，高談闊論要用網路連結全世界、釋放貧困或鄉間社群的潛力，接著順勢推出Free Basics服務。然而，這項服務卻迅速遭遇強烈反對，讓臉書始料未及。對於Free Basics封閉的本質（看起來也就是一種反競爭），批評者稱之為另一種形式的科技帝國主義。包括律師及一群程式工程師的民間基層發起運動，取名為「拯救網際網路」（Save the Internet），批評這個應用程式。與此同時，一群人氣年輕喜劇演員「All India Bakchod」製作影片，解釋網路中立性的重要性；影片在印度爆紅，引起大眾對這項問題的意識。監管機構的回應，是在2016年2月根據《資料服務禁止差別關稅法規》，禁止Free Basics在印度上架。臉書很快就下架Free Basics，但之後又透過一個付費平台再回到印度。

對此，祖克柏顯然被激惱了，在《印度時報》（*The Times of India*）投書回應表示：「我們知道，連上網路的人當中，大約每十個就有一個擺脫了貧困。我們也知道，印度想要進步，就有超過10億人需要能夠連結到網際網路。

「那不是個理論，而是事實。

「另一個事實是，等到民眾能夠使用Free Basics網路服務之後，很快就會克服數位鴻溝。」

很快地，祖克柏就收到另一篇憤怒的投書回應。費維克·華德瓦（Vivek Wadhwa）投書《華盛頓郵報》：「祖克柏遭到攻擊，是因為他不了解印度人的文化和價值觀。他沒有意識到印度象神（Ganesh）十分珍惜印度在1947年從英國殖民者手中得到的自由，並且不希望把自由就這樣拱手讓給某個西方企業。象神或許並不富有，但祂不希望由別人來決定可以訪問哪些網站、看哪些電影、或是可以下載什麼應用程式。」

對這種帝國主義的指控，風險投資界簡直是火上加油，例如在印度裁定Free Basics違法後，風險投資人安德森在推特上評論道：「幾十年來，反殖民主義一直對印度經濟造成災難。現在又何必停止？」

臉書做錯了什麼？免費上網有什麼不好？印度曾被大英帝國占領並「教化」多年，而臉書將網際網路當成一種禮物，就觸動了印度文化對帝國主義的深層敏感神經。與非洲的發展中經濟體不同，印度本身已經擁有蓬勃的本土數位產業及科技公司。

臉書做錯的還不只這一件。當時衝突已經來到高峰，而臉書又出現誤判，發動一場粗暴的簡訊活動，而讓緊張局勢加劇。就在禁令即將發布的時候，臉書發出簡訊向印度用戶提出呼籲：「Free Basics是讓十億印度人與網路上各種機會連結起來的第一步。但如果少了您的支持，就可能在幾週內遭禁。」

曾任歐巴馬前數位策略主管及美國國際計畫統籌的馬肯·菲利普斯還記得，當時臉書的故事是如何發展。在爭議的當下，他就在印度。他說：「這件事當時每天都有新發展，十分驚人。不論媒體、政府、甚至是活動份子，都沒想到事情會發展得這麼快。大家都跌破眼鏡。英文裡有個說法是『追到車的狗』：狗總是在追車，但追到了卻不知道該怎麼辦。當時就是這種感覺。」

菲利普斯指出，臉書的簡訊運動還點出了另一個問題：單一個網際網路提供者所形成的資訊控制問題。「臉書推送簡訊，要民眾支持臉書的政策。但在我看來，問題在於有多少人是透過臉書看到〔All India Bakchod的〕那支原始影片？要到什麼程度，你才會開始發現，臉書除了宣傳自己的觀點，還可能會壓制影響其利益的其他觀點？又或者，在臉書向印度用戶宣傳自身觀點時，是否有責任讓用戶瞭解某個極熱門的反對觀點？身為一個開放的平台，或是一個自私的公司，兩者身分有何不同？」

確實，民眾仍然可以造訪其他網站，取得新聞及內容。但等到臉書「就是」網際網路的時候，會發生什麼事？在許多發展中市場，情況正迅速往這個方向發展。

從公關角度來看，谷歌在印度的發展剛好與臉書相反。谷歌迅速進入印度，但方式則較為開放。大家會提到各種數字，最重要的或許是為了滿足印度政府在印度增加1億上網民眾的目標，國營電信商BSNL宣布，將在2017年3月前於全國設立2,500個公共Wi-Fi熱點。2015年，谷歌執行長皮蔡還宣布，與印度鐵路公司（Indian Railways）和當地電信商RailTel合作，在火車站安裝400個Wi-Fi熱點，為每天超過千萬的火車通勤者提供Wi-Fi。等到完整上線，就會成為印度最大的公共Wi-Fi計畫，在全球也名列前茅。重點是，這個網路高速又免費，希望在長遠能達到盈虧自負、永續經營。我們應該可以預測，要上谷歌相關網站的時候，速度還會更快。

谷歌的Wi-Fi計畫整體是受歡迎的，更映襯出Free Basics的根本缺失。臉書想做的是讓印度接受打了折的「祖克柏網路」；但谷歌是提供完整的網際網路，提供大多數上網世界已享有的速度與水準。簡而言之，谷歌是想解決上網的關鍵問題，但臉書的Free Basics則是對印度一副施捨的樣貌。

菲利普斯說：「回頭看這些問題，讓我覺得有競爭是一件非常好的事情。要競爭，就需要有公平的競爭環境，正因如此，我們需要有相關政府法規。另外，場上必須有多位競爭者。所以我真的很好奇，等到所有服務和流量都在臉書上，臉書最後的打算究竟是怎樣？等到沒有任何競爭對手，就是臉書開始變懶的時候，也就是服務開始分崩離析的時候。」

## 矽谷傳教士

不過，臉書的傳教事業還在快速擴展。除了像東南亞與印度這種利潤豐厚、愈來愈多人迅速邁向中產階級的地區，較貧窮的發展中國家和邊境市場（frontier market）也成為關鍵焦點。而在這些地方，將網路帶給過去從來未能上網的人，就再次被定位為一種慈善人道事業。而在那些國力較弱的國家，矽谷也找到了一些更容易擺布的政府。

華盛頓大學法學副教授臧東升表示：「從歷史的角度來看，這是個很常見的故事。谷歌、微軟和蘋果來到印度，說『我們要給您巨大的利益。我們會帶來資本、我們會帶來科技』，但當然也會要求一點回報……這從中國就能清楚看到，中國對電子商務的看法，主要是想阻擋來自國際及全球的統治，並為自己國內的公司、為自己的政治開出一片領地。而且到目前為止，似乎頗為成功。」臧東升表示，科技公司在一些較大的經濟體所面臨的阻力日增：「看看像中國、巴西、印度等新興經濟體，俄國就更不用提了。這些國家不會坐等著被統治，它們有自己的策略。那些帝國主義計畫，可有得談了。」

然而事情並沒那麼簡單，特別是在較貧窮的國家。又特別在非洲，大量證據顯示，發展的最大障礙在於各項機構制度不足。大家早已瞭解，國家想要發展，運作良好的國家機構是非常重要的因素。如果允許民間企業插手、建造並擁有基礎設施，就像谷歌自願建起快速的網際網路基礎設施、豎起所有的訊號塔、讓所有人都享有寬頻網路，但回報就是減少監管、得到所有想要的資料，以及幾乎完全不受監管的基礎設施，政府形同聽任擺布。政府確實可以選擇接受這種他們真的非常想要、免費奉送的重要物品，而且讓人民對政府非常滿意，但這也就意味著政府基本上放棄了對網際網路的控制權。這樣一來，其實是對國家造成傷害。同時，上網雖然有利於當地企業，但蒐集的資料、資料帶來的價值，卻可能都流向美國。

對於矽谷的這種兩面慈善事業，比爾・蓋茲可能是最早的支持者之一，告訴大家社會公益也可以有商業利益。他曾說：「在接下來15年間，數位銀行將讓窮人更能控制自己的資產，協助他們改變生活。到了2030年，今天沒有銀行帳戶的20億人會是在手機上存錢、付款。到那時，會是行動貨幣供應商提供全方位的金融服務，從有息儲蓄帳戶、到信貸、再到保險。」

他的目標在於像非洲這樣的經濟體，手機普及率很高，而那些目前無銀行帳戶（unbanked）的消費者，可以透過類似目前在肯亞的M-Pesa等匯款服務，取得小額信貸及金融服務。M-Pesa基本上可以將手機轉為行動銀行帳戶，讓用戶透過簡訊來存款、轉帳，也可以換錢。這讓幾百萬原本沒有銀行帳戶的人也能參與正式的金融系統，因而大受讚許。

臉書的Internet.org，則是下一個商業與慈善事業結合的例子。這在非洲是受到歡迎的。它在2014年7月於贊比亞出發，而緬甸則在2016年成為第18個簽約國。在2016年11月，估計有4,000萬人（占全球人口0.5%）使用這項服務。臉書在2016年底與美國討論，希望把Free Basics帶到美國。這件事可能關係重大，正因為歐巴馬實施的網路中立法遭到廢止，才讓Free Basics得以在美國上路。

低收入美國公民會不會成為矽谷的下一個香蕉共和國？

康涵真就提到：「聯合果品公司（United Fruit Company）就是最初的邪惡全球跨國企業，為了利潤而摧毀了發展中國家的政府制度。而這也是谷歌、蘋果、臉書、亞馬遜、阿里巴巴、VISA和萬事達卡現在虎視眈眈，想對發展中國家做的事。這就像是帝國主義的最新一章。第一是殖民主義，第二是全球跨國公司，現在則是這些平台。」

但這裡有一項關鍵差異。舊殖民地市場是運用當地勞力萃取或生產商品，隨後出口；新的殖民地模式則是要為新興市場提供服務。正如康涵真所言：「這裡的基礎架構是消費者賦權。」

換句話說，諷刺的就在於，數位媒體平台其實正為民眾提供管道，讓他們得以質疑這些提供科技的科技龍頭動機何在。康涵真說：「這些平台預期將要面對的結果，將會大不相同。現在的公民不像是100年或50年前的樣子，而是主動的消費者及參與者。所以，在這次講這個故事的時候，希望內容可以減少剝削，增加透明與公平。」

在印度的反彈，正是康涵真所預期的情形：在這個市場上，是由透過數位化而掌握情況的當地受眾及企業，加以調節與監管。2015年，印度政府啟動了「數位印度」（Digital India）計畫，希望讓全國鄉間享有寬頻網路。微軟承諾將為印度50萬個村莊提供寬頻網路，亞馬遜承諾投資50億美元，而本土電子商務公司Flipkart也決心不將領土交給這間全球電商巨獸。根據線上新聞刊物《Quartz》報導，阿里巴巴也正在與諸多印度合作夥伴簽約，其中包括Kotak Mahindra銀行、IDFC銀行、DHL，以及Aditya Birla Finance銀行。這裡的利潤極高：印度的B2B電子商務市場潛在利潤豐厚，預計到2020年將成長2.5倍。

康涵真解釋道：「印度政府精明且極具遠見，一方面有開放的科技環境，但另一方面由政府控制基礎設施（因為都是由納稅人的錢來支出，成為公共財）。印度政府正建起一個開放、可交互運作的架構，讓所有消費者支付都透過由政府控制的架構，於是各個支付服務提供商必須互相競爭、為消費者提供更好的服務。而且，基礎設施永遠不會被某家民間企業把持。」

印度的一項重要啟示在於，普惠金融（financial inclusion，讓人人可用金融服務）對於未來十年、二十年的經濟發展至關重要。康涵真表示：「對於全球跨國企業試圖染指政府控制權，印度並未等閒視之。於是他們咬緊牙關，建起基礎設施。印度儲備銀行（Reserve Bank of India）於1996年在海德拉巴（Hyderabad）成立研發機構，正是為了要做這樣的事。」

這一切之所以成功，原因在於「追求消費者福利的最大化、促進創新，完全消除獨占系統的可能性。印度找出了符合印度社會價值觀的創新生態系統。」也因此，他們留住了控制權。

那麼接下來呢？事實證明，政府不好對付；外國的文化、歷史和細微差異有時難以理解；那麼，沒有人掌控、沒有人批評、沒有任何限制的處女地，豈不就更具吸引力？而講到地域遼闊、無人管控，沒有比外太空更符合的地方了。

第5章

# 登月計畫

有一支影片，根本就能當做史蒂芬史匹柏電影的開場。或許重點也正在於此。SpaceX的行星際運輸系統（Interplanetary Transport System）火箭出現在畫面中，兼具巨大的推力與戲劇效果，噴出陣陣蒸汽，簡直像是具有生命，在雄偉的古典音樂裡進入太空。經過幾個戲劇效果轉場，火箭接近火星。穿著全身裝備的太空人打開艙門，展現出發著光芒、如烏托邦般的火星景觀。一片美麗新世界。

幾分鐘前，馬斯克向台下興奮不已的觀眾說道：「我在此真正想做的，是讓火星成為可能，成為一個在我們這一生中可能實現的目標。」那是在2016年9月，墨西哥瓜達拉哈拉（Guadalajara）的國際太空大會（International Astronautical Congress）。而那支影片除了要讚頌嘗試移居火星的壯舉，也是吸引投資的手法之一。

馬斯克說：「歷史將走向兩個不同的方向。一條路是我們永遠留在地球上，總有一天面臨滅絕。我並非在預言世界末日已經不遠，但從歷史可知，最後總會出現一些末日事件。至於另一條路，則是人類要成為航行太空的文明、跨越多個行星的物種，我希望大家同意這是正確的方向。」

整場演講戲劇張力十足。馬斯克站在舞台上，身後就是一個火星不斷旋轉。時尚的CAD圖像、複雜的設計、渲染著生命在火星上的情景，簡直就像青少年的幻想，在巨型玻璃生物圓頂上有著蘿拉・卡芙特（Lara Croft）造形的剪影，背景則有發光的火星。

說到真的殖民到一顆新行星上，這項驚人壯舉在馬斯克說來彷彿再自然不過。選擇火星而不是其他行星，是個合理的推論。因為大家都知道，金星就是個酸池，水星離太陽太近。馬斯克聽起來就像在挑選避暑別墅……而且還價格實惠合理。他說，到最後，移居火星應該不用10萬美元就能達成，而且因為一開始人數很少，要找工作真的很簡單。

馬斯克的結論說：「我個人不斷累積資產，主要就是為了有經費實現這項計畫。除了這項我能做到最大的貢獻：讓生命跨越行星，我真的沒有任何其他累積個人資產的動機。」這是他給人類的禮物。而在後續的各種研討會與活動中，他也不斷展示未來的太空生活願景，最後達到的高峰就是或許史上觀看人數最多的一場火箭發射；2018年2月，馬斯克成功發射SpaceX的獵鷹重型運載火箭，將一台特斯拉射入太空、往火星及更遠的地方前進。此次發射在全球媒體大為轟動，CNN說這是「新太空時代」的象徵，而馬斯克這位有遠見的名人，就站在時代的最前端（雖然他背後也得靠政府補助、稅賦優惠）。當時，發射直播有超過200萬人收看，那台特斯拉的車裡還有攝影機，照著駕駛座上的司機假人，讓人覺得更為生動〔背景則放著大衛鮑伊的歌曲「太空怪談」（Space Oddity）〕。據報導，這就花了9,000萬美元。對許多馬斯克的粉絲和整個媒體而言，這就像個美好的春夢。另一位想打進太空的對手貝佐斯也推了一把，與馬斯克在推特上幽默互動、祝他好運。（馬斯克則回了一個親吻的表情符號。）

奇怪的是，在馬斯克把目光轉向征服太空之前不久，他的創業願景還只像是推動線上支付這種沒什麼了不起的目標。然而像是上太空這種等級的雄心壯志，正在科技界愈來愈普及。隨著財富不斷累積、並且強烈感覺自己有種使命，矽谷領導人似乎決心要超越產業、超越商業，要改變宇宙、改變我們所知的生命、改變人類的未來。他們這麼做，除了是以自我中心的角度希望自己留下什麼，但也是著眼於長期潛在利潤豐厚的市場。而做為這項目標的領導者，他們也正在推動一場重要的文化轉變：至少在表面看來，未來的建構者將是矽谷，而非政府。

馬斯克並不是唯一放眼太空的人。亞馬遜的創辦人貝佐斯在2017年9月就對BBC表示：「在太空這個領域，我們需要有活躍的新創爆炸，就像我見到在網路領域過去這20年的情形：有成千上萬的企業、成千上萬的新創公司，在網上做些有趣的事。」貝佐斯還成立了一家民間太空服務公司藍色起源（Blue Origin），承諾在2019年4月前將遊客送上太空。與此同時，理查·布蘭森（Richard Branson）的維珍銀河公司（Virgin Galactic）獲得沙烏地阿拉伯10億美元的投資，要實現開創「下一代人類太空飛行」的夢想。

由於太空旅行魅力無窮（以及可能即將實現），也抓住了大眾的想像力，想在地面上重現由太空所啟發的體驗。未來谷

（Future Valley）就是在杭州的一個太空主題樂園，目前正在研發熱氣球之旅，讓遊客在離地球表面15英里的地方享受舒適的近太空體驗。

矽谷進軍太空旅行，代表著他們的野心更進一步擴大了範圍。矽谷的這些抱負現在冠上「登月計畫」（Moonshot）之名，幾乎成為矽谷的代名詞，代表的就是透過各種叫人難以置信的壯舉、實驗或嘗試，以改變世界、或是解決某個難以克服的難題。目前，各地都有各種登月計畫。矽谷的專業現在已經擴展到各種發明及研究領域，從材料科學到生物化學、機器人學、醫學、遺傳學、資料科學、血液測試、工程學、機器學習、DNA定序，甚至還有更多。而且，這些領域還在不斷以新的方式交流互動，創造出勇於冒險的新產品。這些計畫通常處理的都是未知的領域，又或是一切的變化極為迅速，因此監管單位常常是事後才能發現相關的道德問題，甚至連理解都還有困難。然而，這些計畫可能會對我們的世界造成改變，而且是迅速改變。如果是講到外太空，矽谷就控制了一片巨大的新領域，成為人類探索工作的建築師。

透過這些創新，矽谷正迎向各種大膽的挑戰（太空探索、飛行車、新的氣動交通系統），靠的是長期的願景，以及前所未有的資源（包括政府的支持）。即使到不了火星，就先到月球吧，至於繞地軌道自然不在話下。矽谷對自己的能力，就是這麼有信心，什麼自我吹捧的話都說得出來，公眾也並未做到太多監督。他們正在打造未來！他們要解決人道主義危機，塑造科學的進步！馬斯克只要一發推特，就會變成科技和商業媒體的大頭條。就連貝佐斯加入Instagram，也能成為即時重大新聞。至於他隨後的發文，包括他認為最鼓舞人心的小說、在瑪莉亞颶風之後向波多黎各運送物資（當然是用亞馬遜Prime的飛機）、藍色起源的發展，也都廣受關注。至於馬斯克，則是送了太陽能電池板到波多黎各。值得注意的是，這兩項援助波多黎各之舉，顯然並非出自政府。這兩個人有著前所未見的財富與影響力，他們並不需要政府。貝佐斯個人淨資產已超過1,050億美元，使他成為世界首富。

矽谷領導者談到文化的未來，講的是如同先知般的話語（馬斯克曾說，他認為我們很有可能都是在不自知的狀況下，活在電腦模擬當中；對了，他也預測過會有世界末日滅絕地球）。又或者，他們是在建造著預防天啟日的掩體，一旦哪天機器人和AI自動化反撲、危及社會，就能派上用場。矽谷的實驗包羅萬象，從生物科技、人工智慧，到延長壽命、增強人體或用科技複製，此外也會試著駭進人體機制；對於某些認為人類並不應該試著高於人性、高於自然的人來說，這實在有一定程度的不敬。又或者，矽谷相信目前的文明只是另一套系統，本來就會遭到各種擾動破壞（其間反覆引用各個歷史學家和哲學家的說法，或許現在矽谷已經看到另一個更高層次的歷史了？）

首先是像提爾這樣的人物，他以對延壽研究的興趣著稱；另外還有未來主義與奇點理論家庫茲威爾，據說他服用的膳食補充劑數量已創下紀錄，目的就是要「破解」衰老的問題。至於瑪蒂娜．羅絲布拉特（Martine Rothblatt）則是打算虛擬複製人類的思維，好讓人類達到不死。與此同時還有走向生化人（cyborg）的嘗試，希望將人體連結網際網路，而讓我們有全新的感官感受。

這一切的起點，原本都是再邊緣不過的話題、只有億萬富翁會想到的奇思狂想，又或是SXSW互動節爐邊閒聊的主題。然而，改變人類正在成為一個產業。以Alphabet的投資組合為例，旗下的生命科學公司Verily所列出的計畫清單，簡直就是科幻小說。像是智慧隱形眼鏡，可以檢測人體葡萄糖濃度的變化。另外還有葛蘭素史克公司（GlaxoSmithKline）旗下的伽凡尼生物電子（Galvani Bioelectronics），打算以生物電子藥物治療慢性病。Verily表示他們「將設計生物電子藥物，以微型植入裝置調節周圍神經的電生理訊號，治療疾病。這可能會是一套全新的工具組合，能用來控制及逆轉疾病，做為藥物及其他療法的輔助。」

另外，還有「Debug」（除蟲）計畫，希望靠著釋放不帶菌的蚊子來消滅病媒蚊。

Verily的網頁提到：「我們的團隊正研發新科技，結合感測器、演算法和創新工程，培育數百萬隻這種不帶菌的蚊子，並且能夠快速準確加以分類，以便野放。此外，我們也正在打造相關軟體及監控工具以引導野放過程，並運用新的感測器、陷阱及軟體，加強判斷哪些區域需要處理或再次處理。」Verily還不是Alphabet旗下唯一的相關投資。生物科技公司Calico，也在努力解決與衰老相關的疾病。至於DeepMind則是成立在倫敦，要應用人工智慧解決各種問題，特別是在健康方面。還有最近的一項計畫，是運用機器學習改進乳腺癌的X光篩檢。

矽谷對未來充滿了無限的熱情，但看著他們渴望著田園般的新處女地、渴望糾正所有自然界看似「效率低下」的問題，也可見到他們的前景有何問題。

谷歌登月計畫部門前高層主管亞希拉就表示：「這裡有一種

創造者現象（creator phenomenon）。」確實，就像是科技傳教士希望用網際網路讓非洲邁向文明，矽谷也在種下新的種子，想像著太空中的未來主義烏托邦，靠著矽谷的全面控制而運作得更有效率。亞希拉就問道：「我們好像很急著去火星；我覺得這很有意思。為什麼要這麼急？為什麼要投入幾十億美元、把自己帶到那裡？」

在某種程度上，火星就像是一張誘人的空白畫布。在地球上，矽谷科技還得應付像是城市、舊基礎設施、法律等等麻煩的事情。因此，雖然上火星無疑是項偉大的科學成就，但這樣一來就能從頭開始建立全新的社群，這可比融入現存結構簡單多了。矽谷可以用自己的形象來設計宇宙，而不必適應任何事物，不像在地球，有城鎮、基礎設施、社會規範，就是不肯讓步。

回到歐巴馬的匹茲堡演講：政府就是「艱困、混亂，我們就是得在既有的基礎上繼續發展，無法直接打掉重建。」但在太空中，矽谷就能從頭開始，建立一個新的文明搖籃。但就算實現這樣的未來願景，能夠不受現有繁瑣系統的限制，就能達到他們心中的完美嗎？

矽谷心中的理想生活，與地球上這種「混亂」的生活格格不入，而且隨著各種不平等、全球化與科技創新變得更加先進，兩者的差距只會愈來愈大。但這些地球上的問題，可不是穿著連身衣的蘿拉．卡芙特能解決的。

亞希拉回應道：「或許在我們追求離開地球的未來時，會找到什麼萬靈丹，解決地球上的複雜問題；但也可能不會找到。那然後呢？這一切都要看能夠注意力維持得多長，還有整個混亂的過程，要看看怎麼以一貫的方式，讓大家一起合作。」

但不論如何，矽谷的產業已經從全球最頂尖的大學找來最佳的人才，更有許許多多的夢想家、思想家，手裡也有看似無限的資金，要是不去處理那地球上最艱難的問題，簡直看起來就像是錯失了良機。畢竟，為了太空所研發出的創新科技，總有可能在未來也用在地球上。

與此同時，所得不平等繼續惡化。據美國慈善食物銀行「美國賑饑」（Feeding America）指出，在美國這個世界上數一數二富有的國家，仍有4,100萬公民需要與飢餓對抗。從零售店面到辦公室，由於各個產業廣泛運用機器人與AI，大規模失業可能即將來臨。至於藥物成癮，也是全國性的危機。無論國內外，都有著各種巨大的問題。如果說句公道話，矽谷許多登月計畫都在努力創造出能實現崇高重要目標的產品，例如價格合理的永續能源、更有效率的醫療保健，但背後又常常附帶一定程度的商業動機（比以上價值更高的消費者資料）。這些產品有的是科技導向，也有的是想走極端、想上頭條，喊得很響亮、做法很粗糙。矽谷想做的似乎只有偉大的事，小事、甚至中等的事都不在眼裡。而且，他們似乎刻意避免扯上自家後院的那些窮人議題。這也就讓人想問：究竟一開始，為什麼火星成了第一優先的問題？矽谷對公民行動發表了諸多言論，但在他們試圖改變世界的努力中，比起人道主義，我們更有感受的是狂妄自大。

## 矽谷系統

矽谷企業與個人也開始像政府，從系統的角度思考問題；只不過，他們通常不用擔心資金、現有基礎設施、對當地政府造成困擾的官僚機構等等實際考量。Uber想像的未來交通，是在大都會裡有飛在半空的車。在Hyperloop One對未來地球的想像裡，則是列車在真空管道裡與磁浮軌道上，以音速奔馳。

在這些想像當中，矽谷重新構思著能源、人體，以及經過全新設計的太空飛地。矽谷重新思考著基礎設施的問題，想從未來主義的觀點來重新構想交通方式，從經過多年演變而成的火車、飛機、巴士及腳踏車，試著加上一些大膽創新的東西。但其中究竟有多少看似可行？

這裡並不是要說目前一切完美、無須改變。這群人都對未來有著積極的願景，相較之下，由於政府與政府體制每四年或八年就要經歷一場選舉週期，就難以維持這樣的願景。雖然對從交通到能源等議題的關注不斷加強，但矽谷正尋求以太空研究解決能源危機，並為此制定為時20到50年的計畫。至於在比較迷人一點的交通領域，過去的創新或許隨著協和號告一段落，但矽谷正試圖靠著如科幻小說般的願景著手改變。至於解決衰老和疾病等問題，就有待時間證明。雖然許多政府仍然死抱著化石燃料，但矽谷正一馬當先，讓永續性能源降至合理價格。

在很多方面，這都十分令人興奮。然而，這樣的未來也愈來愈走向商業利益導向，裡面新產生的重大倫理問題，將由不受約束的個人來做決定。這樣的未來，將會是由矽谷領導者以及他們所有的固有偏見所決定，影響著學校、火車、醫療保健系統，甚至是生命本身。

我們需要考慮這樣的未來將會如何成形；目前我們正在打造、決定著這樣的未來，改變的速度遠勝以往，而且很可能將會取代正迅速消失的現行制度。單是因為矽谷的人率先走向了未來，就該由他們決定未來的樣貌嗎？

## 科技的力量

「我們所生活的時代，可以用比史上任何時候都快的速度來實現登月計畫。隨著工程技能、創業技能演化成熟，資源和資本到位，像超迴路列車（Hyperloop）這樣的概念，從想法到動工，再到實際移動原子，只要24個月，」Hyperloop One頗具爭議的前常務主席暨創投公司Sherpa Capital常務董事皮西瓦這麼說。

Hyperloop One在與同樣深具願景的企業家布蘭森合作後，改名為Virgin Hyperloop One。至於皮西瓦，則是因為2017年10月的性侵及性騷擾指控，辭去在Hyperloop的職位（他本人否認一切指控）。布蘭森接任董事一職，也吸引到超過5,000萬美元的新投資。現在或許只需要說，在皮西瓦與我在2016年底會面時，這些風波都還未興起。當時，#MeToo尚未掀起全球風潮，而他就是不停說著大話、吹著牛皮、滿懷自信。

在他的巔峰時期，皮西瓦可能是矽谷最大的登月計畫福音份子。但就算他走下神壇，這份改變世界的野心仍然有其他熱情的領導者接棒繼續。與此同時，不論是Virgin Hyperloop One提出的願景，或是由矽谷其他企業提出、從超音速飛行到自駕車的種種期盼，似乎正在取得進展。

Sherpa Capital時尚的辦公室，座落於舊金山市場街（Market Street）樓上。2016年，Sherpa Capital的兩支新基金Sherpa Everest和Sherpa Ventures II募集到了4.7億美元。這家公司也是

Uber與Munchery等公司背後的投資者。皮西瓦本人也很像馬斯克，喜歡說些像是「彎曲空間和時間」、「交通是新的寬頻」之類的話，而且說起來就像是在指路或點啤酒一樣輕鬆自在。

而說到讓民間企業登陸月球，納維・傑恩（Naveen Jain）認為這只是「證明了下一批強權將是創業家，而不是民族國家。」這位充滿活力的西雅圖創業家所創辦的企業包括太空採礦企業「月球特快車」（Moon Express）、健康人工智慧公司Viome等等。傑恩不是個說話保守的人。他早就習慣在活動演講中說著這樣的話，通常底下的觀眾是一群西裝革履的企業人士，而他則會一邊說著，一邊揮著兩根手指。「到目前為止，只有三個國家登上月球，而且都是超級強權。現在，我們已經成為第四個超級強權。不論是什麼產業，世界各地的企業家將會凌駕民族國家，過去由民族國家領導的事，將由企業家來完成。」

傑恩就像一個名言金句製造機，會講出像是「如果未來是由你打造，要預測未來就易如反掌」這樣的話。他也常常提到，在企業家所建立的未來裡，生病只是一種「選項」或「選擇性的」。（雖然傑恩的公司總部在西雅圖，但與矽谷有深厚的歷史，也體現著矽谷的精神。）

傑恩甚至認為，矽谷與其志同道合的企業家可以推動世界和平，他解釋道：「想想看大家都在爭些什麼。就是水、能源。只要讓這一切容易取得、容易負擔、打破壟斷、讓它失去價值，問題就解決了。只要能做到這一點，讓一切大量供應，這些事物就會失去價值，人們也就會停止爭鬥。例如，我們並不會去爭奪氧氣，就是因為我們相信氧氣是充足的。我們會要搶什麼，唯一的原因就是我們認為它很稀有；稀有才是創造價值的原因。」他相信，這正是矽谷和商業力量如此強大之處，像他就說到：「手機一開始只有富人、名人、華爾街人士能夠擁有，但現在，連非洲最窮的人都能有手機。」

講到創新的問題，也不乏有人為政府說話。同樣是那位直言不諱的經濟學家馬祖卡托，她談到常常有人把政府的形象塑造成行動緩慢的利維坦巨獸（Leviathan），但這種有害的形象應該要有所改變。她指出，事實上不論是網際網路、製藥、智慧型手機產業，從GPS到Siri、觸控式螢幕，許多革命性創新都是靠著政府出資。在她2013年的TED演講中，她警告不應輕忽政府對創新的重要作用（特別是冒險而需要長期的創新），也認為過度迷戀矽谷變革的能力將有危險。換句話說：我們一直把太多成就歸功於矽谷。她還表示，這兩者的不同之處，「對於我們應該削減支出的對象、方式及原因，都有很重要的意義。」

但和她對抗的是一套流行文化的故事，而流行文化似乎比較站在矽谷那一邊。而且目前的情勢也改變迅速，大咖科技業者可以無限豪擲數百萬美元投入創新，而讓國家體制相形見絀。

皮西瓦表示，部分原因在於矽谷也有所演進，目前能取得更多私人投資，投入大型計畫：「如果看前一代，像是特斯拉、SpaceX，馬斯克必須自己出資、幾乎破產，還得再去借錢來付租金，才能拯救這些公司。那些公司是從2002年一直到了2014至2015年，才終於實現了完整的概念。如果馬斯克是現在才開始SpaceX、甚至是特斯拉，就無須自己出資，而且事情的進展會快得多。從上一代到這一代，想實現宏大的抱負時，可以看到執行的速度已經大為提升，令人十分興奮。」

重點在於，許多過去的雄心壯舉，現在確實已經有實現的可能。像是Virgin Hyperloop One就有了實際進度，似乎正在內華達州的測試站迅速實現當中。而整部公關機器也全速運轉，每天都會丟出新的提案，要從中東地區到歐洲，改變人類的通勤狀況。此外，這些登月計畫也比過去更受到尊重。然而，雖然新聞已經吵得震天價響，畢竟Hyperloop尚未真正實現。在2016年的年度拉斯維加斯消費電子展上（CES）上，只是推出了一個模仿Hyperloop訂票體驗的應用程式。

雪娜茲·達芙爾（Shernaz Daver）是矽谷老將、Udacity行銷長，也是谷歌風投（Alphabet公司的風險投資部門）顧問，她的專長在於改造生命科學、醫療保健、人工智慧、機器人、交通運輸、網路安全，以及農業。達芙爾相信，科技與DNA定序將能夠提升未來的生活品質。而這是在最近才成為可能。她就說：「看著這些發展，真是太神奇了。」

太空則是民間企業快速成長的前端領域。SpaceX占據了新聞頭條，但藍色起源也搶下了美國太空總署的合約。除了要殖民火星的新聞之外，也計劃在小行星上採礦，或是以可重複使用的太空船，推出商業化的太空旅行。將衛星送上太空、滿足各種應用，也是個不斷成長的市場。

VR專家暨NASA合作者賈桂琳·莫莉（Jacquelyn Ford Morie）解釋道：「企業間結合成一個龐大的網路：太空體驗經濟（The Space Experience Economy）、太空旅遊協會（Space Tourism Society）、維珍銀河（Virgin Galactic）、貝佐斯的公司，他們彼此都有關係，會分享一些東西，但也互相競爭……大家都努力提升相關意識，加速這些事情發生的速度。這一切就會帶來臨界質量，讓一切發生。我想，我們十年後就會在火星上。」

她說這只是個開始。太空旅遊協會正希望打造一個多層次而成熟的太空旅遊產業，從地球上的體驗、近地軌道遊覽、到實際在月球和火星軌道興建飯店與景點。

莫莉表示：「現在有一個叫做『火星世界』的主題樂園，會是未來的起點。蓋在拉斯維加斯西邊。他們已經取得第一筆7,500萬美元，而需要大約五倍的資金才能徹底完工。」她表示，這不只能為大眾提供資訊，也能以前所未有的方式，提升對太空旅行的意識及興奮程度。她解釋說：「太空旅遊其實牽涉很廣，不只是收個4萬美元、把人送上太空而已。」

除了旅遊業，商業應用也很大。「小行星採礦會是一件大事，能用驚人的速度，挖掘到地球上所有最稀有的金屬。我相信，我們也會把垃圾送到行星上。」

在所有這一切中，吸引最多想像的似乎就是SpaceX。科斯塔・格拉馬蒂斯（Kosta Grammatis）是一位屢獲獎項的工程師暨科學家，第一份工作就是在SpaceX：「我20歲畢業，想當個火箭科學家，寫了好多封信，希望在SpaceX實習。每個在馬斯克手下的人都是全天工作，相信這是為了某個更大的使命。大家常開這玩笑，但這確實有點像邪教。他們都是些有趣、聰明的傢伙，讓我想起在阿波羅的時代，太空總署的員工也很年輕，平均年齡是25到27歲，當時一定也是這樣，一心想上太空，於是工作得像狗一樣。」

而且其中有一大部分，開始在大眾心中變得更真實，特別在2017年底，馬斯克在洛杉磯進行的火箭測試在Instagram上瘋傳：一個明亮的火球，第一眼看來還以為是不明飛行物。格拉馬蒂斯表示，馬斯克的目標非常明確專注：「他一心不僅要改變世界，也要影響自然。」格拉馬蒂斯認為，「考慮到政府是重要的投資者，馬斯克其實在太空旅行與其他成就上是過譽了。然而，他有能力找出贏家並提供支持，所以他確實在某些方面是個造王者……而這件事需要遠見。」

至於貝佐斯，就像矽谷許多其他人一樣，認為太空能夠提供環境問題的解答。在2016年的編碼大會上（Code Conference，矽谷高層會歡聚一堂的科技高峰會之一，這一場是由科技新聞網站Recode主辦），貝佐斯說我們需要保護地球：「而我們該採取的方式就是進入太空。地球上的能源有限。至少在幾百年內……人類所有的重工業都將移出地球。」

這就引出了另一個可能的後設假設問題。讓我們先別管地球上的地緣政治了。如果眾人開始爭奪太空資源，矽谷龍頭又發起新一波攻勢要在小行星上爭奪領域，宇宙世界的秩序該怎樣組織？太空裡還能講司法管轄嗎？如果矽谷帝國開始看上這些星星，會發生什麼事？

## 我們移動的方式

清晨六點，曼哈頓悠悠醒來，紫羅蘭色的燈光還灑在第八大道的人行道上。咖啡廳、BBQ和小餐館的霓紅招牌閃爍亮起。一群通勤族彎腰下了計程車，用手提電腦包砰地一聲大力關上車門，斜著身體走向明亮的電扶梯，向下前往賓州車站的中心地帶。黎明時的賓州車站，可能是世界上最糟的地方。Dunkin餐館的霓紅招牌外面開始排起長龍，員工忙著組合加了各種化學物質的碳水化合物，以及溫熱的咖啡因興奮劑。賓州車站的美食選擇，一如車站內的裝飾，彷彿進了時光隧道。如果登上前往華盛頓特區的阿斯拉特快車（Acela Express），乘客就能迅速抵達更為宏偉的聯合車站，途經橋樑與沼澤，但票價大約要200美元，令人咋舌。至於無力承擔這種幸福的人，則可以搭上巴士，沿著公路停停走走，得多花上幾個小時，路上還會三不五時拉進路邊的停車場。最後就是被丟在很不方便的下車地點，而且通常與預定時間天差地別。

講到糟糕的通勤體驗，並非美國的專利。有很長的一段時間，倫敦的區域線（District Line）算得上我最愛的恐怖故事：長達一小時，在結露的窗上被擠得像隻壁虎，一路喀答喀答從倫敦西部晃到文青風的肖迪奇區（Shoreditch），每天約10美元；相較之下，紐約地鐵是每趟2.75美元。尖峰時段，想在克拉珀姆交匯站（Clapham Junction）坐上火車，或是在克拉珀姆坐上地鐵北線（Northern Line），倫敦南部通勤族總是得一陣狂奔，簡直像是參加競賽節目。乘客真的得跳上人牆、試著塞進身體間的縫隙，好讓自己擠上車。但這用東京的標準看來又沒什麼了；在東京的乘客是心甘情願被推上擁擠的列車，已經成了一種習慣。

這裡講的還只是軌道交通。

經過一路演變，交通算不上令人愉快。確實是有些創新，像是火車速度變快，飛機上能充電、有個人娛樂設施，而在北歐，則可以奢侈地享受乾淨、迅速、效率高的火車系統。但不論如何，交通模式本身大致並無改變。（好吧，如果搭的是中東地區的航空公司，確實有可能有私人的四帷柱床、浴缸、管家，還有健身房。但其他基本條件還是不變，想從杜拜到紐約，仍然需要

15個小時。）換句話說，沒什麼能讓交通運輸徹底改頭換面。

美國已經發展出一套精心分級的國內航空體制，依據不同的舒適度、空間或更好的位置，全部加以商品化標價出售；當然，這也不是美國的專利。（在未來，氧氣可能是個要價5美元的服務。與此同時，除了後排走道位這個緊臨廁所隊伍的中堅位置，其他所有座位都要另外加價。）而且，前提還得先到機場。在許多城市，都得先搭計程車或公車。

這樣一來，汽車還是最簡單的交通辦法之一，但如果把汽油、保險、停車和維修都算進去，就會變成很昂貴的選項；而且別忘了，如果住在大城市裡還擁有一台車，費用和實用都是問題。而目前，買車以外的新替代選項正在出現。在上班日清晨，可以看到年輕千禧世代站在曼哈頓的街道上，手裡拿著智慧型手機，搭上UberPool和Via之類的共乘服務。Uber已經在曼哈頓測試了每月100美元無限搭乘的服務。對於負擔得起的人來說，這已經成了一種可靠的通勤服務。（耐人尋味的是，對目前已經處於困境的地鐵，再流失這些收入可能會有怎樣的影響。據報導，紐約地鐵正計劃將車費從每趟2.75增加到3美元，而且除了漲價，仍有脫班、意外、拋錨事故頻傳。據《紐約時報》估計，紐約地鐵系統需要投入1,000億美元，才能修復重建、確保生存。）

皮尤研究中心發布了一些關於Uber的統計資料，十分有意思。調查發現，大學以上學歷有29%曾使用叫車服務，只有13%的人對叫車服務不熟悉。而在高中以下學歷，只有6%使用過叫車服務，超過一半（51%）從未聽說。總體而言，家庭年收入在7.5萬美元以上的美國人，有26%曾使用叫車服務。而若家庭年收入不到3萬美元，則只有10%曾使用叫車服務，並有49%對此服務並不熟悉。同一項研究發現，Uber這樣的服務雖然在各大城市相當知名，但就全國範圍而言，並沒有那麼普及。只不過，只要是服務集中的地區，這些叫車服務就有很大的影響力。

換言之，Uber可能會在城市裡取代公共交通，但使用者高度傾向為年輕、高學歷、富裕的消費者。

在2015年的SXSW互動節上，風投公司Benchmark的比爾・格利（Bill Gurley，同時也是Uber的投資人）談到美國的交通運輸市場尚未開發。他說：「這80年來，我們都嚴重低估了交通運輸服務的需求，而且只停留在城市政府的層級。」他補充道，在舊金山等城市，Uber的使用率是現有計程車業的五倍。他說「那是一股新需求」，並估計整個市場規模可能是目前計程車業的十倍。「一開始這只是計程車的替代品……但接著就會開始與其他東西競爭。」

租車市場就是其中之一。2017年，赫茲租車（Hertz Global Holdings）的股價創下七年新低，短短一年就大跌39%。同年，安維斯・巴吉租車（Avis Budget Group Inc.）股價下跌26%。在2017年最後一季，在美國第二大支付軟體平台Certify上，Uber占了所有地面交通支出的55%。至於最近在職業倫理、內部性別歧視和侵略性文化等種種破壞名聲的爭議，似乎完全對營收沒有影響。

格利還指出，文化也有了更廣泛的改變。他說：「千禧世代一點都不在意有沒有車，有些孩子都要16歲了也不想考駕照……千禧世代認為開車只是為了方便實用，不是什麼社會地位的象徵，這在北美來說是個巨大的轉變。」

這也讓矽谷對底特律這樣的競爭對手更占優勢。雖然兩地可能都在製造汽車，但矽谷製造的汽車主要是為共乘系統而設計，重點不在私人擁有。

Uber不只取代了計程車，還取代了租車和買車，並把自己定位為未來交通運輸的設計師，有自駕車（正在匹茲堡進行測試）與UberPool（取代日常大眾交通通勤）等服務。此外，Uber還發表了一份關於城市隨需飛行車的白皮書。（所謂白皮書，是針對特定議題的一種常見報告形式，由政府、學者或其他專家研究後提出研究成果或建議。）

這種提出白皮書的趨勢值得注意。從馬斯克所提出的白皮書，到Uber近期這份有97頁的未來願景白皮書，這些文件公開挑戰了今日的傳統交通運作方式（內容的表現手法常常有種1920年代城市未來主義的風格）。這些白皮書通常都會受到極大的關注。

Uber的文章〈向前快轉，來到隨需都市空中交通的未來〉（Fast-Forwarding to a Future of On-Demand Urban Air Transportation）發表於2016年，提到：「想像一下，從舊金山海港區（Marina）通勤到聖荷西（San Jose）市中心工作，這段路程就算交通順暢也得花上兩小時，但未來可以只花15分鐘就到。每天，全世界在路上浪費了幾百萬小時，對於我們所有人來說，這代表著與家人相處的時間更短、能工作來推動經濟的時間也更少、燃料消耗得更多，而且壓力程度明顯上升：例如《美國預防醫學雜誌》（*American Journal of Preventive Medicine*）一項研究發現，通勤距離在10英里以上的人，高血壓的風險也增加。」

該怎麼解決？該文也提到：「隨需航空有可能大幅改善城市

交通，讓民眾取回在日常通勤所失去的時間……就像有了摩天大樓之後，讓城市得以更有效運用有限的土地，有了都市航空運輸，就能夠運用三維的空域，緩解地面交通堵塞的問題。」

至於下一個已經成熟、就要被顛覆的領域則是郵政服務，像亞馬遜最近買下一些貨機及貨船，而無人機送貨測試更早已不在話下。許多人躍躍欲試，其中包括Virgin Hyperloop One的執行長羅伯·洛伊德（Rob Lloyd）：「這太棒了，郵政服務的重要性再起……我相信大家會看到民間企業開始出資建設新的基礎設施。早期的跡象是亞馬遜買下兩支767機隊，打造他們自己的基礎設施，一如DHL和聯邦快遞（FedEx）也有自己的飛機。這些企業之所以要有自己的基礎設施，是因為這會影響到成本模型。在一個隨需供應的世界，交通基礎設施愈來愈可能是大企業成本模型裡的關注重點。」亞馬遜已經為企業引進雲端運算服務，讓小公司無須打造自己的IT基礎系統。而亞馬遜的貨運基礎設施，也正在大幅改變消費者對貨運的期望。在今日的美國各大城市，一般都會期待包裹應該要在當日或隔日到達，外加免運費。在很大程度上，這必須歸功於亞馬遜。而亞馬遜的下一個B2B業務，會不會就是對新企業提供即插即用的貨運服務呢？

矽谷並未就此止步。矽谷現在正計劃改造從汽車到家用等種種能源。靠著蓄電池、價格合理的太陽能板與電動車，馬斯克已經是個真金實銀的能源巨擘。而亞馬遜也正大力投資可再生能源，一方面在德州斯庫瑞郡（Scurry County）新建的235兆瓦風電場，簽約買下90%的產量；另一方面也宣布與伊比德羅拉再生能源公司（Iberdrola Renewables）就北卡羅萊納州一座208兆瓦的風電場達成協議。2016年，比爾·蓋茲宣布成立規模10億美元的清潔能源基金「突破能源基金投資公司」（Breakthrough Energy Ventures），他本人計劃擔任該基金主席，馬雲及貝佐斯也都是贊助者。該基金的目標是要投資下一代的能源科技。

## 移動山脈

雖然Virgin Hyperloop One起源於加州，但有趣的是，它得到最強力的支持卻來自遠方。最具聲量的支持來自北歐等市場，那裡向來就有投資新交通基礎設施的傳統；以及中東地區，那裡的專制政府也希望實現像Virgin Hyperloop One如此規模的計畫，而且相關的基礎設施可說就像一張空白畫布。（更不用說，中東地區普遍對於充滿幻想、未來主義的發展抱持熱情；像是在杜拜就有一個面積達到22,500平方英尺的室內滑雪場。）

在2016年總統大選後、遭到性侵指控之前，皮西瓦的抱負已經擴展到重新思考政府體制，並展開鼓吹讓加州脫離美國的運動。他在大選後對CNBC發表的談話中表示，「在加州成為一個國家後，可以重新加入聯邦。加州是世界第六大經濟體、美國的經濟引擎，以及大部分聯邦預算的提供者，影響十分重大。」他補充道，希望加州能做為催化劑、推動全國對話，因為美國必須「面對這次大選所揭露的系統性問題。」

講到美國對Virgin Hyperloop One的氣動列車興趣缺缺，皮西瓦本人認為這就像是當初萊特兄弟要推動航空時面對的狀況：「他們當時的情況也類似，一開始對飛機有興趣的是法國、德國和英國政府，美國政府並未認真以對。美國政府資助了自己的計畫，但徹底失敗，相較之下，萊特兄弟拿自己腳踏車店賺的

2,000美元，就把一切做成。這實在太激勵人心，也很類似現在正在發生的事。講到要採用超迴路列車，國際上其他政府的興趣要高得多。」

皮西瓦為了解決這個問題所提出的想法之一，是舉行加州公投，讓人民來決定。他說：「我要找人發起一場運動，基本上就是說加州高速鐵路花了納稅人超過80億美元，但完全是浪費，我們應該公投用超迴路列車來取代；接管路權，將這筆錢還給納稅人，投入基礎設施和學校。」

皮西瓦也像傑恩一樣，相信未來將由企業家打造。他說：「我身為企業家學到的一點，在於真的只要有一小群人，就能推動某件事發展。如果萊特兄弟沒有與那一小群人、用那一小筆預算努力工作，飛行的歷史可能還要再晚幾十年。飛行對人類的經濟帶來了巨大的影響，而我們對超迴路列車也有一樣的看法。對於這種可以成為全新交通網路一部分的重要科技，我們正努力加速研發。如果能讓人員與事物移動更快速，就能讓全球經濟也動得更快，並創造成長、就業和機會。」皮西瓦也一直在尋找像大噪科技（Boom Technology）這樣的公司，希望讓客機再次以超音速飛行（超音速飛行一開始是為軍方所研發）。2017年12月，日本航空公司（JAL）和大噪科技宣布成立價值1,000萬美元的策略合作關係，為乘客提供超音速飛行客機。

大噪科技表示：「超音速飛行已存在70年，但過去的效率一直不足以支持規律航班。大噪的客機票價比協和號低75%，等同於今日的商務艙票價。之所以能在效率上有所提升，是因為有了突破性的空氣動力學設計，以及最先進的引擎與複合材料。」

皮西瓦當初對Virgin Hyperloop One的設想，已經超出交通運輸網路本身，認為有潛力能夠徹底改變碼頭系統、開拓新的地理領域。他說：「很多人並不明白，這也會影響房地產的套利。在世界各地的港口，房地產價格都非常昂貴。而貨車也對基礎設施造成很大的壓力與污染。光是長灘港（Long Beach Port），房地產價值就高達2,000億美元，而每天有80萬輛次的貨車要從這個港口出發，政府當局很希望能讓這些貨車別上公路。我們可以建造一個離岸港口，直接將貨物運到沙漠裡，再由貨車接運。這樣一來，就會有價值2,000億美元的絕佳水岸土地能夠開發，提供新的住宅與商用房地產。再把這個乘上世界各地的所有港口數，你會發現這創造出幾兆美元的價值，也會在污染及環境議題上產生巨大效益。」

講到現有的各個城市，皮西瓦也並不滿意（見到皮西瓦，就像是見到矽谷刻板印象的活體培養皿標本，有著吸引人的野心、不受拘束的自信）。他說：「城市需要重新設計。看看現在的城市，還是用著十九或二十世紀的基礎建設。所以，這些資產等於是已經75或100歲了，正在貶值、分崩離析，需要換新。有一整片的城市都該全新重建。我提出的，是讓現有城市重建發展，而全新城市就有全新發展。我曾開玩笑說，馬斯克應該去火星，把火星改造得適合人居；而我們也該把地球改造得適合人居。」他補充道，有許多新的城市、甚至是新的國家，都是在過去一百年間所建立，所以這也不是什麼很創新的想法。他說：「這只是研究歷史……在過去的世界，如果有人說『讓我們來建一座城市』，過程會直截了當得多。」

古老的建築、都市環境，以及都市的混合分層肌理，其實是一種偉大及豐富。如果我們就這樣把一切拆毀、從頭開始，難道不會失去某些東西嗎？未來和歷史可以共存。像在日本和法國，充滿未來感的建築和交通就能與歷史並肩。但在目前，Virgin Hyperloop One尚未抵達美國，因為還有一些現有的基礎建設，無法重建改造成適合的樣子。另外，也有民主的因素。

但毫無疑問，矽谷已經打算改變我們在地球上的移動方式。

## 超高速移動

洛伊德表示：「在歐洲，交通基礎建設與醫療保健一樣受期待。想像一下，在兩個常常互相往來的城市之間，花上100億美元來打造更高效、更高速的連結，這可不是什麼壞事，甚至是大家所期待的。所以，現在在北歐、杜拜就是這樣，我們期待能夠推進這些最初的想法。」

美國的公共交通史褒貶混雜，從鐵路遭到工業巨擘壟斷（也有人稱他們為「強盜貴族」，就看觀點如何），到十九世紀晚期也有私人經營的纜車與地鐵。總之，公共交通有利可圖。柯尼留斯．范德堡（Cornelius Vanderbilt）建造了紐約中央鐵路（New York Central Railroad）和大中央車站（Grand Central Depot），許多其他重要鐵路則是歸功於從利蘭．史丹佛（Leland Stanford）到科林斯．亨廷頓（Collis Potter Huntington）等工業大亨。

二次大戰後，汽車和汽油逐漸普及，汽車也成為地位的象徵，與自由、獨立與美國夢密不可分。接著就是公路建設計畫，也因為大家有車，而讓郊區開始蔓延、都市發展也以此概念設計。與此同時，噴射客機讓長途旅行變得有效率，也開始了重大的機場建設計畫。而這一切公共交通，都需要靠政府的資金。於是，公共交通從規劃到執行都成了國家負責的領域。但這些年來，公共交通整體是走下坡。根據美國土木工程學會（American Society of Civil Engineers）2016年的研究，美國在未來十年維修基礎建設所需的經費，還短缺1.44兆美元。

今日，想在美國各處移動、或說是移動的便利性，已經形成一個分層系統，依個人收入及所在位置而有不同（在大城市的情況會好一點，但大致上仍然是如此）。相較於飛機與火車，長途巴士就是一種緩慢、不舒適的選擇。對於負擔得起的人來說，美鐵（Amtrak）是個比較舒適、但仍然非常緩慢的選項，能把你從波士頓帶到紐約、或往南到華盛頓；至於如果搭美鐵的阿斯拉特快車，速度會稍快一點，但價格昂貴。只不過，美鐵又是川普政權下的另一個受害者。川普2017年的交通運輸預算中，大幅刪減對美國鐵路系統的聯邦補助，減少補助美鐵的長途路線，也大幅減少延伸及新建路線的經費。這項新的預算總額為162億美元，但在2017會計年度，支出還要再減少將近13%，大約只剩國會當初分配的一半，其中就包括減少了對美鐵長途路線補助的6.3億美元。特別是美鐵原本在2016年宣布，將靠著24.5億美元聯邦貸款的其中一部分，在2021年為東北走廊（northeast corridor）引進高速列車，於是現在的發展更令人失望。與此同時，華盛頓發生一連串列車出軌意外，備受矚目，也突顯鐵路路網資金不足、亟須更新升級的急迫性。

提爾說對了嗎？是不是我們失去了野心、不再做些振奮人心的事情？

在矽谷比較大膽的努力當中（至少是在地球上），Virgin Hyperloop One是其中較大的賭注，要徹底改造「長途旅行」這件令人生畏的事，靠的則是在高架上跑、打算扭曲時間、拉平地球、隨需供應的子彈列車。

如果來到洛杉磯市中心海灣街（Bay Street）與南聖塔菲大道（South Santa Fe Avenue）的街角，看著這一片破落、低矮、如倉庫一般的街區，可能會讓人大感疑惑。這裡應該是Virgin Hyperloop One閃閃發亮的新總部，該公司矢言要徹底改造民眾及貨物在地球上移動的方式。但這條街上一片荒涼，許多商店大門深鎖、用木板封住，只剩下一家布滿灰塵的脫衣舞俱樂部「PlayPen」、一間小酒吧，還有一間加油站。

一眼望去，覺得可能有戲的就是一間美國茶室（American Tea Room），看來時髦又文青，是目前這一片工業荒地裡的一座島嶼，有著布魯克林咖啡館的一切：圍裙、八字鬍、茶區、平滑的混凝土座椅，以及一面園藝牆。但再向前繞個路轉個彎，就會看到法國酒類公司保樂力加（Pernod Ricard）的釀酒廠Our/Los Angeles，嘗試以在地經營、在地生產的方式生產伏特加。另外，還有一間當地畫廊、兩間藝術家咖啡店。還有Springs，這是一間在倉庫裡的健康中心，有天然葡萄酒吧、瑜伽、果汁吧、工作坊。如果說洛杉磯市中心的劇院區是文青時髦改造的樞紐，這個市中心工業區則是呼應著倫敦的肖迪奇區，成了愈來愈受新創公司青睞的熱點。但最火熱的，大概還是超迴路列車。

走進Hyperloop One的辦公室，很難不叫人興奮。一般的科技會展上，大概都是不停講著無人機，或是什麼「社群媒體影響者」、「要真實」之類的行話，但Hyperloop One每每能脫穎而出、躍居頭條，其與眾不同之處，就在於抱負遠大、而且未來主義風格的遠景令人耳目一新。

此外，以矽谷較具抱負的私人創投而言，這也可說是其中代表。

提爾曾說我們不願意抓住未來、也傾向以反烏托邦的觀點來看未來，但超迴路列車似乎是抓住了我們的想像力。當然還是有人反對（特別是工程師和記者），而且對於這種超高速浮動管狀列車系統能否真正合乎成本，各方也還有質疑，但一切似乎正在大步前進。目前已經有數不盡的頭條，報導著究竟是印度還是阿拉伯聯合大公國會成為超迴路列車的首發地，又或者是說著我們很快就能「從芬蘭的赫爾辛基到瑞典的斯德哥爾摩，只要短短28分鐘。」

若能成功，必將財源滾滾。該公司估計，在接下來20年間，人員交通及物品運輸的市場可能高達154兆美元。當然，這是在能夠開始載客運貨的前提下。

另一點要完成的抱負，也在於需要達到合理的價格。這裡可以靠著皮西瓦所謂的Uber「鄰近補貼」（adjacent subsidization）模式：「用比較貴的UberBLACK（尊榮優步）補貼UberX，再用UberX補貼UberPOOL，就能讓UberPOOL的價格與坐公車相同。貨運就是我們能用來補貼超迴路列車客運的鄰近補貼。」（但這樣一來，會不會也出現像Uber一樣的財務虧損？2017年11月，Uber的季度虧損暴漲40%，達到14.6億美元。）

一如Uber、谷歌自駕車以及幾乎所有的矽谷新服務，超迴路列車將會隨需供應。〔講到矽谷想像的公民與社會生活，一切都講究自我、個人化、超級方便。沒有什麼時間表，沒有人會在自己不想要的任何時候碰到任何人或任何東西。而如果他們真的需要什麼東西，就能很快得到。想想這種隨需供應的文化，已經將都市裡的千禧世代變成了一群沒耐心又自私的嬰兒，無法面對任何社會現實，更別說要等計程車（靠Uber）、約會（靠Tinder）、送貨（靠Seamless）、甚至是做任何事情（都能靠TaskRabbit），想像一下這對我們的集體社會意識會有什麼影響。等火車真的有那麼糟嗎？並且想想可憐的窮人，這一切對他們來說仍然幾乎是無法負擔。〕

完工後的系統，載客運貨的時速將高達近1,200公里，只比音速稍慢、比飛機快。在超迴路列車的願景中，會將乘客與貨物放在運送艙內，在將近真空的管道內以磁浮滑行。2017年7月，該公司在拉斯維加斯進行了一次測試，運輸車達到每小時400公里，該公司自稱這是一個基蒂霍克（Kitty Hawk，萊特兄弟試飛的地方）的時刻。目前，該公司在內華達沙漠架設白色管道，做為完整的測試中心，並已完成一系列測試。雖然尚未進行人體測試，但萊特兄弟想必會大為驚嘆。

超迴路列車的想法始於2013年，當時馬斯克發表了一份長達57頁的白皮書，提到要以一種激進的方案取代公共交通工具：能乘坐28人的膠囊，在密封、低壓的管路內發射出去。這樣的膠囊將浮在一層空氣墊上，只要30分鐘，就能從舊金山到洛杉磯。

這項計畫後來由皮西瓦與洛伊德接手。據報導，在2013年，皮西瓦和馬斯克一起到古巴的哈瓦那參加一項人道主義活動（哈瓦那大概看來是另一個可以徹底改造以適合人居的城市），當時是皮西瓦開口，想接手超迴路列車的研發。畢竟，馬斯克的手裡已經有了太空、汽車、能源議題。皮西瓦建議，超迴路列車除了載客、應該也能運貨。隨後，他找來一位共同創辦人：

前SpaceX工程師布羅根・班布羅根（Brogan BamBrogan）。於是在2014年11月，當時的「超迴路列車科技」（Hyperloop Technologies）公司，就在班布羅根位於洛杉磯的自家車庫成立。到了2015年，這項計畫已經大到足以設立在市中心現址，並由Sherpa Capital等公司取得資金。洛伊德於2015年加入。自那時起，該公司已經取得2.95億美元的投資，與杜拜道路和運輸管理局（Roads and Transport Authority）及世界第三大港口營運商杜拜環球港務集團（DP World）簽下合約，並與奇異（General Electric）和德國鐵路（Deutsche Bahn）建立合作關係。然而，該公司也一直招來異聲。在布蘭森加入之前，據報導該公司有財務問題，也一再被稱為是個幻想計畫、甚至是龐氏騙局。在皮西瓦的性侵案之前，該公司的名聲就已經因為班布羅根所提的訴訟而受到影響；班布羅根聲稱遭受騷擾，並指控公司使用資金不當；但至少在那之後，公司似乎已經跨步前進。

該公司請來了BIG建築師事務所（目前的烏托邦建築事務所），設計願景及體驗。宣傳影片的時間設在2020年，就像是一部預告片。超迴路列車的車站在杜拜市中心，是一個時尚而有未來感的環狀建築，四周圍繞著摩天大樓與花園。運送艙不斷在環內連結及移動，艙內有會議室、休息室或貨物，會等距傳送至密封的超迴路列車管路中，再噴射前往目的地。影片中的演員呈現了如何搭乘超迴路列車，從阿布達比前往杜拜。整個體驗看來毫無摩擦、有著如田園詩般的效果，BIG也呈現出一個灑滿光線的車站空間。一切也都時尚至極，節奏明快的數位音樂更添情調。

講起未來感十足的話，超迴路列車也絕不羞赧。他們提出的標語包括「到任何地方、移動任何事物、連結所有人。超迴路列車是移動全球人事物的新方式。」或是「超迴路列車，載客運貨的新方法，公車票的價錢、飛機的速度。隨需供應、節省能源、安全無虞。這麼想：就是寬頻的交通。」還有「我們賣的不是交通運輸，而是時間。」當然，像這種隨需供應的吊掛運送艙系統，很具吸引力的一點在於節省了目前要前往機場的時間、也提升了安全。

Virgin Hyperloop One的總部有著新創企業所有的花樣，甚至牆面還是裸露的磚牆（諷刺的是，旁邊就是舊火車鐵軌）。我前往訪問的時候，布蘭森還沒來，公司還是原本簡單樸素的Hyperloop One，只有一個小小不起眼的門牌，讓人知道門後有著什麼。但到了今天，這裡有個停車場，有著爬滿藤蔓、多層的汽車升降機，正面有時尚的灰色花盆、沙漠草地造景。

工程師四下走動，背後有許多巨大的管子，由起重機吊向各處。在這一片噪音、鑽動與喧囂當中，思科前總裁洛伊德對公司的未來充滿信心：「看看我們在這麼短的時間所做的一切，今年會是一切的開始，建起史上第一座完整的超迴路列車，開始運貨。這會是非凡的成就。」（附註：到了2018年，一切尚未成真。）

對於質疑超迴路列車科學的人，洛伊德總是一派不屑。但畢竟，如果沒有一位手握重金的獨裁者隨時準備掃平一切阻礙，很難想像要怎樣建起巨大的低壓磁浮管路、在大海上讓列車發射來回。只不過，光是這份抱負就值得讚許。（超迴路列車目前規劃的每一條路線，都需要龐大的基礎建設才能撐起管路網，可能是新的隧道、或是懸掛式單軌。）

洛伊德說：「好消息是，我們面臨的挑戰就只是要證明這套系統有效。但也不能忘記，我們預計反對者一定會去抵制像這樣具有顛覆性的事物，因為我們做的事情就是沒有規範能限制。」他指向一本很厚的書，說道：「英國的交通運輸規範就是這麼厚」，又指向另一大疊紙，說道：「鐵路的規範則是這麼厚。而其中，能說和超迴路列車有任何關聯的，總共兩頁。就是兩頁。所以，我們是要寫一整本新書。對於要編寫新的法規條文，各國政府不一定十分樂意，所以我們得幫上一把。在我看來，最大的挑戰在於這本規則要規範的對象是看起來像飛機、架在軌道上、跑在管子裡，這幾乎就像說『我的天哪，這又是管路、又是飛機、又是鐵路、又是太陽能農場。』」

洛伊德提出的願景，將會讓整個地理布局為之轉型。對於Virgin Hyperloop One的高速、長途運送能力，洛伊德評論表示：「這會改變城市的定義，讓城市變得比較像是區域、而非市政治理的界線……人的工作和生活安排將會變得非常不同，房地產價值也因而改變。不用住在舊金山、付著荒謬的房租，也能享受舊金山的氛圍。」

超迴路列車有部分位於地下，省下的空間也代表能帶來額外的房地產開發潛力。一切會是一個龐大、厚實、大膽的計畫，有數公里長的管路、混凝土、金屬、新城鎮規畫，以及新城鎮。而且，這會由民間企業、科技高層來領導，並得到矽谷風投基金大力支持。

一切會成功嗎？超迴路列車能否成為改變交通運輸的顛覆性創新，就像智慧型手機改變了整個電信產業？

洛伊德表示：「交通運輸通常是政府的領域，」但他也說，近年來的創新是疊代、漸進的，而不是企業擁有優勢的革命性創新。他說：「我們會為城市的交通加上捷運，我們會讓公車變得更聰明、搭配一套應用程式，而這是全世界都在做的事。除非出現真正顛覆性的創新，否則沒有理由認為會有何改變。我認為，在交通基礎建設上，會是同樣的事情再發生。我並不認為政府裡的任何人會真心希望加速某種顛覆性科技。那不是自然的舉動：顛覆掉你認為運作良好的任何機制並沒有意義。做這件事的一定會是某個公司、某個產業、某個運動。」

大概會是矽谷的某種「運動」。

科技的創業精神、無限的資金及野心，正打算重新打造我們生活的每個角落。科技的思維方式獲譽為某種神祕的靈藥，不論是要顛覆不良的交通系統、或是要改善我們學習的方式，似乎都能藥到病除。總之，科技、規模經濟、顛覆性商業模式，通常被視為某種療法解方。然而，如果要顛覆的是世界上某個最有利可圖、也最根深柢固的系統，情況會怎樣？矽谷能夠拯救醫療保健產業嗎？

## 第6章

# 醫療保健的未來

就象徵作用來說，那是很有力的一步。當時，對於美國問題叢生的醫療保健體系、平價醫療法案的未來、漲上天的藥價、持續躍上頭條的普遍藥物成癮問題，一切似乎都沒有解決的跡象；就在這時，果斷採取行動介入的不是政府，而是三位產業巨擘。其中一位就是貝佐斯。

2018年1月30日，貝佐斯、華倫·巴菲特（Warren Buffett）與傑米·戴蒙（Jamie Dimon）宣布，他們將成立一家新的合資企業，進軍健康保險業務。由亞馬遜、波克夏海瑟威（Berkshire Hathaway）、摩根大通這三家公司合作組成的新企業，宗旨就是要為旗下美國員工提供更佳的醫療保健選項。在仍處於草創階段時，他們就聲明表示，這家醫健康保險公司將「不受獲利的動機及限制所影響」。

巴菲特評論表示：「醫療保健成本不斷膨脹，對美國經濟就像是一條飢餓的絛蟲。我們相信，集中大家的資源來支持美國最優秀的人才，就能及時抑制健康保健成本的上升，同時提高病患的滿意度與結果。」

該公司的目標是找到更有效、更透明的方式，為三家企業總數達84萬名的員工及其家庭提供醫療保健服務。貝佐斯表示：「醫療保健系統十分複雜，我們是睜大了眼睛迎向這個挑戰。雖然如此困難，但如果能減少醫療保健對經濟的負擔，並為員工及其家庭改善醫療保健成效，努力就值得了。」

各項報告很快就推測，該公司不久就會將服務延伸到所有消費者。於是在公告發布後，聯合健康（UnitedHealth, UNH）、偉彭（Anthem, ANTX）、安泰（Aetna, AET）、信諾（Cigna, CI）等各大健康保險公司的股票紛紛大跌。

這也並不令人意外，亞馬遜先前在製藥業雇用關鍵人士、進行各種收購，包括購買藥品許可證、與學名藥製造商舉行會談，已經吹皺一池春水。光是擔心這會顛覆製藥業的業績，已經足以讓連鎖醫藥零售商CVS Health發動防禦性措施，以690億美元併購醫療保險龍頭安泰，並推出各項大有可為的服務，例如店內基礎醫療、醫療追蹤等等。

它們感受到的威脅並非空穴來風。亞馬遜推出自有品牌AmazonBasics後，以更經濟實惠的價格，讓許多品牌包裝商品、時尚、美容及個人護理品牌大感頭疼。與此同時，亞馬遜還在時尚、美容、運動休閒方面推出新一波獨立品牌，人氣不下於耐吉、露露檸檬（Lululemon）、Tory Burch（看看茱兒芭莉摩推出的品牌Dear Drew）。只要是亞馬遜的品牌，在亞馬遜搜尋結果都會先於其他品牌列出。接著還有亞馬遜的食品雜貨業務。靠著效率、機器人與機器學習，亞馬遜讓新收購的連鎖「全食超市」有機產品價格大降43%。毫無疑問，亞馬遜未來也會推出許多自有品牌、價格實惠的有機食品雜貨，給喬氏超市（Trader Joe's）帶來挑戰。這一切所伴隨的事實，就是亞馬遜已經融入民眾日常生活與購物習慣。根據BloomReach在2016年的亞馬遜現況（State of Amazon）研究，要購物的時候，從亞馬遜開始搜尋的比從谷歌開始搜尋更多。（有90%的消費者就算已經在其他地方找到想要的產品，還是會上亞馬遜查查看。）把這一切帶到醫療保健業，就會是巨大的競爭潛力。

## 醫療健保2.0

亞馬遜（以及巴菲特和摩根大通）要是改變醫療保健，那會是件不好的事嗎？英美兩國的醫療保健系統都相當為人詬病。美國在健康上的花費超越其他任何國家，但根據美國疾病管制與預防中心（Centers for Disease Control and Prevention）的資料，平均預期壽命已連續數年下滑。健康不平等是個現在進行式的問題。根據《美國公共衛生期刊》（*American Journal of Public Health*）最近的一篇研究，家庭醫療保健支出是造成美國所得不平等的重要原因。與此同時，醫療費用讓數百萬美國人的所得跌落聯邦貧窮線之下。研究指出：「醫療支出讓最窮10%民眾所得中位數降低47.6%，讓最富10%民眾的所得中位數降低2.7%，共使701.3萬人落入貧窮。我們補助醫療保健的方式，其實是使所得不平等加劇，使數百萬美國人陷入貧困。」

在英國，持續有新聞報導國民醫療保健服務大有問題。2017年，英國紅十字會甚至提出警告，認為由於無法滿足對救護車和醫院的需求，情況已處於「人道主義危機」的邊緣。

也許貝佐斯、巴菲特和戴蒙推出的醫療保健2.0，確實能在全球發揮潛力。

許多美國人（除非在醫療保健產業）很歡迎矽谷來顛覆，就算不是直接創出一套新的體系，至少也要為現在的醫療龍頭帶來一批新的競爭對手。除了那些夠有錢的人，目前的醫療保健系統似乎並未讓任何人受益，而就算是夠有錢的人，也會歡迎有更便宜、更有效的版本。

但當然，同樣會引發的疑慮在於，這會讓亞馬遜這樣的民間企業取得更私密的個人資料。我們相信這些企業嗎？如果開放分享這些資訊，能換到合理的醫療保健體系，算不算利大於弊？對許多人來說，可能確實如此。

智威湯遜曾在2017年調查1,000名美國成年人，瞭解他們對醫療保健未來的想法。女性有88%、男性有83%認為，健康保險制度大有問題、必須解決。也有75%的消費者認為，新創科技公司應該努力改善健康保險制度。同一項研究的大多數消費者也表示，無論是對研究機構（69%）或民間企業（62%），他們都願意分享經過匿名的醫療資料數據，以進行研究。

但當然，健康有很多面向，包括製藥、醫院、醫生、急診室、驗光師、整復師、牙醫、睡眠教練、瑜伽老師，還有醫用大麻。矽谷正在其中許多領域推出新服務，試圖取代傳統業務，提供以消費者為中心、透明、資料驅動的新選擇。又或者，矽谷也試著在生命科學、生物科技、相關設備、甚至健康保險本身的運作方式取得突破。

陳與祖克柏基金會（Chan Zuckerberg Initiative）斥資6億美元，成立生物樞紐（Biohub）研究中心，推動該基金會治療、預防和管理各種疾病的使命。一切研究公開，鼓勵其他研究人員參與。研究經費以五年為期，希望取得突破。總部位於賓州的科技公司OraSure，也與比爾暨梅琳達·蓋茲基金會合作，在50個發展中國家以更合理的價格提供該公司的HIV自我檢測產品。

新設備及硬體的研發腳步也未停下，希望提供給醫院、診所和研究機構使用。舊金山一家名為3Scan的新創公司已經募得1,400萬美元的風投基金，研發專利機器人顯微鏡及電腦視覺系統，希望能將組織分析自動化，以利藥物開發。

貝佐斯也投資了癌症研究新創公司朱諾醫療（Juno Therapeutics）。

科技界的健康覺醒，或許是開始於兩股趨勢的上升：民眾開始注重健康幸福，也開始注重自我量化（使用如Fitbits之類的穿戴式設備來監控自己的健康程度及改善，這已經成為民眾生活及養生的方式）。在過去幾年間，健康幸福開始成為全球關注的焦點（民眾做出各種努力，想達到平衡的生活方式），或許是因為大家開始發現，或許自己得一直工作到100歲。根據全球健康研究所（Global Wellness Institute）指出，健康幸福經濟的市值是3兆美元，而在2013年到2015年間則成長了10.6%，達到3.72兆美元。目前，連油漆的顏色都可以是出於對健康幸福的考量，豪華公寓的空氣和水也要經過淨化〔參考像狄帕克·喬布拉（Deepak Chopra）在邁阿密推出的案子〕。此外，奢華時裝也面臨挑戰，全球開始有一群消費者穿著運動休閒服，購買色彩明亮的當季緊身褲和短版上衣。

## 平民化的健康科技

隨著這股趨勢，消費性健康科技產品爆炸式成長，要讓購買者有能力監控自己的健康狀況。拉斯維加斯年度消費電子展上，出現各種新設備要協助消費者監控一切，包括睡眠模式、房間照明〔好改善晝夜節律（circadian rhythm）〕、懷孕狀況、壓力水準、血壓等等。這些發明也愈來愈創新。在2017年消費電子展上，已經有些連網汽車號稱提供促進健康幸福的功能，例如根據感測器的資料，從空調、車內的氣味、顯示幕、聲音等來為駕駛提振精神；這一切看起來是有點誇張，因為這畢竟還是一台車，而且等到全部都是自駕，乘客根本不需要耗精神來駕駛。隨著對智慧型手機的依賴日深，對焦慮和心理健康的意識跟著抬頭，諷刺的是爆炸成長的各種正念應用程式，就是要協助我們斷開網路。像是「Calm」這個教人冥想的應用程式，下載數已經來到1,400萬，而且還在增加。類似的Headspace已經有1,800萬次下載。另外也有應用程式是關於正念飲食、正念分娩等。至於WeCroak，則是個特別病態的例子。這個應用程式會每天多次提醒用戶人人不免一死，以及像是「墳墓裡沒有光明的角落」這樣的溫馨小語。據說這麼做背後的哲學是來自不丹的民間，有種著名的信仰是如果想要得到快樂，就得每天五次思考關於死亡的事，好刺激你珍惜生命、把握當下。

在那些比較古怪的概念當中，有些背後的動力甚至正是矽谷本身的文化：為了努力不懈追求自我改進，於是求助於哲學、歷史、唯靈論以及遙遠的異地，希望讓自己把工作做得更好。剛搬到帕羅奧圖的廣告科技公司Zyper創辦人安珀・阿瑟頓（Amber

Atherton）就告訴我：「我的大多數新創業朋友都會找個導師。這是一種要自我提升、渴求效率的文化，和其他地方都不一樣。你想到的就是優化、再優化。該怎樣才能效率更高？每分每刻都是這樣。」

整體而言，這是因為眾人愈來愈重視健康的生活方式，做為一種預防性醫療保健的形式、抵禦慢性疾病的方法。根據Aon員工福利（Aon Employee Benefits）研究指出，出資改善工作場所幸福感的雇主人數從36%增加到42%，希望能夠事先預防（而非事後治療）疾病、焦慮、壓力相關症狀等等。消費性科技公司在這股趨勢中特別有優勢，推出各種新服務，號稱要讓人掌握自己的個人保健、節省過度的醫療開銷。

還要加上其他因素。有了新科技之後，各家企業開始能以更輕鬆、更快速、更便宜的方式，提供過去高度專業化的測試及專屬於個人的分析，於是引發一波先前無法做到的健康監控浪潮。個人DNA定序的成本，已從2001年的1億美元降到今日的1,500美元以下。有了低成本的感測器，讓我們開始能夠監控周遭的空氣品質，或用穿戴裝置來監控皮膚水分。靠著蒐集大量資料，AI科技有所提升，降低了醫療保健成本，並開創認知醫療保健預測。目前，像是Viome所推出的新消費者服務也開始採用AI。

價格合理的DNA及血液檢測現在已經定位為可直接售與消費者的直銷產品。個人基因組學公司「23andMe」就推出一種檢測套組，符合美國食品藥物管理局（U.S. Food and Drug Administration）規範，能夠直接賣給消費者。只要花199美元買一個套組，除了能瞭解自己的DNA和家族史，還能瞭解自己的身體狀況，包括遺傳健康風險（罹患某些疾病的風險）、健康狀況及帶原狀況（是否有某些遺傳性疾病）。比爾·蓋茲和貝佐斯也都投資了Illumina 2016，那是一家致力於廉價DNA定序的生物科技公司，最近推出Grail這項產品，希望透過DNA測試而早期發現癌症。

對健康的追求也正在發生革命性的變化，一般人也開始能得到過去只適用於專業運動員的個人化服務。智威湯遜從2016年開始，就發現新服務開始興起。其中，WellnessFX這家公司做的是居家血液檢測，會對血液、基因和微生物組進行先進分析，並提出對飲食及運動的改進建議。該公司最近推出第一項測試套裝產品：111美元的「終身活力」（Lifelong Vitality）組合，監控女性健康的幾項關鍵指標。

運動員藍圖（Blueprint for Athletes）這家公司則是提供診斷服務，透過詳細的血液檢測，取得肌肉狀態、耐力、營養，以及其他運動影響因素的關鍵指標。提供給一般消費者的測試版本，定價在225美元至500美元之間，不論你是真的運動員、或是週末才想動一動，該公司都歡迎你成為客戶。至於InsideTracker這間公司，則是提供居家血液檢測，分析各種生物指標，例如維生素和膽固醇濃度，為使用者提供個人化的建議及「體內年齡」，家用套組起價199美元。

WellnessFX執行長保羅·雅各布森（Paul Jacobson）告訴我們：「醫療保健正走向家庭，我們所做的一切都是希望研發新技術，讓檢體採集更為便利。也總有一天能讓人直接在手機上看到檢測結果，或許再也不用靠實驗室。」

光是顛覆檢測產業，就已經可能帶來豐厚的獲利。根據美國Grand View Research市場調查報告指出，2024年的全球血液檢測市場可能達到630億美元。居家測試是一項迅速成長的業務；2015年，直銷實驗室檢測市場市值達1.31億美元，而在2010年還只有1,500萬美元。

混合類的服務也正在興起。例如Omada Health，就是其中一家新的預防性醫療保健平台，與雇主合作，提供數位糖尿病預防計畫，內容包括健康教練、量身訂做的儀表板顯示，以及各種應用程式，鼓勵健康的行為。Omada網頁寫著：「歡迎開始一趟改變生活的旅程。Omada是一項數位行為改變計畫，可以幫助大家減輕體重、降低慢性病風險，感覺比多年以來更健康。」同樣地，Noom也是希望透過讓人改變行為，進而預防肥胖、糖尿病前期及高血壓；於2016年得到三星創投（Samsung Ventures）資金挹注。

整體而言，過去「傳統專業醫療保健」與「生活型態保健」之間的界線日益模糊。但就是靠著這份模糊，讓矽谷在新的消費產品領域創造一股健康熱潮。

## 智慧科技與醫療

在科技公司與醫療機構建立新的合作關係之後，科技也來到了傳統醫院。IBM的AI風投企業IBM Watson Health已經與印度及美國的醫院合作展開多項應用，例如運用資料分析，加速判定量身打造的癌症療法、將患者與臨床試驗配對、加速藥物發現。

早期，麥肯錫全球研究所（McKinsey Global Institute）估計，若在全美醫療保健系統運用人工智慧及大數據，「透過提升創新、改進研究及臨床試驗的效率，以及為醫生、消費者、保險業者及監管機構打造新工具，達成更個人化的醫療方式」，就能改善決策品質，創造每年高達1,000億美元的價值。

2017年，該所提到人工智慧的影響：「民間部門早已體認到相關新科技的固有潛力。價值鏈不是已經、就是即將部署自學習軟體與認知系統：包括各種預測及定價工具用於採購及管理庫存、聊天機器人用於客服，以及送貨無人機用於最後一哩。AI應用程式能夠協助公司改進服務、降低成本、加速流程，以及做出更好的決策。」

麥肯錫表示：「醫療保健部門也正見到類似的發展；只不過，對於人工智慧能在醫療護理及管理領域提供怎樣的可能性，目前還處於探索的早期階段。」

「到目前為止，運用AI得到最大進展的是在供應商的領域：醫療中心逐漸使用由演算法支持的早期偵測系統，以及運用自動化辨識患者資料中的模式。」

「比較不為人所知的商機，在於健康保險業者也能運用智慧科技。」

在貝佐斯、巴菲特和戴蒙的新型醫療保健公司裡，AI必然會成為其中一項關鍵工具。

對於矽谷改變醫療保健的能力，科技企業家傑恩十分看好。他說：「我們會繞過醫生、醫院。就像在教育領域發生的事一樣。」他興奮地表示矽谷新創企業將改造醫療保健與教育，讓一切更有效率、更易取得，並創造出能改變生命的創新，徹底改變人類與疾病的關係；這一切都要歸功於生物科技、人工智慧，以及生命科學研究。

傑恩不是個說話保守的人。他相信，業界目前是被緩慢過時的系統所拖累，但未來將會直接向消費者提供新的替代方案，共同改變醫療保健。正如馬斯克繞過了汽車經銷商、直接向消費者推銷他的特斯拉，新創企業也將進入醫療保健領域，逐步攻下現有的防衛。

傑恩對於矽谷改變民眾生活方式的能力充滿信心。他認為在不久的將來，科技使醫療保健更進步，就能早期診斷疾病、加以根除。例如傑恩就投資了健康AI企業Viome，該公司使用居家微生物檢測套組，提供極度量身打造的飲食方案。（目前經過證明，腸道健康不僅是維持整體健康的必要條件，也是抵禦慢性疾病的必要條件。）Viome的顧客將糞便採樣送到Viome的實驗室；採樣經過分析，評估腸道健康及新陳代謝，再為顧客的身體建立精細到分子等級的圖片。接著再運用機器學習，將圖片翻譯為各種診斷和飲食建議。

Viome的網站風格和它的投資人很類似，充滿著各種大吹大擂。例如會看到一群人站在山頂上，一幅夢幻景色，旁邊寫著：「如果科技能延長人類健康的壽命，一切會變成怎樣？」此外，網站也吹捧著各種科學證據，包括「獨家專利科技，著名的羅沙拉摩斯國家實驗室率先研發。」

對傑恩來說，科技改變健康的可能性無窮無盡。他就問：「要是人可以不死，壽險業會怎樣？等到疾病只是一種選擇、甚至老化也成為一種選擇，壽險業會怎樣？」（要做到這一切，是要靠著診斷科技足以事先提出警告，讓你阻止與老化相關的慢性病發病。）他說：「所有傳統產業現在都可能遭到顛覆。過去的看守老兵將死，到那時，所有創業者都能更自由地奪下這個市場，因為會出現全新的科技，每個人都有同樣的機會可以運用。」

而講到要消除隱私方面的憂慮，傑恩認為，直銷醫療服務模式實際上更符合消費者利益。他說：「Uber是必須改變政策，以回應消費者的需求。」在傑恩看來，現在的醫療保健系統層級分明、十分複雜，而且對消費者的壓力無動於衷，但未來的醫療保健業將會成為消費品牌，而由公民做為最終的監管者。

同時，矽谷也正在以一些沒那麼革命性的方式，改變著醫療保健產業。正如其他受到矽谷顛覆的產業，矽谷正以簡潔明瞭的語言將醫療保健服務定位為「品牌」，強調要有容易理解的透明度、融入生活風格的設計。另外，矽谷還發揮創意來運用各種應用程式及社群媒體。數位健康企業HealthTap就打造出可搭載於Amazon Echo智慧喇叭的互動醫生程式「AI醫生」（Dr. A.I.），使用人工及「情緒」智慧，讓使用者能與這位虛擬醫生對談，尋求醫療意見及建議。Zoom+則是一間打破傳統的健康診所，能提供隨需看診（就像是醫療保健業的Uber），並提供應用程式和聊天機器人，可回答其他問題。中國科技公司百度也研發了一個名為Melody的AI聊天機器人，能夠提供健康建議。在這一切當中，許多的風格都像是那些最成功的生活風格品牌，有著明亮的色調、時尚的設計。

莫莉．瑪洛芙（Molly Maloof）是在舊金山的醫生、科技專家兼健康專家，擔任許多矽谷健康創業公司的顧問，深刻感受到矽谷正進軍健康產業。她是健康幸福領域的「影響者」，常常在Instagram上發文提到自己嘗試高壓氧療法、料理超級食物食譜，以及推薦瑜伽品牌。她說：「有很多人對生物科技早期公司感興趣。現在大家的重點即將不再是軟體，而是科學做為服務、藥物開發的新方法、去中心化的藥物開發。目前從新的觀點來看合成生物學，以數位方式創造合成生物學，已經得到一些非常有趣的成果。」

她還補充道：「這對資料蒐集和聚合是很大的推力。」下一步則在於人工智慧，以及企業對資料的解讀。她說：「我們希望，隨著我們愈來愈瞭解疾病、知道如何加以剖析、瞭解其構成，或許就能想出一套比現在更好的系統。」瑪洛芙相信，接下來的商機將出現在瞭解「理想健康狀態」。她說：「要改進健康，需要的系統數量會和治療疾病所需的不相上下。在我看來，那是個很大的空間。」

矽谷能否取代目前的醫療保健系統？這種想法背後有極大的優點，但也有缺點，而且並不只是前面曾提過的資料分享及隱私問題（英國人發現國民醫療保健服務竟和谷歌旗下的人工智慧公司DeepMind分享病患資訊，大為驚恐）。另外的問題在於，矽谷並不能代表所有人。一項證據就在於，矽谷很晚才發現應該推出針對女性健康的科技產品。例如蘋果的著名案例，就是很晚才在iPhone上的「健康」（HealthKit）監控程式增加生殖健康的項目。根據《哈佛商業評論》指出，矽谷公司普遍忽略了與女性健康、生育力和懷孕科技相關的商機，但在女性占了消費電子市場51%的情況下，這似乎是頗愚蠢的事。

## 女性市場

時至今日，各品牌已看到這些商機，情況也正在改變。隨著女性創業的科技新創公司也慢慢開始吸引到資金，正推出一些重要的新產品。例如Willow就推出一款隱密的擠乳器，可以讓媽媽們一邊繼續做著每天該做的事、一邊靜靜地擠乳。這款擠乳器有一抹時尚的淡藍色，可以穿戴在普通的衣服裡面。Willow擠乳器於2017年消費電子展推出，得到《時代》評為該年度前25大發明。這款產品之所以如此成功，原因就在於它的設計理念。Willow總裁暨執行長納歐咪・凱蔓（Naomi Kelman）表示：「在這個領域，通常一般人是把焦點放在寶寶身上，但我們是把焦點放在媽媽身上。這是很細微、但很不同的一點。特別是我們想問，要怎樣才會讓媽媽們的生活過得比較輕鬆、過得比較好？」

市場反應極為熱烈。

網路傳媒「赫芬頓郵報」（HuffPost）資深記者艾米莉・派克（Emily Peck）下的標題是「終於有人發明了不那麼糟的擠乳器」，指出這對女性而言是一項巨大的進步。「終於，矽谷不再只是注資另一個食物快遞或像Uber的應用程式，而是帶來真正革命性、市場上必需的產品：一具不會讓妳覺得自己像是一頭哀傷的乳牛、被中世紀的設備折磨的擠乳器。」

另外還有無數此類例子。總部位於瑞典的Natural Cycles，是第一個得到正式核准做為避孕用途的應用程式，能夠檢測女性的排卵情況，計算出可能受孕的日期；這項程式的研發者為CERN的科學家艾琳娜・薛維澤〔Elina Berglund Scherwitzl，她與丈夫羅伍・薛維澤（Raoul Scherwitzl）共同創辦該公司。〕目前該程式已成為得到歐盟認可的避孕方式。此外，美國女性護理品牌NextGen Jane則是追蹤經血中的幾項關鍵健康指標，讓女性得以追蹤自己的生殖健康狀況。

因為公司無法得到資金，究竟讓我們錯過了多少產品？由於矽谷大幅偏向男性為主，對於女性中心、為女性設計的產品，理解難免受限。但這樣一來，可能就是錯失了無數的機會。另外，矽谷一切都想用演算法解決，也是造成這種問題的原因之一。現在很多人都已經知道演算法中可能存在偏差，那麼如果是由男性來編寫所有程式、甚至包括女性的健康服務，情況會如何？

## 數據的偏見

科技與演算法能讓事情更快、更便宜、更個人化、也更準確，但這會不會也對我們帶來壞處？如果你體重超重，是不是保險費就該繳得更多、或是能貸下來的額度就該更少？如果23andMe發現你有遺傳疾病，是不是就不該得到受孕治療？除了健康自成一個類別的情況，也能將相關資料連結到矽谷已然進軍的大量其他服務，例如金融、貸款，以及就業。對這些目前提供信貸、提出薪資計畫、提供融資的民間商業公司來說，如果知道你染上HIV、或是過去曾有病史，會有什麼影響？個人資訊一旦有了這種危險的交雜關係，就可能被用來對付任何人。

矽谷在許多事業上都投入巨額資金，因此其偏見及利益的影響也會更為放大及扭曲。在科學、或說「科學慈善事業」逐漸私有化的趨勢下，已有期刊提出警告，若由強大的個人或民間企業資助研究，可能會造成焦點的扭曲（慈善領域的專家也有同樣看法）、或是影響其走向。

在研究方面，就可能造成社經或種族上的偏頗（換句話說，在貧窮的有色族群當中最猖獗的疾病與問題，可能會被放到最後才解決，甚至直接遭到忽視）。例如亞馬遜，就因為只向比較富裕的社區推出Prime會員服務，漠視低收入消費者社區，因而遭受抨擊。如果只有某些健康領域的問題能得到解決，會發生什麼情形？又或者，如果一小部分人口卻取得大多數的醫療保健和關注，又會如何？

矽谷所推出的創新，大部分自然是期許以科技解決各種問題，但瑪洛芙所指出，正如我們在各個方面所見，矽谷雖然能取得高聲量、打造耀眼的網站，高聲承諾將做到賦權、讓疾病成為「選項」，但是這並不表示結果總是能如同預期一般改變一切。

瑪洛芙表示：「矽谷普遍相信自己可以用科技解決所有問題，所以我看著有些公司，總想處理極龐大、比他們意識到要複雜得多的問題。他們看著那些重大疾病，看著美國的醫療保健體驗，覺得這樣不行，於是試著想辦法讓醫療保健去中心化、讓更多患者有能夠自主的感覺，辦法像是為病患提供關於健康的資訊、讓病患更方便取得自己的病歷，也讓病患有更多機會追蹤自己的健康狀況。然而，目前都還沒有什麼重大突破。相較於目前這些類比時代的做法，我還沒看到任何研究指出矽谷提供了更好的替代品。」

而在健康領域，像是矽谷那樣期待有獨角獸企業、期望能快速放大規模的方式，也存在著風險，原因就在於健康這件事從本質上就不如演算法那樣可預測。畢竟，人還是人。換言之，將矽谷的模式（風投的大批現金、快速放大規模、頭條大新聞）與混亂的健康世界結合，前景堪慮。瑪洛芙說：「醫療保健這件事就是這樣，你不能無視遊戲規則，不能像是做硬體新創那種玩法。因為這裡的規則都是真實的，無法忽視。而且，無論是醫師或醫療保健政策的制定者，都會要求有研究。如果真要顛覆醫療保健，就得做長期思考。」

講到矽谷要進軍醫療保健，一項有趣的想法在於：就整體而言，矽谷科技到底能對人體健康有何作用？科技或許正協助我們監控健康的各種方面，但也有很多矽谷科技是對健康造成反效果：讓我們更久坐、改變了我們的習慣、甚至是改變了我們的心靈。尼爾森公司（Nielsen Company）指出，成年人現在每天看螢幕的時間超過10小時。關於使用虛擬實境的副作用，有些已經人盡皆知，但莫莉這樣的VR專家還指出，VR還會影響發展平衡以及兒童與記憶的關係（VR的效果太過身歷其境，可能扭曲兒童區分現實與虛擬記憶的能力）。莫莉說：「沒有人願意做這樣的研究，因為研究結果可能會指出我們根本不該做〔虛擬實境〕這種事。這對我來說是最大的問題，我們沒有控制組。」

另外，也因為過度使用社群媒體及智慧型手機，已經引起愈來愈嚴重的心理健康危機，特別是一路成長過程手不離機的這群青少年。《大西洋》（*The Atlantic*）雜誌有一篇廣受注目的專題報導，指出現在的青少年比千禧世代更容易自殺及患上憂鬱症，也認為他們的數位習慣令他們覺得與現實世界隔離。吉恩・圖溫吉（Jean Twenge）在〈智慧型手機是否摧毀了一個世代〉文中寫道：「這種說法並不誇張：i世代正處於幾十年來最嚴重的心理健康危機邊緣。而這種心理健康惡化的原因，大部分可以追溯到他們的手機。」我們所有人每天都在與科技互動，於是科技也開始影響我們的思想，造成各種已知或未知的後果。

然而，矽谷也帶著新的理論、新的商業模式，進軍像教育這樣更肥碩的領域。如果我們連「用智慧型手機用一輩子」會造成怎樣的影響都還不知道，在科技龍頭業者融入我們的學校、融入我們學習的方式之後，一切會是什麼樣子？

## 第7章

# 矽谷與教育

教育方面的需求，發展速度已經讓政府跟不上。有好幾代的畢業生，都因為讀大學而欠下創紀錄的債務。每隔幾年，就業市場就要求新技能。自雇工作在增加。科技也在迅速變化。雖然有新工作出現，但有其他某些工作遭到淘汰。〔例如自動化出現，影響最大的就是零售業勞工。在英國，由於網路購物與自助結帳的成長，在2016年就減少了6萬2千個零售業工作機會。英國零售商協會（British Retail Consortium）表示，未來十年將有90萬個零售工作機會消失。根據基石資本集團（Cornerstone Capital Group）2017年的研究，在美國，估計未來十年間有600萬到750萬個零售工作機會面臨「被自動化取代的高風險」。〕目前的學校體制並未讓學生準備好面對未來的工作。在教育方面，國家與民營各應擔起怎樣的責任，爭論也仍在繼續。在這個快速發展的世界，教育的未來是一個複雜難解的問題。而矽谷愈來愈覺得自己有答案。

從歷史上看，每當出現巨大變化、造成各種混亂，政府總是靠著從根本上重新構思教育來應對。在工業革命期間，或是在產生財富的方式出現重大轉變時，學校系統和課程都會徹底改造，好讓國家有一批訓練精良的民眾迎向新的財富創造中心。二戰過後，製造業爆炸成長，也曾見過一樣的狀況。但這次碰上數位化造成的重大影響，政府出於某種原因，至今尚未面對，更別說是要做出必要的重大改變、好讓民眾準備好應付未來的情景，原因或許是改變的速度、遭到顛覆的速度，又或是整個巨大產業遭到取代的速度（取代產業的各種平台，可能背後只有五個人、加上一套演算法）。或許，想完全緩解這種情形並不可能。但無論如何，我們確實需要對學習的方式及內容投入更多關注。

索爾・貝爾格（Thor Berger）解釋：「如果看看第一次工業革命，或者在十九世紀末、二十世紀初的第二次工業革命更是如此，會看到教育系統出現徹底的改變。」貝爾格是隆德大學（Lund University）經濟史博士後研究員、牛津大學副研究員，研究專長為科技與就業。他指出，美國政府當時正是為了讓公民對於經濟轉型所創造出的新知識型職位做好準備，才會在十九世紀出現紛紛設立公立中學的公立中學運動（high school movement）。他說：「當時的共識是，為了在未來維持就業，就必須在教育方面大幅投入更多資金，並且真正好好思考希望提供怎樣的教育。」

問他為何今日的政府對於職場的重大轉變反應如此緩慢，他認為：「現代西方經濟體善於看出當下正在發生的事情，但政治體系的設計並不善於應對長期的挑戰。如果是兩三年間的危機管理，他們可以做得不錯，但如果談到要徹底改革教育、解決可能在未來20年後發生的事，今天的政治體系並無法處理這樣的時間範圍。」

## 教育：另一個「新市場」

而在政府缺乏作為的時候，矽谷則是正面迎向教育問題。對於目前被認為大有問題的教育，科技界不只是從慈善的角度出發，更認為這是一個能夠發展出規模的產業、是一個值得顛覆的新市場。科技同時進入各個教育階段，從國小、中學，一直到成人自我提升不一而足。而就科技看來，教育業一如科技所介入的所有產業，同樣需要被重新思考、重新裝備、重新設計，好培育出未來的勞工。猜猜怎樣？確實有某些形式的科技，能夠有益學生學習。

無論在美國或全球，大多數的科技慈善家都把焦點放在教育。2018年，蘋果就宣布投資馬拉拉基金（Malala Fund），要讓全球女孩都有受教機會。陳與祖克柏基金會也在東帕羅奧圖成立免費的私立「全人學校」（The Primary School），為弱勢兒童提供教育與醫療保健。至於甲骨文（Oracle），則是在位於加州紅木市（Redwood City）的園區內成立「設計科技高中」（Design Tech High School）這所公辦民營特許學校（charter school），入學資格透過抽籤決定，入選者除了受教育，還能有甲骨文的員工親自指導、接受關於穿戴式科技的課程。Salesforce則承諾捐出1億美元給舊金山公立學校系統。另外據CNBC報導，該公司執行長貝尼奧夫與舊金山各校長見面時，是將這筆錢看成風投資金。

矽谷領導人正逐漸探索教育的運作方式。

例如比爾暨梅琳達．蓋茲基金會，不但對教育的投資十分知名，參與教育改革運動的名聲也相當響亮。祖克柏與賈伯斯的遺孀蘿琳·賈伯斯（Laurene Powell Jobs）也都投資支持新的教育計畫及教育理論。祖克柏的投入始於2010年，向紐澤西捐出1億美元，協助面臨倒閉的學校。目前普遍認為此舉失敗，但這可以看到祖克柏早期對於改變教育的想法，其中一點就是要用更具競爭力的薪資，吸引更好的教學人才。他近來則與許多科技領導者一樣，開始談到量身打造的課程是種更好的學習方式。根據矽谷投入教育的重要人士表示，常見的解決方案認為量身打造的個人化學習（personalized learning）會比標準化的測驗更有效。而在這一點上，科技就成了降低成本（或說擴大規模）、拓展課程的方法之一。（稍後會詳細介紹。）

蘿琳·賈伯斯透過自己協助設計的「XQ：超級學校計畫」（XQ: Super School Project）競賽，對全美中學投資1億美元：中學只要願意嘗試找出全新、更好的學習模式，就能申請獎勵補助金。她告訴《紐約》（*New York*）雜誌：「大家其實是會因為解決問題而感到興奮的。我非常強烈地感覺到，我們要解決的問題非常困難，否則過去早就解決了。但現在輪到我們。我們要帶進不同學科的人，他們對事情的看法都會略有不同。有時候這些人可能會挑戰極端，所以如果我們真要殖民火星（這其實不可能），那麼第一步是什麼？你就是得倒推回來，想像如果你已經在火星生活了幾十年，應該就會覺得『這也不是做不到嘛。』想要能在早期發現所有癌症很困難，但要在美國對所有孩子提供良好教育就簡單多了。」

## 成功不必讀大學

而講到矽谷與教育，還有一個更宏觀的文化觀點。至少談到高等教育時，矽谷並不認為一個人需要讀到大學才能成功，甚至認為，並無必要參與各種傳統體制。如果你可以自己創業，何必受雇於人？又何必要受到政府的監管呢？

提爾對大學的批評還在繼續。他說大學都是精英導向，不是在讓人準備面對未來。他在2011年設立了提爾獎學金（Thiel Fellowship），為剛起步的創業者提供10萬美元，讓他們走出課堂、去「打造新事物」。他批評的比較不在於教育本身，而是認為大學機構及教學方式已經過時。而彷彿也在證明這件事的是，從馬克・祖克柏、比爾・蓋茲到史蒂夫・賈伯斯，這些矽谷最成功的領導者都是大學肄業，而賽吉・布林也未完成博士學位。但有趣的是，這些人都是先進了名聲頂尖的大學（哈佛大學、里德大學、史丹佛大學），然後才選擇離開；他們並不是完全迴避了這個體制，而幾乎是把入學當成實力的證明，接著就帶著那種可以拿來吹噓的權利而跳船了。

現在的教育真的大有問題嗎？矽谷或許也不是完全錯誤。

皮尤研究中心的研究顯示，美國學生雖然生活富裕，但能力遠遠落後其他先進國家。在國際學生能力評量計畫（Programme for International Student Assessment）當中，美國在71個國家名列38名。能否取得優良的教育，會因所在州別（和家庭收入）而有不同。或許也正是因此，電子學習的市場估值才一路喊到幾乎翻倍。（根據市調公司Orbis Research的資料，該市場估值在2015年為1,650億美元，但預計到2022年，將達到2,750億美元。）接著要談的就是究竟我們要學什麼、又要怎麼學。歐巴馬政府的前任科技長史密絲曾推動許多計畫，希望低收入公民也能擁有科技素養和寫程式的能力。

皮尤研究中心曾發表報告指出，美國軟體工程師短缺，而且學生在STEM的表現遠遠落後其他國家。世界經濟論壇的《就業前景》報告點出想成功所需的新技能，而在2015年所需的技能，是解決複雜問題、與他人協調、人員管理、批判性思考、談判協商、品質管制、服務導向、判斷及決策、主動傾聽以及創意。時間快轉到2020年，預測將會新增兩項重要項目：情緒智商、認知靈活性。但在目前的課程中，是否包含這些內容？

## 企業內學習市場興起

報告指出：「第四次工業革命正與其他社會經濟及人口因素相互作用，對所有產業引發一場商業模式變革的完美風暴，對勞動市場產生重大顛覆。將會出現新的工作類別，並部分或全部取代其他工作。在大多數產業中，新舊職業所需的技能組合將會產生變化，並且改變民眾工作的方式和地點。此外，這也可能對女性和男性勞工產生不同影響，並改變產業性別差異的動態。」

面對所需的員工技能不斷改變，亞馬遜提出了幾項應對方案。例如聘請了史丹佛大學學習科學及開放教育專家坎蒂絲・蒂爾（Candace Thille），擔任學習科學與工程主任，負責「在亞馬遜擴展及創新職場學習。」正如亞馬遜涉足醫療保健和航運的情形，這件事或許最初也是出於自身利益考量（需要讓全球巨大的員工團隊技能組合跟上時代；為大規模員工群體提供成本合理的醫療保健，不但能讓工作更有效，也是個實質提升員工薪酬的方式）。然而，這也可能具有商業意義。據估計，企業學習市場的價值高達1,300億美元。如果科技進一步讓工作方式與職位數量的變化加速，價值還會進一步提升。（亞馬遜也正在進軍兒童線上教育平台及教育工具。）

然而，矽谷真的能帶來什麼不同嗎？由於自動化的效率、加上教育能讓所有的人更平等，想用科技使更多人能夠接觸到高品質的教育，也是很合理的選擇。也有許多人認為，教育不該只是學習字面上的歷史事實，而是該學習新的事物，例如問題解決能力、批判性思考，好適應任何新的需求和職業浪潮。將科技素養作為優先的課程核心要素，也自成一套很好的論點。但不論如何，對於還在成長成形的年輕人，就讓民間企業與他們有許多重要接觸，總是讓人覺得有些不妥。而且，講到美國公辦民營的特許學校不斷興起（而且背後有愈來愈多都是科技界在支持），還是會討論到關於透明與責任的問題。特許學校目前是個引發熱議的主題。這種制度過去是做為公立教育系統的民間替代品，常因教師離職率高、學生流失率高、各種搶錢的商業行為而遭到批評。此外，特許學校能夠得到政府補助，於是批評者認為這是侵吞了公立學校的資源、使公立學校壓力更為沉重。此外，特許學校無須面對同樣的法規監管要求，而它們為了在表面上維持優秀的學業表現成績，就曾遭指控在入學辦法中有種族和經濟歧視。

科技界總說教育現況大有毛病，但密西根大學福特公共政策學院助理教授暨《政策贊助人：公益、教育改革和影響力政治》（*Policy Patrons: Philanthropy, Education Reform, and the Politics of Influence*）一書的作者梅根．湯普金絲－史坦格（Megan

Tompkins-Stange）就認為，情況或許並非如此：「這種論點講得十分清楚明瞭，也讓人為此在過去五十年來為教育上費了許多心力。但事實上，美國的情況確實正在好轉，儘管緩慢。民眾看看國際排名，然後說『喔，我們排在40名！』但就美國教育的出發點與目前的成就、不同種族間的成就差異（而且正在縮小），其實表現是愈來愈好。畢業率已經提高。有好幾代充滿善心的慈善家，成長過程中可能並不瞭解許多公立學校，都是從外部來看這個問題。他們說『讓我們解決教育的問題，我有專業知識、我在商業上很成功、我也會把這份成功帶進教育』，但他們的做法就是不會成功，因為兩者就是完全不同的系統。教育就是沒有萬靈丹，要改變教育就是一個需要20年的過程。但慈善家不喜歡這樣；他們希望隔年就要看到成果。」

## 教育的解決方案不在科技

在舊金山灣區土生土長的Vote.org創辦人兼執行長克莉弗表示，這種想法是出於科技界常有的解決方案思維：「在矽谷，他們常說教育的解決方案就是科技。但情況是『不，教育的解決方案是提高教師的薪水、並給他們更多的資源。』認為只有科技才能解決問題，這種信念真的很荒謬。不是科技解決問題，是錢可以解決問題、資源可以解決問題。如果我們給公立學校的錢，能夠像給這些教育科技新創企業一樣多，就會看到更好的成果。」

戴爾．史蒂芬斯（Dale J. Stephens）在灣區創辦了新創公司UnCollege（不上大學），提供間隔年（gap year）的課程，他表示：「我在教育制度裡待得愈久，觀點也就愈不那麼非黑即白。如果看看統計數據，有一半的大學生會輟學，真的就是足足50%。至於那些少數能夠按時畢業的人，看著他們背負幾萬、甚至是幾十萬美元的債務，卻不是真正能夠好好運用〔所受的教育〕，一定就會開始懷疑，這個體制真的正確嗎？」

史帝芬斯也指出，文化上有種傾向是崇敬傳統教育制度：「我們已經把學徒制、技職體系這樣的方式都給污名化，但在歐洲，高中畢業後的出路卻有許多選擇。」

「等到木已成舟，就很難改變人們的想法。我認為這裡大家不願意面對的真相是，有許多大學比它們想承認的更接近破產，一大部分原因就在於它們在2000年代初運用貸款來打造了學生中心和健身房。」

這筆債最後落在學生頭上。2016年10月，根據加州大學戴維斯分校（University of California, Davis）的學生校刊《California Aggie》報導，該校董事會就在討論如何處理高達172億美元債務的問題。根據非營利機構學者策略網（Scholars Strategy Network）研究，從2002年至2010年間，公立研究型大學的債務總額增加超過50%。

講到提爾對大學著名的嚴詞批評，史帝芬斯認為：「提爾獎學金最重要的貢獻，就是讓人開始思考上大學的投資報酬率。」

對於12到19歲這一群即將進入大學的Z世代，可能就處在相關重大改變的最前端。在智威湯遜對Z世代的研究中，東北大學校長約瑟夫・奧恩（Joseph E. Aoun）對Z世代下了個總結：「新一代美國人正在崛起：非常具備創業精神、相信多元主義，並決心掌握自己的未來。我們這些在高教界的人，必須要傾聽這些下一代的意見，並讓他們能夠規劃自己的道路、取得寶貴的經驗，成為明日的領導人。」

而顯然的是，隨著經濟壓力增加、教育需求變化、學生債務節節高昇，民眾正尋求其他方法來讓自己能找到工作。而矽谷也有一波新創企業回應這種潮流。風投業者正在各個等級推動創造新的教育方式，而在這些廣受歡迎的新商業模式中，包括有例如Udacity（優達學城）、密涅瓦（Minerva）、UnCollege和AltSchool等等。這些品牌一如所有矽谷品牌，承諾的目標很高遠、所用的言辭很誇張，各種令人熟悉的說法俯拾皆是。

哈佛該擔心嗎？

## 教育的Netflix

目前有許多新概念，為各個年齡層的人提供傳統教育替代方案、業務發展，或是個人及職業培訓。其中的一項主流訴求，就是認為當前教育系統無法讓人具備未來所需的足夠技能。再深究背後的意涵，則是認為教育應該是個人化、主動的，而不是標準化、如同廣播、被動的。至於大多數的新體系裡，自然會以科技素養做為重點。這些新體系比傳統教育機構更精簡，常常會超越校園的概念，而融入旅行及線上課程。

Udacity由前谷歌副總裁塞巴斯蒂安·特龍（Sebastian Thrun）創立，背後有安霍創投支持，以成人專業教育為目標。而在此類組織中，密涅瓦則是一間新的「主動」學習機構，試圖取代傳統大學；該校將自己定位為精簡版、優越版的哈佛。至於UnCollege則是提供間隔年的課程，希望建立學習者的核心生活技能，宣傳的主要賣點在於讓人專注於長期職涯目標、找到正確的學術道路，並培養專業技能。另外還有針對幼兒園前到8年級兒童的AltSchool，由前谷歌員工馬克斯・文迪拉（Max Ventilla）創辦。AltSchool的重點在於個人化學習，認為相較於標準化教育，這是一種更有效的方案（這正迅速成為矽谷的信念）。AltSchool在2014年開始，於舊金山、帕羅奧圖、布魯克林、曼哈頓與芝加哥成立幾所小型民間學校，也正計劃將相關科技技術授權。

這些企業除了帶著利他主義、無畏的使命，也都看到教育是個有利可圖、值得顛覆的市場。根據投資銀行IBIS Capital的數據，全球教育市場價值達到4.4兆美元，其中成長最快的部門是電子學習。2015年，麥肯錫估計美國教育市場價值為1.5兆美元，而且每年成長5%。全球教育峰會EdTechXGlobal和IBIS Capital進一步表示，到了2020年，教育科技市場將會成長到2,520億美元。

## 就業導向的學習

帕羅奧圖的秋日午後。在大學大道（University Avenue）這條主要大街上，有著由1930年代豪華戲院改裝而成的書店HanaHaus，既是熱門的共同工作空間，也是藍瓶咖啡（Blue Bottle Coffee）的咖啡館。書店的內裝融合了外露的工業風橫梁、白色牆壁，以及精心保存下的傳教復興（Mission Revival）風格建築特色。幾張灰色扶手椅旁邊的牆上，印著「創意來自概念間的衝撞」。

HanaHaus總是人潮洶湧，而且有各種不出你意外的穿著打扮。許多人穿著Patagonia、卡其褲，背著印有臉書標誌的背包。走進開放的庭院，大多數桌子都正在開著會。Udacity的行銷長達芙爾來了。Udacity是一個成人線上教育平台，提供價格合理、技能導向的「微學位」（nanodegree，專注於學習某項特定科技技能的短期課程）。平台上教授的程式設計技能符合不斷演化的產業需求，而且提供業界認可、背書，甚至是出資的資格證明。矽谷有愈來愈多公司正在重新思考傳統教育，或是提出新的部門或子市場，而Udacity正是其中之一。

但Udacity的重點略有不同，因為Udacity是直接將自己放在學校課程系統之外，以成年人（不論是否受過大學教育）為目標。平台上提供的微學位或證明，涵蓋的科目包括安卓基礎知識（讓從未寫程式的人瞭解怎樣為安卓智慧型手機開發應用程式）、企業的預測分析、AR應用程式開發的基礎知識、虛擬實境開發、人工智慧，以及自駕車軟體。與傳統學校相較，可以省下大幅的成本與時間。課程在線上進行，由課程教練與其他學生提供線上支援。學生透過實作專案來學習，專案也會接受評量。

特龍在簡介影片中表示：「古老過時的做法，是要人上學上四年或更久，才能得到學位。但我們在Udacity，是為畢業生提供矽谷當下所需、絕對最新的技能。」

Udacity的合作夥伴包括亞馬遜、谷歌、IBM和賓士。它提供的課程就像是個消費者導向的商店：像是某間虛擬超市或是酷炫的科技商店，銷售著現成的課程，而不像是傳統學術機構那種有人坐在書桌前露出微笑的書呆形象。其中的安卓課程是與谷歌合作，完成後可以得到安卓開發人員認證。這項課程要價750美元，包括三個月的存取權限、三門課程、三項專案，以及谷歌認證考試。

此外，平台甚至也有使用者評分、假日特價，或是每月199美元的訂閱模式。許多課程都提供六個月就業保證，否則就能退款。而如果你能在12個月內畢業，也能得到50%的學費退費。

Udacity的每門課程都以就業為重點：讓你具備在新科技領域工作的能力，並在課程結束後就準備好能夠上工。例如在VR課程的銷售文案上，Udacity就寫著「虛擬實境是創意內容的未來。本領域成長驚人，就業機會一飛衝天，現在正是你開啟VR職涯的最佳時機！」

這簡直就像一個現代化的學徒企業。一如亞馬遜，Udacity也是清楚抓住了一個機會：就業市場愈來愈需要我們的技能不斷流動、適應新情境。而如果勞工不斷需要學習新技能，這個市場的潛在壽命就會十分長久。

達芙爾說：「各種工作正在改變，美國勞工組織表示，人一生會換七次工作。而矽谷一份工作的平均任期是18個月。每個人都得學習新技能。突然之間，你就進入了這個叫做終身學習的新領域；大家都在這個場子上。我們所面對的這個領域會說『教育不是在你22歲就結束了』，這就是我們的信念。」然而，Udacity不只是賣給矽谷的人，所有課程都是在線上完成，因此可以遠端修課，理論上也就是對所有人都開放。

Udacity與合作企業及雇主的關係也是前所未有，而且它把這種關係最大化，讓學生與新的就業機會連結起來。

達芙爾說：「我們把這些微學位叫做資格證明，是讓你在平均三到六個月內取得所需的技能，所以這並不是一個學位。不是學士學位、碩士學位，背後並沒有大學在支持。我們是讓企業參與，由企業協助我們打造內容。例如谷歌是我們的內容合作夥伴；臉書也是我們的內容合作夥伴。像是假設你今天想學安卓的最新版，想在大學裡學這個並不容易。你都已經在工作，而且又32歲了。你能去哪？你難道要辭職、回去讀大學嗎？所以，你就能來Udacity，讓我們給你最新的技能，因為我們就是在和谷歌合作。」（畢竟，在更新這項科技的公司正是谷歌。）

達芙爾告訴我，Udacity的受眾非常廣泛，從矽谷工程師、清潔工到移民，無所不包。「我們有一位學生來自聖地牙哥；他本來在麥當勞，想找一份新工作。他修了一堂前端開發人員的微學位（能架設網站的證明）。因為他拿到50%的退費，所以他的學費只要1,200美元，而不是2,400美元。他現在在聖地牙哥的一家科技公司工作，工資是原來的三倍。我們的業務有很大一部分就是這樣。」就連現職的開發人員，也會用Udacity來做技能更新，善用能夠自己安排時間進修的優勢。達芙爾說：「你可以用自己的時間來上課，晚上也沒問題，隨時都可以。我們的安排就是這樣。」

Udacity有很大的擴張野心。達芙爾說，Udacity的目標是成為全世界想取得工作技能時的不二選擇，希望讓人「無論身在何處，都會立即想到Udacity。就像現在如果講到搜尋，你就會立刻想到谷歌。」她補充道，目前Udacity已經有許多來自中國和印度的學生。

目前社會瀰漫著一股焦慮的氛圍，擔心許多人缺乏必要技能、無法面對這股工業化、自動化、科技的爆炸發展；在這種時候，有針對性的個人教育應該前景相當看好。這也是政府該積極支持的一個面向，因為自駕車、自動化廚房設備、自動化貨車已經就在眼前，必須加強培訓公民，讓他們能夠在這個快速成長的產業部門當中勝任一些最高薪的工作。Udacity肯定會以美國的鏽帶（Rust Belt，過去工業發達、但現趨沒落的地區）為焦點。在所有因為科技快速發展而遭到淘汰的地區，鏽帶由於煤業與鋼鐵業的萎縮，面臨產業衰退、工廠老化。在這些地區，教育政策的改變可以說並未解決他們的問題，因此無法在矽谷蓬勃成長時感受到連帶的好處。如果政府不協助再教育這些人民，鏽帶與這批在進步過程中被拋下的低收入公民，肯定會成為科技領袖和企業的慈善焦點。然而正如科技界常見的現象，這裡也有社經上的偏見。目前，來自印度、中國的學生都可以修習微學位，但原因是在於目前已有相關代理機構、也有行之有年的做法，會從這些國家找來薪水合理的開發人員，為矽谷工作。相較之下，鏽帶的工人就沒那麼有吸引力；這些人肯定不屬於矽谷公司希望合作的理想行銷對象。雖然是這些人在經濟大蕭條的時候蓋起胡佛水壩，但今天他們面臨著不確定的未來。

達芙爾說「我們和許許多多政府人士都談過」，並補充表示希拉蕊也曾在她的教育方案裡談到微學位。

這種事不是該由傳統大學來做嗎？她說：「大學的焦點非常不同。大學的做事方式已經兩百年了，能說翻就翻嗎？至少短期內不行，而這些替代方案又有著無可否認的吸引力。然而，矽谷進入的這個領域，就是由各種根深柢固的大學品牌與傳統資格認證所占據，包括像是牛津與哈佛的學位等等。達芙爾承認：「最大的挑戰，是要讓大家接受這些證書。」微學位制度於2014年推出，目前已經在德國、巴西、印度和中國等市場上銷售，並且也開始得到更正式的認可。達芙爾表示，另一項重點在於信任；

學生需要信任自己在Udacity學到的東西、信任這會帶來就業機會，而雇主也需要信任可能員工所提出的Udacity證書。

而從學生的角度來看，這裡也會牽扯到財務考量。美國的學生債務總額已經來到1.3兆美元，影響4,300萬人。面對生活成本上升、工資停滯，如果能有其他方案取代過去傳統、昂貴、耗時冗長的學位制度，對於我們要生活和工作的新世界來說，或許是個更經濟、但也更成功的選項。

## Skype哈佛

距離位於舊金山市中心的Udacity一段距離，另一家名為密涅瓦的公司也希望把自己打造成一般博雅／文科學位的替代方案。然而，這裡也可以看到許多矽谷對教育的想法。這裡的學生不是靜靜坐著聽課，而是要「主動學習」、學會解決問題、剖析批判各種複雜的系統，好加以理解。學生在筆記型電腦上參加密集研討會，在會上辯論、投票、討論、參加考試，並有教師評分。這裡沒有圖書館，也沒有大學校刊，整個城市就是校園。每學期，學生會前往全球七所密涅瓦大學所在城市：布宜諾斯艾利斯、柏林、海德拉巴、倫敦、舊金山、首爾以及台北，住在分布於城市各地的宿舍裡，完成反映著每個地點的課程作業。上密涅瓦大學的成本，每年含住宿約為29,450美元，大致上低於傳統學位；依據卡內基分類表（Carnegie Classification）與美國大學理事會（College Board）的資料，在2017-2018年，傳統學位每年成本約為18,000至44,820美元。如果單純講可負擔的成本，一般想到的是線上大學，但密涅瓦的重點並不在此，甚至還特地強調自己並非線上大學，而是想直接正面挑戰哈佛。（這是個遠大的志向。但密涅瓦打出的號召是錄取率比哈佛更低，而且提供的教育更好。）密涅瓦聲稱自己創造了一個完全比高等教育體系更優越的體系，而運用的關鍵工具就是科技。

廣義來說，密涅瓦分成三部分：第一是密涅瓦大學（Minerva Schools），與凱克研究所（Keck Graduate Institute, KGI）合作，提供傳統的大學及研究所學位，科別包括藝術與人文、應用分析與決策等等。第二是密涅瓦計畫（Minerva Project），是一支風險投資基金，背後有Benchmark Capital、TAL、真格基金（Zhen Fund）、Learn Capital，投資對象是打破傳統的學習企業。第三則是非營利組織密涅瓦研究所（Minerva Institute），由前參議員鮑伯・凱瑞（Bob Kerrey）擔任主席，為符合密涅瓦大學資格的學生提供財務援助。

前往位於舊金山市中心的密涅瓦總部，身兼創辦人、董事長、執行長三職的班・尼爾森（Ben Nelson）熱情地解釋密涅瓦的使命：為我們所知的教育重新設計未來，並處理目前體系特有的問題。他說：「今日的大學，首先要對教職員負責，再來是要對贊助者負責。這也就代表著成本會增加，而且很難維持標準。今天，學生花在學習上的時間比我大學時減少了20%。與此同時，學位的通膨極為嚴重。」

尼爾森表示，大學、甚至是最好的大學，都在「把這個世界毀了。而且這些還是本身就非常聰明的人。」在他看來，這是因為他們的教學方式過時、校園昂貴而且大而無當，加上教的盡是錯誤的技能，只能培養出一群不具批判性思考的平庸學生。這些學生只專注要用心背誦，卻沒學到思考的方式。由於整個制度如此專制、重視財富，只會變成一個封閉的循環，培養出愈來愈平庸的人才。他有何解方？他認為，大學應該要走精英主義，但不是像現在這種一派神聖的機構、以特權和關係為重，而是要找出有特別思考、學習及領導方式的人。他說：「只要回顧歷史，就能看到同樣的事不斷上演。推動事情演進的都是個人。」但他也說，這些個人很少是出自於許多世代的累積，而是異常值。然而，能夠進入常見大學的，往往是富裕的精英及其子女。對此，密涅瓦希望能成為一種平等而現代的替代品，取代大學制度，不分背景地專注追求卓越。

這一切聽來都太好了，但那是理論上。像是批判性思考、解決問題（可能不管在社經濟結構光譜上的任何地方，都有這種本能），這樣的概念並非放諸四海皆準，某些並未接受良好教育的人可能表達能力還不足，甚至也有些人，可能根本沒有足夠的資金能讓他知道密涅瓦的網站。講到要去首爾、柏林等地，聽起來非常棒、也很能讓人打開眼界。然而，這也很不食人間煙火。

雖然密涅瓦得到了風投基金的支持，但尼爾森強調這並非一般的矽谷風投。密涅瓦大學仍然遵照著由班傑明・富蘭克林（Benjamin Franklin）和湯瑪士・傑佛遜（Benjamin Franklin）所立下的大學傳統，他們的目標是「找出社會最佳的原始人才，訓練這些人做出有影響力的決定，也訓練他們來創造並領導社會的大多數。重點從來就不是在傳播資訊。」

密涅瓦又要如何回歸這項原始目的？尼爾森談到要發展出一種支架結構，讓學生用來建立自己的教育、也用來瞭解自己周遭的世界。在密涅瓦，學生先在第一年學習共同科目，接著才進入形式分析、形式系統（如邏輯、推理，以及統計學的先進應用）、批判性思考以及其他科目。學生也要學習經驗系統〔這種系統就是從缺乏結構的資料（也就是我們周遭的世界）推敲出個所以然〕、學習如何提出並檢驗假設、如何評估結論，以及如何發揮創意解決問題等等。最後，學生還要學習修辭系統，也就是學習如何有效溝通。尼爾森說：「我們希望教學生培養批判性思考。」

密涅瓦要求學生，必須先對科目內容具備進階的理解（透過閱讀相關材料），接著才來參與這些要讓他們培養技能的課程。在課堂中，要將相關的知識結合各種分析、問題解決與討論。密涅瓦獨特的小組課程是尼爾森最得意的一點。進行方式不是真的把學生都找來坐在一起，而是透過線上視訊，所以每個學生的反應及投入都能一目瞭然，而且隨時都可以進行討論。由於學習都是在網路上進行，許多人認為密涅瓦就是個電子大學，但尼爾森對這種說法十分反對，他堅持：「從來沒這種事。」

尼爾森又補充說：「密涅瓦的情況是，我們運用科技，是因為這樣的效果比不用科技好。」

最大的好處在哪？整個營運成本要比傳統大學便宜得太多太多。教授可以在任何地方上課，也沒有教室。尼爾森說：「想想看，要建造校園、維護校園、美化校園，這些一層又一層沉重的成本，都可以省下來。如果把我們學生的校園與世界上最好的校園拿來比……哪有哪間大學博物館比得上舊金山現代藝術博物館（San Francisco MoMA）？或是學生去倫敦的時候會參觀的大英博物館？」

但這裡還是要指出，如果有機會、加上戶頭裡還有幾十萬美元，誰不想要擁有像哈佛這樣的機構所能提供的各種人脈、關係、俱樂部與人際網路呢？這是軟實力的問題，而不是教育品質的問題，或至少不完全是。

然而，不是每所大學都是哈佛。許多畢業生背著沉重的債務、還是找不到工作，已經開始以更審慎的眼光來看這些教育品牌。此外，隨著就業愈來愈轉向約聘、創業與新興產業，傳統的大學招牌可能會愈來愈不重要。就算求職者是普林斯頓畢業生，大概只有華爾街或大型律師事務所會在意。

隨著讀大學的成本上升、勞動市場又變化快速，學生不只會更仔細思考要不要修學位、還會思考該修哪種學位。學生也可能質疑大學的目的，並且評估怎樣才最能讓他們有能力生活、或更重要的是有能力工作；不管是要會寫程式、要能進行批判性思考、要取得實用技能，又或是怎樣才能成為最全面的個人。而有時候，想評估自己究竟需要怎樣的高等教育，最好的辦法就是先休息一年。

## 間隔年

UnCollege（不上大學）是舊金山另一家教育新創公司。這樣的企業愈來愈多，都是搭上一股熱潮，要提供各種密集、技能導向的課程，讓學生準備好上大學或從事其他方面的努力。就本質而言，UnCollege提供的是一個為期9個月、超密集的間隔年計畫，標榜「幫助學生找出感興趣的領域，加速學習，讓他們在生活的下一個階段感到快樂。」如此，學生將能夠「親手掌握自己的教育。」

UnCollege是由史帝芬斯於2011年在舊金山所創立。史帝芬斯從6年級到12年級都是在家教育，後來上了位於阿肯色州康威（Conway）的文理學院亨德里克斯學院（Hendrix College），但對那裡的教育水準很不滿意，覺得學校沒能教他正確的技能。於是他採取了行動。2011年1月，他成立了UnCollege.org，先是一個學習社群，接著在2013年成為一項成熟的間隔年計畫。UnCollege得到Learn Capital以及東岸的查爾斯河風投（Charles River Ventures）兩家風投基金支持，另外也得到「1776」育成種子基金，以及其他組織如女性2.0（Women 2.0）、科技學習平台General Assembly的支持。

UnCollege的使命，是在學生上大學之前讓他們學會生活技能：「我們打造出體驗導向的課程，透過混合自主學習、當責訓練、導師指導、刻意練習等方式的教學，年輕人學到他們在大多數傳統課堂環境缺少的實用技能。這種稱為輔助自主學習（Supported Self-Directed Learning）的方法，能讓學生擁有必要的認知技能、信心和專業才能，讓他們在未來各種領域能夠發揮。」

在UnCollege，把班級分組稱為「同齡群」（cohort），每個同齡群都會用一趟「旅程」（Voyage）開始自己的間隔年，在印度、印尼、墨西哥或坦尚尼亞生活、旅行、當志工。這種做法被稱為是沈浸式服務學習（Immersive Service Learning），讓學生學習社會影響、同理心、社群、獨立、適應，以及反思。

一位留著鬍子、穿著格子襯衫的文青沃恩（Vaughan R.，他現在是個創業家兼抱負遠大的製片），在UnCollege的宣傳影片裡說道：「基本上，就是你會去到某個和自家完全不一樣的地方，讓你拋下所有舊習。你拋下過去的慣例、模式，也拋下舊的自己。」他解釋道，接著你再回到大學，參與「啟動」的階段，而這個時候「你自己這塊石板也擦乾淨了一點。你仍然知道自己是誰，但你也重新評估了許多關於自己的事，例如那些沒那麼必要的想法意見。」他提到了潛水、在清晨徒步登山，以及參觀猴子森林，而在這些過程中，「我學到關於自己的事，就和學到關於別人的事一樣多。」〔在我的想像，今天沃恩可能是在洛杉磯洗著音波浴（sonic bath）、投資創辦娛樂用大麻的新創公司。又或者就是個銀行上班族。〕但總之，你知道我的意思了。UnCollege就是把人（很可能是些家境頗佳的孩子）帶出他們的舒適圈，派去執行某些跨學科的體驗計畫，讓他們磨鍊技能、學習基本專業能力、找出長期的職涯期許。想當初，我也是先有一年像無頭蒼蠅一樣，修著實驗性的藝術課程，又早早溜掉、開始創作一些不明所以的織品，最後才終於選擇拿個歷史學位；如果當時就有UnCollege，可就好囉。

而到了「啟動」階段，UnCollege的學生會在舊金山與同儕共同生活，「在這個全世界最具創業精神的城市，學習新技能、建立人際網路、享受生活。」這個學習的空間並不是一所學校，而是混合用途、與同事共同使用的創業空間。這裡會舉辦工作坊、討論會，背後的三大基礎則是好奇心、創造力與自我倡導（self-advocacy）。學生也會由UnCollege人際網路的專業人士和產業領導者進行指導。到了最後階段，則是依據學生的職業抱負選定適合的公司，進行為期三個月的實習。整項計畫的費用為19,000美元，包括國內外的住宿費用。

史帝芬斯表示，UnCollege的核心重點在於培養學生的個人及專業技能，好讓他們一上大學就能立刻上手、成長茁壯。所以如果真要打比方，可以說UnCollege就像一套入門課程，獨特之處在於讓人變得面面俱到，好讓學生能夠瞭解其他文化、有同理心、能獨立自主，也能培育出自主的學習技能。

史帝芬斯說：「我問，為什麼沒有某間機構直接教你要成為更好的學習者所需的技能，像是如何協商、溝通、為自己設定目標，以及給予和接受意見回饋。這些都是基本技能，而如果你上完大學、有了正確的背景，你可能就會學到，但就是沒有人花心思來教。我們的計畫，就是以『為什麼我們不直接教這些東西？』為基礎，我們認為，如果明確就是教這些東西、把過去隱含的事情變得明顯，就能讓學習加速。」

史帝芬斯表示，為期九個月的課程會做很多事，特別是在導師指導的部分，「關於個人如何加強自信心及自我意識、提供意見回饋及行銷自我，在這些很講究感受的面向，都會非常從社會及情感面出發。等到學生完成課程，會看到他們已經瞭解自己是誰，也很能接受這樣的自己。」

他強調，這並不是要取代高等教育。他說：「確實有學生把這當成高等教育，但我們認為自己做的是讓高等教育更完善；完成我們的課程後，有70%到80%的學生會繼續上大學。而他們上大學的時候，會有明確的方向和意圖，清楚地瞭解自己想要做些什麼。」

這會是一股愈來愈強的趨勢嗎？史帝芬斯說：「現在，民眾選擇我們的課程，多半是因為理念相同。但現在開始有父母說：『我並不相信這套課程的理念，但我知道自己花了6年才大學畢業，而付給你們一年1.9萬美元，比每年付4萬美元便宜。』開始有人是完全因為經濟考量而選擇我們的課程，隨著大學成本不斷上升，我認為我們將會看到民眾開始把不同的課程拿來拼湊在一起。」

除了UnCollege，還有許多其他這樣技能導向的新課程，包括在紐約的General Assembly、在丹佛的Galvanize、在芝加哥的Dev Bootcamp，都分別針對不同年齡的族群。有些課程的重點在個人轉型，有些（針對公司）則是專注在教導現有員工如何寫程式，還有一些課程是把自己定位成完整學位的替代方案，主打短期、以技能為重。而這一切，都是為了用更實際、更實用的內容來補充或取代傳統學位。史帝芬斯表示：「我認為甚至還有一個基本上尚未存在的類別，也就是讓人對工作上手的就業學程。」

## 如果矽谷成立了一所學校

這天的舊金山風和日麗。有那邊一瞬間，舊金山典型的薄霧與濕霧一掃而空，街道如棋盤，沿路豪宅林立，沐浴在陽光下。樹木蓊鬱，樹葉綠得刺眼，天空一片清朗的藍色。（計程車司機告訴我，大家就是為了這種天氣，才會住在灣區。）

AltSchool的總部位於市場南區（South of Market），英文常縮寫為SoMa。學校的外觀看起來像個店面，有著大大的商標：這裡的「Alt」會讓人想起電腦鍵盤上的Alt鍵，有一塊明亮的藍色底，在陽光下似乎更顯明亮。只不過，窗戶上起著一點霧。一樓有個班級正在上課。遊客經標示引導到側門，走上教室後面的樓梯來到開放式的辦公室，夾層設計與裝潢看來就像是一間新創公司，有裸露的磚牆、工業風的鋼樑，以及一排又一排的升降桌。員工都是千禧世代，沒有任何一位超過35歲。

然而，這並不是一間新創公司。或至少不是典型的新創公司。AltSchool的目標，或者更確切地說，是創辦人兼執行長文迪拉（曾任職於谷歌的創始團隊）的目標，是要重新思考教育的運作方式。得到包括安霍創投及祖克柏在內的矽谷風投支持下，AltSchool打造了一套「實驗室學校」，開發出精簡流暢的個人學習科技，能夠整套授權販售給其他學校，好讓計畫能夠「擴大規模」（這件事是矽谷不變的聖杯）。

不同與密涅瓦或Udacity，AltSchool選定了一個困難的學習年齡：從幼兒園前到八年級，也就是13歲以下的兒童。而且，AltSchool也不是在平台或應用程式上運作，而是蓋起真正的學校，規模從35名學生到120名學生不等。俯瞰總部的「實驗室」教室，會看到有些孩子在角落讀書，有些坐在桌子旁討論，牆上有畫得很精美的圖，教室裡還有一整排的電腦與模型。這一切看來既具功能性、又十分人性化。令人意想不到的是它也很「低科技」：最明顯的只有三台iMac，還有一個從天花板上吊下來的顯示器。一如密涅瓦與UnCollege，這裡採取的辦法就是「精簡」，不設圖書館、沒有昂貴的設施。AltSchool會去接手原本是商店、健身房之類的空間。

AltSchool到底有何不同？除了量身打造的學習（這已成了矽谷的口頭禪），就是對科技的運用。所有課程會依個人化的「播放清單」來分配。（文迪拉過去在科技業，專長就是線上個人化。）播放清單可說是AltSchool的主打特色，號稱「這套工具能讓教育工作者管理每個孩子該做什麼事，讓孩子達到自己的個人化學習目標，也做為一個量身打造的工作空間，讓學生藉由管理自己的工作，培養能動性。教師能夠建立、排序、重組各種課程單元，安排不同的播放清單，讓學生查看各項作業、與教師溝通，以及繳交線上或線下的作業。教師團隊會提供意見回饋與評估，據以即時更新學生的檔案。」

AltSchool也會運用科技，以資料及定期評估來監控學生的進展。例如學生進出學校，就會用出勤應用程式來記錄；也有各種穿戴式裝置，掌握學生在校外的行蹤；還有AltVideo，這是教室裡的錄影系統，會同時錄下聲音及動作。（文迪拉表示，有些時候可以用這些資料來取代考試。）只不過，資料蒐集到了這種規模，自然會引發對隱私問題的批評。舉例來說，會不會有某間民間企業，詳細記錄下每位兒童的行為和發展（或是缺乏某些行為及發展），在未來用於大學入學審核？又或者，臉部識別是否能夠監控孩子身高、體重及健康狀況的變化？再或者，兒童之間的對話，會不會被記錄下來、做為某種消費者洞見而銷售？

出身紐約的文迪拉是在2013年春天從谷歌離職，開始經營AltSchool。當時他原本是希望幫自己的女兒找一所幼兒園，但整個過程讓他愈來愈不滿，最後決定自己打造一個理想的版本，運用科技來回應兒童的利益。他的出發點不是為了利他，而是打造一項可靠的新生意，最終要讓教育脫胎換骨。科技與軟體則會成為營利所在。文迪拉過去並沒有擔任教師或教育行政的經驗，但希望打造出一套「教育生態系統」，把重點放在孩子在未來職場上需要的技能，而不是依循因為種種歷史因素而形成的教育現況。AltSchool推出的第一所「微學校」於2013年9月在舊金山成立，至今仍引來家長、科技界及媒體的熱切關注。

AltSchool的教育模式是以個人化學習為核心，而不像是美國共同核心州標準（U.S. Common Core State Standards，一套廣受採用的英語及數學教育指標，適用於幼兒園到12年級）是以標準化測驗為核心。而AltSchool的目標之一，就是要透過資料收集，改善對於學生學習及教師表現的評估效果。在AltSchool，教師會每天、甚至每小時監控學生的進度。在學生播放清單上面的每張任務卡，不但考慮了數學與識字讀寫能力等學術技能，也會考慮社交與情感技能。

AltSchool似乎和密涅瓦在方法上有許多相似之處：都重視解決問題及分析的能力，也都有更多事實導向的學習。AltSchool現在有超過150名員工，包括教師、科技專家，以及營運經理。該公司的迅速成長，是靠著自2015年來共得到1.1億美元的風投資金，是在教育科技領域史上最大筆的投資之一，這些來自矽谷的出資者包括有創辦人基金、安霍創投，以及約翰·杜爾。去年，慈善組織矽谷社區基金會（Silicon Valley Community Foundation）也透過祖克柏夫妻的基金，投資1,500萬美元。此外，AltSchool的收益還包括每年2萬美元的學費。

這並非祖克柏首次資助教育領域。他的第一次是在2010年，面對著歐普拉節目上一群歡天喜地的觀眾，承諾投入1億美元，改造紐澤西州紐華克市表現不佳的學校。當時是與時任市長的科瑞·布克（Cory Booker）與州長克里斯·克里斯蒂（Chris Christie）合作，計劃希望讓紐華克成為「全國教育卓越的象徵」。然而，計畫在政治上處置失當，並且有數百萬美元花在諮詢費上，引發爭議、而且收效甚微。計畫受批評的另一點，也在於並未諮詢教育工作者或當地社群。到頭來，祖克柏在這項計畫上可說是灰頭土臉，開始把注意力放在自己比較熟悉的領域。雖然文迪拉表示這些出資人並未有太多介入，在AltSchool還是看得到一些祖克柏的概念：以具有競爭力的薪水，聘用出眾的人才；該位人才必須負起責任；必須使用科技。

意外的是，雖然AltSchools的實體學校拓點迅速，但文迪拉表示未來不會以此為重點。這些學校只是各種概念、軟體和科技的測試平台。他說：「我們今天經營學校其實是為了和產品工程（product engineering）與設計團隊共同開發我們的平台，一面為孩子提供高品質的教育，一面打造下一個版本。下一個版本的平台，將會不只適用於那些學校，也適用於其他學校。」

文迪拉很快指出，AltSchool並不是要創造出一種新的教育模式，而是要以新的方式運用科技、提升現有教育方式的效果。他認為，這並非某種全新的教育理念：「目前就已經有一種相當成熟、令人興奮的進步主義教育（progressive education）模式，而且其中也有許多不同的課程方法。如果退一步來看，相較於傳統教育，進步主義教育需要對兒童增能（enabling）與教育，複雜度難以避免，也就需要更大的靈活度。而這正是數位科技能夠真正發揮作用的地方……我們一直在等待數位科技出現、變得足夠先進，當然不是為了要取代人、取代人際關係驅動的學習，而是要為學生、教師、父母、行政人員增能，讓大家在高度複雜的教育環境裡運作時更為靈活。」

可以想像，AltSchool最後推出的版本，將會以「需要的教師人數更少」為賣點；換句話說，將會和目前實體的實驗室學校截然不同。而減少了人際互動之後，如果要和人類教師有所連結，則可能變得更像是一種地位象徵、經濟上的分隔。

文迪拉認為AltSchool對科技的運用是要提供一種支援，讓目前的各種機制更順暢。他說：「終極目的是要創造出一種能夠輕鬆有效將教育個人化的方式，遠超過現有的水準。今天，你會發現很少、甚至根本是沒有學校會說它們不希望有效地將教育個人化，但你也會發現，很少有學校會說這是件簡單的事。我們希望看到的未來，是有很多人會說『這也不是那麼難』。」

AltSchool偶而會遭到批評的部分，在於它既是民營、又需收費，因此被認為屬於精英制度。文迪拉則相信（一如許多矽谷領導者），這種由科技主導、個人化的教育方式，到頭來將會因為規模經濟而降低價格，也就有可能讓所有孩子都能享有。這一開始確實是精英制，但只是暫時的。他說：「我們的使命，就是讓每個孩子都能充分發揮潛力。既然是『每個』，就必須讓人人都加入這種大規模而極為不同的體驗。而且，這會具備真正的網路效應（network effect，規模愈大、效果愈好）。平均的教育水準，應該要比上一代的最佳教育水準更高。而看看現在的教育，並不比幾千年前的最佳教育好，對吧？」

如果能將「社會公益」與賺錢結合，自然很有吸引力，而且這也已經成為矽谷的口頭禪。然而，這真的只是出於利他嗎？文迪拉說：「所有出資者，沒有任何一位主要是把AltSchool做為利他目的。有些人之所以對這個產業有興趣，是因為在這裡成功就能擁有社會影響力。」換言之，這被視為雙贏。主要的推力在於有利有圖，但可以做好事又是一項加分因素。

光是看看需要教育的兒童人數，就知道這裡財源滾滾。文迪拉說：「如果你的使命是讓每位兒童都發揮自己的潛力，世界上有許多兒童，每年花在教育上的經費有幾兆美元，而且現在並沒花在刀口上。這是一個要以幾十年的時程表來看的巨大產品市場，雖然第一位使用者用著第一個平台的時候非常昂貴，但隨著人數來到千、萬、億，就會變得相對便宜，而且到了一定規模後，這些生意就會變得非常賺錢。」

現在的教育真的大有問題嗎？講到要讓孩子做好對未來的準備，文迪拉相信如此。至少，目前的教育似乎並未與時俱進。他說：「讓人感覺諷刺的是，落後現況最多的產業，本來應該是最超前現況的產業。如果想讓孩子為未來做好準備，不能只是活在當代，更得在某種意義上具備先見之明。而我並不認為學校還會每況愈下，反而是認為會漸入佳境。」

文迪拉表示，問題有一部分並不在於教育者缺乏意識，而是教育方式不斷演變，但缺少資金投入。教育政策制定者不瞭解目前是哪裡在產生財富、又是哪裡需要技能。「教育界沒有任何研發。白宮估計，用在研發的經費不到0.2%。如果投資得這麼少，就很難改善未來的績效。」

這又像是超迴路列車的例子，是不是該由某個外人來想想該怎麼做事？是不是一定得用創業、科技導向的辦法，才能實現變革？政府就是做不到嗎？

文迪拉說，在教育界「看起來確實缺少了在思考未來的人，少了來自未來重要業界的人士。這是個問題。」但他也補充道，這裡指的不一定只有企業家：「重點是要有廣泛多元的觀點，帶進更多來自科學和科技領域的人。除此之外，我認為數位科技特別擁有這種超級的力量，能夠同時既非常複雜、又非常靈活。」

文迪拉表示，AltSchool的獨到之處，有一部分就在於擁有多樣的學科、分散的結構。例如，他們的學校是由教師來營運。該公司員工人數約是165名，其中50名是「世界級的工程師」，50名是「世界級的教育工作者，在一個組織的屋頂下共事。」

所有員工幾乎平均分成三類：工程師、教育工作者、營運者。文迪拉說：「教育領域有機會採取一種硬科技（hard technology）的方式，也就是先進行重要的研發，之後才擴大規模。我認為，如果說到目前為止所有的教育科技都是採取簡單科技（easy technology）路線，並不會與事實相去過遠。」

AltSchool有可能成為第一間緩慢發展的獨角獸企業。矽谷獨角獸企業向來的特色，就是發展迅雷疾火、一飛衝天。而AltSchool雖然有類似的規模及影響，但教育領域實在急不得。AltSchool走的是一條充滿挑戰的路，不只是打造出一項應用程式，而是要讓教育出現長期、有意義的改變。這是一項抱負遠大的目標，面對的也是一個複雜的領域。然而，特別是隨著有愈來愈多學校走向民營，一旦成功，財務上的回報可能極其豐厚。

湯普金絲－史坦格也強調，雖然這整套故事說得似乎完全是以才能決定成功與否，但像這樣的模式，仍然會嚴重傾向家庭背景富裕、擁有優秀溝通技巧與自信的兒童。但兒童如果要能有信心選擇自己的學習方式，或是能發揮創意解決問題，通常是因為有良好的教養環境與資源。她說：「這與自信、自我倡導有關。工作上，我認識很多大學生是全家族裡第一個上大學的；像這種孩子，光是要求他們挺身為自己說話，像是因為家裡出事而請求老師允許晚交報告，就已經是件難以想像的事。但如果孩子是來自尊貴家庭，或是雙親都上過大學的中產階級，他們想都不用想就會提出要求。就是在這種小小的、在社交上細微的地方，如果曾有機會接觸到更高等級的機構體制，就會擁有更多優勢。另外，當然，種族也是大有關係。」

換言之，雖然價格實惠，但很少真有低收入的孩子能夠用

skype參與密涅瓦課程、或是到阿姆斯特丹上一學期的課。

對於AltSchool被視為另一種iPad學習或學校科技，文迪拉也和尼爾森一樣有股怨氣。他說：「很多人對AltSchool有一些極常見的誤解，可能再過一世代也無法消除。只要你一說科技，他們就立刻以為是電子學習；只要你一說個人化，他們就立刻以為是讓孩子為所欲為；只要你一說另類教育，他們就立刻以為是特殊需求教育。這些用詞就是會引發這些刻板印象。」

AltSchool是否有這樣的志向，要影響主流教育政策？文迪拉說：「沒這回事。我們幸好規模還很小，還在現有的生態系統裡運作，距離要能實際影響政策還很遠。」但他補充道：「我們確實希望達到某個有意義的規模，到時候才能和整個生態系統平起平坐，開始能夠發表自己對未來樣貌的看法，不僅能影響政策、還能影響文化。」

換句話說，時機未到。但可能快了。

從Hyperloop One到Altschool，矽谷正加快腳步，更明確地重新構思我們生活中的幾個大方向，而且也愈來愈跳脫螢幕，來到實際的環境、體系、甚至城市。就像過去那些在城市外建起模範村的維多利亞工業家，許多矽谷人也開始將慈善事業、社會議題與商業結合。這些世界一旦成真，會是什麼樣子？表面看來，一切將會非常創新、開放、大致平等、符合利他主義。而且在許多方面也的確實現了這項目標，只不過針對的是白人、中產階級、具備一定教育程度的人，而非全面，也並非純粹的利他主義。教育是一個利潤極度豐厚的市場，而且正如Udacity所示，教育可以是一輩子的事，而不限於單一個學位（只要你負擔得起）。如果科技界的這些特許學校不斷疊代、擴大規模、走向全國，目前其中的教育偏見就可能給公立學校造成更大的壓力。

再一次，矽谷控制了某個發展最蓬勃的產業，儼然成為專家與領導者，對於未來的樣貌有著過大的影響力。矽谷對科技及相關技能的重視似乎已高得不成比例，幾乎本身就能自成一個自動化產業。目前，開發人員已經成了新工廠裡的勞工。雖然現在會用資料來決定一切，也認為資料是判斷商業策略的終極實證，但像是世界經濟論壇認定「情緒智商」與「判斷力」也是同樣重要的未來技能，這能用科技來教學嗎？很有可能並無法這麼做。近年來，文科學位遭受鄙夷，眾人偏好的學位都要與商業、科技這類長期有利可圖的職業有更直接的關連。對經濟學、科學與STEM學科來說，如何瞭解各種細微差異、文化、語氣與社會整體，一直是它們所欠缺的一塊。科技界的新型態學校，有辦法讓我們學會這些嗎？由於市場力量與教育價格上漲，這些會變成少有人注意的領域，只有富人才會學習。這樣一來，情況就會變得十分可笑，畢竟矽谷正是以缺乏同理心而聞名。無論矽谷再怎麼把話說得天花亂墜，這些企業在公民領域的作為依舊顯然缺乏同理心。然而，隨著這些扭曲的想法及偏見愈來愈變得立體、進入我們的周遭、刻畫在我們的社會結構與機構制度當中，這個世界會變成什麼樣子？或者更糟的是，會不會到最後，身邊的同事雖然擅長解決問題、都是程式高手，但行事作風都像是麻木無情的生化人？但事實正是如此。矽谷企業已經不再只停留在我們的手機裡，而是跳躍到現實世界的種種概念當中，就像是由矽谷設計出的迪士尼樂園。活在矽谷想像的未來，會是什麼樣子？那個未來的模型，究竟是什麼樣？或許會有這樣一個刷成白色的主題樂園，名字就叫做「Airbnb樂園」。

# 第8章

# Airbnb樂園

洛杉磯市中心的南百老匯（South Broadway）大道，是一個過往年代的奇特遺跡。這條大道的黃金時期在1920年代，當時占據了洛杉磯經濟蓬勃發展的中心樞紐。然而隨著二戰後郊區蔓延、公路發展，這一區逐漸沒落，成為遊民聚集的中心。

目前走在街上，仍然處處可看出過往的榮光，特別是有一整排播放電影、上演戲劇的戲院劇院，包括高塔劇院（Tower Theater）、聯美劇院（United Artists Theater，新哥德式的美麗建築），以及曾在高峰時期迎接過茱蒂·嘉蘭（Judy Garland）、艾拉·費茲潔拉（Ella Fitzgerald）與艾靈頓公爵（Duke Ellington）的奧芬劇院（Orphcum）。附近的洛杉磯劇院（Los Angeles Theater）建於1930年，劇院內富麗堂皇，以奢華的風範向巴洛克時期致敬，說是「日落大道」一代名伶諾瑪·戴斯蒙（Norma Desmond）的豪宅也絕不違和，劇院門口至今仍保留著原來的售票亭。南百老匯的東哥倫比亞大樓（Eastern Columbia Building）同樣建於1930年，這棟有著玉石瓷磚裝飾藝術的華美大樓，原本的主人是知名服裝貿易商東方服飾公司（Eastern Outfitting Company）。

如今，南百老匯大道的一樓店面是幾間廉價珠寶店、一家伯靈頓大衣廠（Burlington Coat Factory）、幾間婚紗店、一間肯德基，以及幾個空店面。但如果你抬頭看看那些立柱、高聳的窗戶、裝飾的灰泥工法，還是能想見過去這裡必是繁華的中心。

也就難怪，這個地區對洛杉磯的文青有難以抵擋的魅力，很快吸引了一批開發人員前來。這個地區正在大幅轉型，成為火熱的新社區。由聯美劇院改裝而成的Ace Hotel還只是一個開始；這個社區正在把紐約布魯克林、倫敦肖迪奇區的那些花樣給全部搬過來。

這個地方正蓋起豪華的公寓大樓（據報導，2016年共有102項建案進行中，而且野心一個比一個大）。歷史建物正在改裝翻新成公寓，新的各種綜合用途大樓還打算要有星星般閃閃發亮的效果。時尚精品店也正在進駐。奢華品牌Acne Studios就在東哥倫比亞大樓設點，時尚潮牌Urban Outfitters也接手了原本的里亞托劇院（Rialto Theater）。至於附近的倉庫區，則很受科技新創企業歡迎，其中就包括Virgin Hyperloop One。與此同時，街頭上可以看到留著鬍子的文青潮人大步前行，男孩露著腳踝、穿著雕花皮鞋，女孩戴著呢帽，穿著連身裙、騎士夾克，手裡拿著外帶的抹茶拿鐵。走進Ace Hotel，滿眼都是開著的筆記型電腦，在正在打字的人臉上映出圓形藍色的光。

洛杉磯市中心也是Airbnb第三屆年度房東大會（Airbnb Open）的地點，可說是十分合適；Airbnb表示房東大會是「由社群所推動的旅行與住宿慶典，讚頌一個城市與其社區。」畢竟，Airbnb的重點還是在於實際出行旅遊。Airbnb始於2008年，讓房主能夠以比飯店便宜的價格，將房間或整棟房產租給旅客，原本是為了背包旅行的學生所推出的沙發衝浪網站，但現在已經絕不只是廉價旅行的捍衛者，而是整個更巨大的概念。Airbnb並不像是Homeaway.com或其他網站只是單純做房屋出租，賣點在於要讓旅客真正沉浸在當地的環境、提供真實的旅行。住在某個人的空房間裡，意義絕不只是一個便宜的床位，而是讓人一窺另一種文化，這是傳統飯店完全無法提供的。另外，和房東的交流溝通也是整個體驗的一部分。正是這樣的重點，讓Airbnb近年來成為一個理想日益遠大的品牌，而房價現在也已經趕上、甚至是超越了飯店的價錢。今天，Airbnb的網站上甚至也有整棟豪宅、私人小島，以及豪華頂樓套房。

## 搭上體驗經濟熱潮

Airbnb的崛起，剛好與消費文化從「物品」走向「體驗」相呼應。這種體驗文化始於千禧世代，他們買不起公寓（有人會這麼說），於是寧可優先把錢花在旅遊、慶祝、食物、活在當下。畢竟，如果你死活都買不起那間心目中理想的公寓，何不乾脆買套行程，去約旦的古城佩特拉（Petra）來趟心靈之旅？

然而，現在體驗文化已經成了不分世代、真真切切的消費者運動，最重視的就是要獨特、未知、而且「真實」（這個詞再次出現）。另外，如果還方便上Instagram發文，就更完美了。於是，這也成了一個全新而利潤豐厚的產業。正好在此時，像是LVMH、Ralph Lauren這些奢華品牌也從包包和服飾走向度假村、餐廳與體驗，開始多角化經營。百貨公司迅速被像是Eataly這樣的美食主題樂園取代，每到週末總是摩肩擦踵、人滿為患。還有的會加入瑜伽、spa之類，吸引顧客上門。另外，美國火人祭（Burning Man）的門票，也已經變得比設計師手提包更熱門、更令人垂涎。

我身為預測未來趨勢的人，覺得這實在饒富趣味。全球旅遊的興起，伴隨著從Instagram到Snapchat等各種視覺媒體的爆炸性成長，已經讓旅遊與食品潮流變得速度更快，但也讓任何熱門景點、食材或餐廳的壽命大幅縮短（能拿來吹噓的時間也是如此）。古巴？早就退流行了！花椰菜？也是如此。每個人投射在社群媒體上的身分認同與個人品牌，已經變得與旅行的新穎體驗、引人目光的亮點密不可分。而既然Airbnb承諾要提供真實、在地、連結，這些潮流也就將它推上了領頭的風尖浪口。

隨著千禧世代成為對旅遊業最具影響力的消費族群，Airbnb也同步成長。各大連鎖飯店及航空公司急忙調整產品與服務，滿足千禧世代的品味，無論是時髦文青風、全球美食，又或是免費Wi-Fi，都想從Airbnb這位新對手的手裡搶回市占率。

Airbnb的幾位創辦人現在大約都在30到40歲的中段班，而Airbnb也正在成長，希望把自己打造成一個終極的體驗品牌，讓人不論是為了工作、或是為了休閒，都想來這裡尋求創意獨具、改變人生的旅行經驗。今天，Airbnb已經從房屋出租領域擴展到旅遊行程，在平台上能讓房東販售當地導覽體驗。Airbnb也與達美航空合作，Airbnb的客人下訂時可獲得達美航空的飛凡哩程數（Delta SkyMiles）。Airbnb還和訂位應用程式Resy合作，能夠預約餐廳。2017年10月，Airbnb更進一步，宣布將推出Airbnb公寓。據《金融時報》報導，Airbnb的第一間公寓位於佛羅里達州基西米（Kissimmee），將有300個住宿單位，至於它所聲稱的目標、也是新節慶的主題，則是要讓人「無處不為家」（Belong Anywhere）。在2017年5月，Airbnb的市價估值為310億美元。

Airbnb在洛杉磯市中心的房東大會，正是擴張野心的最新證明。這場活動可說是搭上了近來消費者活動的新趨勢，一部分是會員的節慶、一部分是教育平台、一部分是娛樂、也有一部分算是一場演出慶典，或是在某些情況下算是品牌延伸（brand extension），將思想領導、自我改進與名人文化互相結合。〔Airbnb房東大會請來許多人，在該社區的重要古蹟劇院發表演說，包括葛妮絲・派特蘿（Gwyneth Paltrow）、製片布萊恩・葛瑟（Brian Grazer）以及艾希頓・庫奇（Ashton Kutcher）。〕這些房東大會已經成了會讓人想特地大老遠去參加的誘人活動，雖然形式類似音樂會，但會以體驗的方式做到品牌置入。這些活動不僅成了搖錢樹，也是其他企業品牌能夠參與、向觀眾推銷的重要平台。2016年Airbnb房東大會光是門票就要345美元，想參加最佳房東獎項典禮要再加60美元，而且大會上共有6,000名與會者會需要住宿。2016年，Salesforce的Dreamforce年度用戶和開發者大會門票就要將近2,000美元。女性媒體品牌Refinery29則是推出互動展覽29Rooms，共有29個沉浸式展品，絕對能讓你發Instagram發個不停；2017年在紐約與洛杉磯舉辦，整個週末的門票也被一掃而空。少女時尚雜誌《Teen Vogue》在2017年12月舉辦一場售票高峰會，單日票399美元起跳，來賓除了有希拉蕊，還有在青少年間大有人氣的阿曼達・史丹伯格（Amandla Stenberg）（這個佳賓陣容證明《Teen Vogue》也有所「覺醒」，但你得先付得起票價才行）。天然保健公司Goop以健康幸福為號召的週末大型活動「In Goop Health」總是一票難求，每票起價500美元。只不過，曾引發爭議的陰道蒸氣療法（vaginal steaming）大概不會被提到。

至於Salesforce在舊金山舉辦的Dreamforce年度用戶和開發者大會，瞄準的是正在或可能想使用Salesforce雲端運算或CRM（顧客關係管理）工具的企業或企業家。公司承諾：「在Dreamforce，你將能夠學習新知、建立人脈、有所成長。身邊就是思想領袖、產業先驅、幾千名的同輩精英，讓你帶走能持續一輩子的知識、人脈與回憶。而最重要的是，這會是你終生難忘的愉快時光。」由於這場大會的與會者高達13萬人，想在那個時候在舊金山訂到飯店房間，簡直就像參加一場電影「飢餓遊戲」裡上演的比賽。

至於說到舉辦活動，Airbnb房東大會可說是品牌置入的大師班。從充滿熱情的口號、各種置入性商品、演講及呈現，都是既具娛樂性、又能讓Airbnb為這個創業社群提供教育與支持。這個3D立體、為期三天的體驗，讓人就像是踏進了一個Airbnb小鎮，像彩虹一般樂觀歡愉；但一切並非只有美好。在三天之後，標語牌會取下、喇叭會推離，但如果我們是被迫永遠住在這個Airbnb樂園裡呢？Airbnb房東大會上的許多理念說法、與社會的脫節斷離，都是矽谷的普遍現象。參與這樣的活動，在某些方面也像是讓我們一睹矽谷世界的未來。

## 楚門的世界

Airbnb房東大會報到日的午餐時間，音樂已經放得震天價響。天清氣朗，洛杉磯市中心基本上也已經因為這個為期三天的活動，變得就像一個Airbnb小鎮。行人都拿著有Airbnb標誌的托特包，簡直像一支迷你軍隊。至於免費咖啡、零食、瓶裝水也是取用不盡。各處的小攤販賣著Airbnb的商品，從各種袋子到印著知名「Bélo」字樣的馬克杯，不一而足。而在公共場所，也有許多樂團的演出。至於停車場，除了是提供Wi-Fi連線的熱門地點，也有巨大的Airbnb Bélo雕塑，讓人可以拍照。人群還會經過一個懸掛的白色裝置藝術，夜間會亮起燈光。

此外，由於美國運通（American Express）和達美航空是Airbnb的合作夥伴，各處也有這兩家企業的休息室。舊金山那些歷史悠久的劇院則會用來舉辦演講，講者包括Airbnb創辦人布萊恩．切斯基（Brian Chesky）、喬．傑比亞（Joe Gebbia）、納森．布雷察席克（Nathan Blecharczyk），以及像是時任行銷長的強納森．米登霍爾（Jonathan Mildenhall）的資深主管。至於在社區裡的各個店面，則舉辦各種關於創業、室內設計、如何當個更好房東的研討會。此外也有各種展示設施，探討歸屬感、真實的旅行等等概念。Airbnb也宣佈在日本吉野的山區建造了一座設計精美的社區中心；吉野雖然是世界遺產，但由於年輕人離開鄉間、前往城市工作，因此傳統生活及家庭正在逐漸減少。

在這裡的整體體驗，就像是個邪教聚會、或是參觀了兒童電視節目。到處都有像是TED演講的場子，講者用沉穩的語調、深具戲劇效果的魅力，引起群眾一陣陣歡呼與崇拜，平台上宣布著各種新服務、提供當房東的技巧、講述著Airbnb社群激勵人心的故事。

而且想不到的是，信這一套的人還真不少。在某些活動上，真的就有種歇斯底里的狂熱情緒。特別像是在宣布推出《Airbnb雜誌》（*Airbnb Magazine*）的時候，赫斯特（Hearst）媒體的內容長喬安娜·寇爾絲（Joanna Coles）玩著歐普拉節目的那種把戲，大聲宣布現場每個座位下都有一本創刊號。觀眾一聽到這件事，都興奮地立刻扯出雜誌翻閱，全場興致勃勃，但其實那不過是一本光鮮亮麗但份量輕薄的雜誌，只是刊名有著Airbnb。（每本雜誌都用膠帶貼在座位下方，天曉得這幾百名觀眾對本來就已經很陳舊脆弱的劇院座位底部造成了怎樣的損壞。）

這場盛會的參與者什麼人都有，有狂熱的Airbnb房東（Airbnb現在是他們的搖錢樹），也有一些是來湊熱鬧，只想看看會不會碰上什麼名人。葛妮絲·派特蘿俏皮地眨了一下眼，宣布自己推出的最新旅遊應用程式叫做「G Spotting」（G點）的時候，現場一片笑聲。但也有些場合令人眼眶含淚，例如與喜願基金會（Make-A-Wish Foundation）的合作案中，一位癌症倖存的病童談著自己到巴黎旅行時與房東的相處，認為那是一場改變生命的旅程。（那場演講的題目是「透過社群建立同理心」）。還有一些場合出現了噓聲，像是一位女性上台抗議巴勒斯坦的Airbnb，而當時是艾希頓·庫奇和布萊恩·切斯基在一場名為「遊戲計畫：企業家策略」的會議上談心。（艾希頓·庫奇是Airbnb的投資者）。抗議人士遭到現場群眾一片譏嘲，也立刻被安全人員帶走。艾希頓·庫奇則是抓住這個機會，開始發表一場激勵人心的演講，大談著一個沒有國界的世界，以及他有多麼相信切斯基。現場滿滿的智慧型手機，記錄著這一刻。

再說到「體驗」的部分，這正是Airbnb的專長。從倫敦設計節（London Design Festival）到米蘭設計週（Milan Design Week），Airbnb都用一種彈出式、沉浸式的「體驗」做為公關手法、傳達出自己的品味、並與不同城市的藝術家社群建立連結。

其中一項位於南百老匯的BNKR店面，是一項體驗式的裝置設施，讓人探索各種與「家」的概念相關的詞彙。像是為了追求hygge（丹麥語，指的是刻意的舒適與放縱），安排的是讓參觀者坐在舒適的扶手椅上、製作個人化的茶包。而另一個角落要追求的則是fernweh（德語，指的是旅遊癖），設置了一些用硬紙板仿竹材質感的簡單小帳篷。參觀者歡迎在這邊手繪日記，分享自己對於遠方景點的想法。指示寫著：「分享你的好奇心、奇思幻想、或是你想像中的未來冒險。」

可以說，這裡沒什麼諷刺、幽默，至於自我意識就更不用提了。這一切都真誠到誇張。有誰不想在室內、坐在帳篷裡、拿枝蠟筆、記著你在艾爾斯岩（Ayers Rock）附近喝茶的事？

從媒體的角度來看，此次大會的重點是要推出「Airbnb Trips」平台，進軍旅遊體驗市場。這個平台提供旅遊行程的預訂，而餐廳預訂也在規劃中。目前的行程包括有觀星、挖松露、公益慈善計畫，以及各種烹飪課程。帶行程的都是Airbnb專家成員，並用各種時尚、激勵人心的攝影作品來包裝。有鑑於Airbnb在許多國家都面臨法規問題，這也算是它從房屋共享跨足到其他比較不受法規限制的領域。此外，平台上還有完全由社群成員提供的線上生活風格指南，提供真實的當地介紹。這所有一切，背後的全貌都是為了進入全方位的旅遊預訂市場，希望能讓

Airbnb從傳統旅遊公司手中搶下更多領域。

還有另一個新的應用程式「Places」，能讓人規劃旅遊內容。程式中提供由Airbnb會員撰寫的當地熱門景點、語音導覽行程。而且也提供當地的「會面」（meet-up）功能，讓旅客知道當地正在舉辦哪些活動。

此外，Airbnb也正在加強其服務面向：未來的首頁除了能夠預約住宿，還能預約租車及各種雜貨用品。這一切都是Airbnb大計畫的一部分，希望瞄準熟悉社群媒體、向上流動的行動年輕族群，讓Airbnb成為一站購足、真實體驗的旅遊品牌。

整場大會的高潮就是最佳房東大獎的頒獎典禮，由知名電視節目主持人暨喜劇演員詹姆斯・柯登（James Corden）主持。典禮上讚頌著「Airbnb社群當中最聰明、最優秀的成員」，歌詠著這些人「妙趣橫生的創意、永無極限的關懷、意料以外的英勇行徑」。而在這之後，還有一場由魔力紅（Maroon 5）領銜的演唱會。

## 宣講「真實」的佈道大會

2016年的Airbnb房東大會帶著一種宗教色彩，每場演講都充斥著像是「社群」和「真實」之類的關鍵詞，處處也都響著節奏強烈的音樂，簡直像是聽覺的百憂解。

這裡還隱藏了一種基調，就是認為傳統飯店業乏味無趣、了無新意，除了賺錢沒有別的意義。再進一步引申，就是認為任何不想要有更「個人」體驗的人都有所欠缺、沒有真正體驗過每個城市，並且認為只要是住在傳統飯店裡，絕對無法像是和當地人住在一起那樣，給人沉浸在當地環境中的感受。當然，這一切的重點就在於真實的體驗。怎麼會有人只想住在沒有特色、四四方方的飯店房間，而不是真正去瞭解這個地方、這裡的文化？如果能好好認識房東、真正去旅遊、和他的家人一起吃飯，豈不是無上的體驗？有些人一心只想得到保證乾淨的床單、房間裡的迷你酒吧、乾淨的地毯，也有些人只想消極地待在房間看一集「鑽石求千金」（*The Bachelor*）、叫個客房服務，這些笨蛋和白痴，豈不是太值得憐憫？在Airbnb的世界裡，我們該做的就是要不斷地體驗、連結、真實地生活。傳達出這樣的訊息確實很高招，只不過這也確實掩蓋了一項現實：不是所有人去旅行的時候都想要有什麼真正的沉浸式體驗。此外，由於現在有愈來愈多以Airbnb為業的房東，Airbnb會員人數已經極為龐大，很多時候Airbnb的體驗已經和飯店或傳統的房屋出租平台沒有什麼不同，都是將整間房子直接出租，並沒有什麼和房東的爐邊談話。在許多城市裡，甚至連「便宜」也做不到。所以，雖然話說得天花亂墜，但Airbnb現在並不是真的那麼特別。

對艾希頓·庫奇的抗議場面還不是唯一出亂子的地方。在大會期間，也有工會成員與推動「可負擔住房」（affordable-housing）運動的人提出呼籲，認為應該制定更嚴格的短期租賃規定。他們認為，目前擁有可負擔住房單位的屋主正在改變這些單位的用途，不再提供長租住宿、而是列上Airbnb之類的網站，於是住房供應減少、租金也被拉高。（正因如此，紐約和舊金山等城市已經開始取締限制Airbnb，而Airbnb最近也同意向洛杉磯的房客收稅、再轉交給洛杉磯。）

另外還有一小群組織散亂的人（彼此應該沒什麼關係）遊行

抗議著川普及他對移民的態度。這些人在Airbnb舉辦活動的地區遊行，打著鼓、吹著喇叭、呼著口號。這一切都讓活動飄著一絲絲的緊張氣氛。

政治事件不只這一樁。大會的其中一件事，就是要提升Airbnb在政策上的地位。正如許多在成長過程面臨法律限制的科技公司，Airbnb也請來了一位政策主管：曾擔任柯林頓／高爾時期白宮發言人的克里斯．勒漢（Chris Lehane）。在以「家庭共享運動的建立」為題的演講中，他談到共享經濟如何不僅對社區有益，也是個可永續的旅遊形式。勒漢說：「一年前在巴黎，我們一起正式啟動了一項運動，一項家庭共享計畫。而今天我站在這裡，可以告訴大家這項運動的勢頭強勁，而且還愈來愈強。而這一切都要歸功各位，你們是我們強大的核心與靈魂。」

在這場大會上，如果說穿著合身T恤與牛仔褲的Airbnb創辦人傑比亞像個搖滾明星，勒漢就像是個牧師。勒漢的演講點出了Airbnb在未來的定位，認為根據各種主要消費趨勢，Airbnb只會愈來愈受歡迎。Airbnb已經「讓旅遊民主化」，為旅遊業開闢了新的領域，而現在也終於願意為政府提供稅收收入。

然而，情況並非真正完全如此。正如《衛報》在2016年12月指出，除了在美國、中國與印度以外，Airbnb經手的租金全部由在愛爾蘭的Airbnb支付公司（Airbnb Payments UK Ltd）負責處理。這些款項的佣金會通過愛爾蘭，於是讓Airbnb享有較優惠的公司稅率。《衛報》指出，在2015年的前11個月，在愛爾蘭的Airbnb雖然從全球收來幾億英鎊的房租、取得豐厚的佣金，但繳給英國的稅額只有31.7萬英鎊。

勒漢認為Airbnb也對環境有益，因為這是更永續的旅行方式。他說：「相較於嬰兒潮世代，千禧世代更關心永續發展、氣候變遷，這也體現在他們的日常生活方式上，像是有共享自行車、共享庭園、共享工具、分享各種能源分配。甚至有些地方會共享寵物。讓我們用家庭分享者的觀點來思考，目前光是在美國，就有超過1,300萬間空屋、超過3,300萬個空房。」

隨著中產階級的收入減少、陷入困境，Airbnb的服務也能幫得上忙；勒漢說：「一個典型的中產階級家庭，收入已經比原本可能的減少大約7,000美元。」

這種說法認為，開放旅行與共享經濟能夠推動經濟成長。勒漢說：「看看旅遊業及旅行交通，幾乎占了全球GDP的10%。這是一個巨大的數字，中國的旅行也正在趕上我們，這會繼續推動成長。」勒漢表示共享經濟的規模「大約是每年150億美元，但預計未來十年左右會成長到3,350億美元。會有這樣的成長，原因很簡單：大家真的非常、非常、非常喜歡共享經濟。共享經濟簡單、價格實惠、讓人彼此連結，而且與大家對永續性的信念和價值觀非常一致。」

雖然號稱這讓環境更為永續，但Airbnb增加了旅行需求，就算使用者是待在其他人的公寓裡，但還是無可避免地會增加對汽車、飛機及火車的使用。

然而，Airbnb還是開始動員會員來推動這項議題。Airbnb推出「Airbnb Citizen」這個獨立網站，要「推動以家庭共享做為解決方案」，並且希望時時更新相關政策，形成一項全球運動。網站上宣稱：「隨著我們的社群不斷成長，很高興有機會與各個地方政府合作，制定進步、公平的家庭共享法規。考量到這一點，我們推出Airbnb 政策工具箱（Airbnb Policy Tool Chest），提供資源，以供各地政府起草或修訂相關法規時參考。」Airbnb也宣布允許成立各種Airbnb俱樂部、支持團體，以及各個地方房東的聯絡處，並表示這些組織都是獨立運作。這些掛有Airbnb名號的共享組織，目前在全球有100間。

勒漢把共享經濟的房東稱為一個新的產業群體，就像是幾個世紀前，工匠與匠人會聚在一起成立行會，只不過現在的房東是用數位的方式來做這件事；勒漢也認為，政府在認同這項產業的速度上實在太慢。「在工業時代，男女勞工組成工會，而我從根本上就相信，當我們進入共享經濟時代，俱樂部就會是下一代讓人們組織自己、代表自己、為自己辯護的方式。」

## 建立同理心

整體看來，雖然有些地方荒謬怪誕，但Airbnb房東大會仍然是沉浸式體驗與讓潛在客戶熟悉這個品牌的傑作。Airbnb運用的關鍵之一，就在於控制對話及訊息傳遞。一切訊息都有集中的焦點、經過仔細計劃。然而，只要帶著一絲絲的懷疑，還是能很快看到漏洞。像這種品牌置入的大會就是會有這種問題，相較之下，如果是以評論來領導而與品牌大致上沒有利害關係的會議，例如由《經濟學人》、《紐約時報》、《金融時報》主辦的會議，就比較沒有這種情形。雖然各家公司也會贊助由報紙主辦的會議，但在這些會議上，記者與主持人可以相對自由地對來賓提出質疑、挑戰與討論，在場的群眾也會是熟悉來龍去脈的評論者，而不是一群美國中部的福音派人士、想聽聽怎樣可以增加收入。

Airbnb房東大會並不是一場對話，而是一場合唱。所有對

Airbnb平台的批評，都在情緒高昂的演說、呈現要點與資料當中被處理，但這是一場單向的廣播、而不是雙向的討論。不論是「與旅遊業合作」或「與地主及鄰居建立關係」之類的小組討論，雖然處理的都是重要議題，但都是根據自己的立場出發，表面看來實在十分真誠、但卻令人大感不安；在這裡完全沒有真正討論這些重要議題背後的現實狀況：有一個平台正對租金造成扭曲，而讓整個產業遭到顛覆。但對觀眾來說，他們覺得問題在自己離場時已經得到解決；而因為Airbnb也會向其數百萬用戶發布類似的訊息，就可能造成危險。至於In Goop Health的與會者，很可能也會體驗到某些關於健康幸福的類似福音（曾有一些醫師批評過該網站及活動某些比較詭異的建議，那些醫師自然不會在場）。但不同之處在於，Goop不過就是賣賣面霜和蛋狀的玉石，沒有鼓勵大眾藐視法律、非法出租房產。

在許多方面，Airbnb房東大會反映的是在矽谷影響力不斷上升時所呈現出的不和諧。例如地點的選擇。把房東大會辦在洛杉磯最熱門的新社區，似乎是個很恰當的選擇，卻沒考慮到這裡正是洛杉磯遊民聚集的家，隨著一波較富裕的居民湧入，遊民可能就像被連根拔起。葛妮絲・派特蘿談著洛杉磯市中心的正宗餐館，但走出舉辦這場演講的劇院，映入眼簾的就是美國極為普遍的經濟落差景象：這個街區正在轉型，成為士紳化後的千禧世代內飛地。現有的珠寶店、紡織品倉庫，五年後將會消失一半。正如紐約的西村（West Village），先是因為有許多小精品店、古董店、咖啡館而受到喜愛，但等到財富流入、推高租金，許多租戶再也無力負擔，只能離去，目前就面臨許多店面閒置的情形。諷刺的是，現在讓洛杉磯市中心如此真實、誘人、有趣的因素，很可能會因為人氣上升而消逝。

現場用著Goop那樣的陽光口吻、談著Airbnb能夠營造出同理心，但同時令人感到違和的則是在許多街角都站著保全人員，要避免遊民造成問題。（如果說皮西瓦想做的是讓城市變得扁平、改造得適宜人居，Airbnb則是希望在城市最好的地方加上拍立得濾鏡效果，把那些墨式捲餅小攤留著，但其他讓人討厭的玩意就一概掃除。）

2016年，Airbnb捐了10萬美元給一項處理洛杉磯遊民的計畫，對於一間市值300億美元的公司來說，似乎是少了一點。2017年，Airbnb還推出「開放家庭」（Open Homes）平台，讓家有空屋的屋主可以上去登記，提供給流離失所、或因為天災而被迫離家的人居住。這讓人有種感覺：在遙遠、滿山遍野櫻花盛開的日本吉野，當地社區人口減少真是個需要解決、有益公關形象的問題；但相對地，在像是加州這種地方，遊民人數增加這種事倒是還好。正因如此，遊民議題絕不會出現在Airbnb的行銷平台上。

距離Airbnb舉行各場演講的劇院，只要走過一兩條街，就能聞到街上一股濃烈的尿味襲來。雖然這場大會強調國際（要看到遙遠彼方的新文化、要讓旅行更民主開放），但來參加的幾乎都是美國的白人中產階級。這群人顯然是將Airbnb當做命脈或是搖錢樹，但這群人的同質性卻相當高。一切看起來就像一群小型企業的人士在開會，就算擺到拉斯維加斯的會議室，看起來也會很合理。

Airbnb房東大會這種如同廣播的單向溝通方式，也正體現出矽谷面對批評的方法。在最後一天的媒體大會上，Airbnb創辦人被問到的各種「困難問題」，其實都是經過事先計劃、很可能還是事先批准，而且沒有任何進一步的追問或質詢。（「他說不是他做的」「好的，太好了！」）

Airbnb做為共享經濟的堡壘，也被定位成一個未來與進步的象徵。任何政府只要試著對它造成阻礙，就是落後的、想妨礙人民用經濟實惠的方式來旅行、或是不准人民在這個經濟困難的時候多賺一點錢。這一切確實有部分可能是事實，但Airbnb說自己是公民領袖、人民的戰士，則絕非如此。它就是一間公司。

Airbnb用的是一套強調體驗、國際主義的說詞，而這從頭到尾就是一種廣告言論。它把群眾呈現成一群渴望旅行、無畏的世界探險家，要蒐集讓人生改變的記憶，讓生命變得更豐富。然而，這裡也存在著斷離脫節的狀況。這裡講的體驗，是富裕的千禧世代前往新的地點感受異國情調，為的就是休閒娛樂，而不是要追求真正的多元，至少不該是在自己國內、群眾主要都是白人的這種情境下。當然，講到公司本身的情況，就更非如此。

## 克服歧視

令人不安的事實在於，光是看看關於房東種族歧視的新聞，就知道Airbnb的受眾其實並不多元。哈佛商學院近期的研究〈共享經濟中的種族歧視：一項田野實驗的證據〉就證明了這種說法。該研究發表於2016年9月，指出接受訂房時會出現嚴重的歧視狀況。該研究在摘要就指出：「在一項關於Airbnb的田野實驗中，我們發現相較於顯然具有白人特色的姓名，如果訂房姓名顯然具有非裔美國人的特色，訂房成功率會低16%。而且，不論是要與房客同住一個屋簷下的小房東、或是擁有多處房產的大房東，都會出現這種歧視現象。其中，歧視現象最明顯的就在於從未接待過非裔美國房客的房東，顯示只有特定類型的房東會有歧視現象。雖然房屋出租市場在近幾十年來的歧視現象大幅減少，但我們的結果顯示，Airbnb目前的設計會推動歧視，有可能會抵消部分它為公民權利帶來的好處。」

Airbnb確實採取了許多進步的措施，包括推出平台，讓房東為肯亞、盧安達等地的全球難民提供住宿。Airbnb也很認真看待檢舉房東種族歧視的報告，並制定各種政策，只要房東出現種族、性取向或性別認同上的歧視，就會遭受處罰。每次遭受批評，幾位創辦人的回應確實比其他矽谷龍頭企業更周到、也更真實。瑪吉特・溫瑪荷絲根據研究結果與Airbnb的慈善舉措就提到：「我認為他們確實做得非常好，每次出現問題，他們都會藉此讓公司變得更好。」

由於世界許多地方住房短缺，Airbnb也得因應各方要求限制租屋天數的壓力。例如有批評指出，許多房屋選擇退出傳統租屋市場，轉而在Airbnb上架，於是Airbnb最近宣布將推出一項規定，整間房產在一個日曆年內不得短期出租超過90天。

而回應川普的穆斯林旅行禁令，創辦人也不遺餘力地高呼包容性是其價值觀的核心，並為受禁令影響的人提供住宿，且發起廣告活動#WeAccept（#我們接納），聲言自己的原則就是要接受不同種族、性取向及背景的人。在後來川普提出「屎坑」（shithole）國家的說法、指稱來自非洲國家的移民之後，Airbnb也使用同樣的hashtag再次推出這項活動，並以數位廣告鼓勵這些國家的房東將房屋放上平台。然而，與其說這是一種利他主義的表現，也大可說就是用了一種聰明的方式來與千禧世代建立連結（統計上發現千禧世代更偏向自由派）。

雖然如此，情況還是太明顯了。正如谷歌不名譽的宗旨「不作惡」（目前已經被撤銷），Airbnb的種種作為並非出於惡意，但無論是矽谷企業所處的那片飛地、或是成員的社經背景，都會讓矽谷的做事方法及作為有所局限。

## 增進多元

儘管身為全球企業，Airbnb還是像許多矽谷公司一樣以白人、富裕人士為主體。根據Airbnb在2016年的多元性報告，公司員工有57%為白人（2015年為63%）；女性占43%（比前一年下降3%）；西裔占6.5%、黑人占2.9%。Airbnb在2017年的目標，是要將沒有獲得足夠重視的少數族群，整體比例從10%提高到11%。

講到Airbnb的房東，也有類似的情況。獨立研究平台Inside Airbnb在2017年研究就Airbnb對各個社群的影響，指出由於白人房東的比例過高，已經讓重要Airbnb市場出現扭曲。這項研究名為〈紐約市Airbnb的面孔。Airbnb做為種族士紳化的工具〉，其中提到「紐約市內共有72個社區以黑人占多數，但在所有這些社區中，Airbnb房東為白人的可能性是五倍之高。在這些社區裡，Airbnb房東為白人的比例為74%，但當地的白人居民只有13.9%。」

研究指出：「講到經濟失衡，我們發現在黑人社區裡，Airbnb的房東不但以白人占大多數，也是這群人得到最多經濟利益。黑人社區裡的白人房東，人數只占了母群體的13.9%，賺取的總額卻估計高達1.597億美元，造成530%的經濟失衡。」

Airbnb房東社群之間的偏見，可見於「#AirBnBWhileBlack」（#黑人Airbnb）的hashtag，點出房東歧視的情況。另外，也傳出一些亞裔及跨性別客人遭到拒絕訂房的報導。

2018年，Airbnb宣布任命著名的非裔美籍商人（也是即將卸任的美國運通執行長）肯．謝諾特（Ken Chenault）擔任董事，並宣布希望再找來一位女性董事加入。

然而，內部不夠多元的問題並非Airbnb所獨有。矽谷的許多公司（包括我的公司）都是如此。Airbnb創辦人的思想絕對是進步的，對各種政治議題也十分敢言，但公司最後展現出的仍然是屬於一群享有特權、常常屬於新自由主義、二十幾歲的年輕人的觀點。而這也是進步主義的一種精英形式。講到大咖科技業者，除了缺少種族和性別多元性之外，還有一項少有人提及的問題：偏好在經濟上享有特權、受過良好教育的員工。

亞希拉指出：「到目前，矽谷絕大部分的程式設計師和工程師仍然是在特定年齡範圍的白人男性。於是演算法裡面的偏見就無可避免地嵌進了各種系統之中，而又是這些系統無縫接管了我們某些最親密的活動，像是溝通、發現以及安全。我認為，我們嚴重低估了這種演算法偏見究竟蔓延得多嚴重，因為這是日復一日的慢性侵蝕。」

菲利普斯表示：「勞工需要有多元性，不只是在種族或性別，還要在背景經驗、經濟經驗上有多元性。我們看到一大批學生從史丹佛大學進到矽谷，而且莫名其妙認為這是自己應得的。這會影響他們的創新方式……矽谷企業所專注的，都是它們認為可以解決的問題。它們也認為自己比政府更能輕鬆解決這些問題，事實可能確實如此。然而，就在它們解決怎麼完成乾洗的問題時，舊金山還有許多遊民流離失所、無法負擔房屋費用；公立學校系統的學校情況持續惡化；不平等的狀況也一直存在。一切就發生在那個城市，但矽谷卻似乎沒有人注意到。所以我說這是一種創新上的不平等。」

然而，這些偏見是該解決的重要問題，尤其是這個群體還日益擴大。Airbnb房東大會當然表面上看來沒什麼偏見，但參加的黑人少之又少。毫無疑問，這些創辦人絕對希望自己是一副捍衛自由的形象（配上魔力紅的歌，就更完美了），而且推動著高尚的理想。畢竟，他們可是要捍衛民眾的同理心呢（雖然他們正踐踏著洛杉磯市中心那一大群的遊民）。然而，這一切就這樣隱藏在隱晦的語氣、無形的障礙之中，在各種關於政策、產品、設計及系統的決策當中，讓人隱隱看出各種微妙的選擇。

舉例來說，雖然Airbnb在洛杉磯市中心辦了一週的活動，創辦人卻沒有對遊民問題做出任何有意義的事。他們關注的是他們想要的那種慈善事業，而這也是矽谷的一種趨勢，特別是在解決問題上。

畢竟，相較於在繁花似錦的吉野興建社區中心，幫助舊金山的遊民實在沒那麼令人嚮往、公關價值也沒有那麼高。雖然這確實能夠減輕一個就在自家門口的真正問題，但無論Airbnb或其他矽谷企業，都對此視而不見。

這又是矽谷形象與現實之間的另一條鴻溝。矽谷選擇要解決哪些問題的時候，背後的動力在於公關與行銷，因此必然偏向富裕的受眾及高尚的理想。這一切只是公關的平台，並不是為了真正的變革、也不是為了真正的進步。Airbnb的難民住宿平台也不過就是一個平台，需要靠著他人的參與。

矽谷並不只有種族多元性的問題需要解決，還有另一項逐漸擴大、日益受到重視的問題，隨著#MeToo運動揭露性騷擾等問題，席捲各種男性主導的產業，也掃到了這個擁有最多權力、最男性主導的產業：大咖科技業者。

矽谷也得面對女性的問題。

# 第9章

# 女性與矽谷

從科技雜誌的封面人物（其實大概是所有的雜誌），就能看出各種偏見。講到科技迅速崛起、接著迎來大規模的物化、對全球文化造成影響，這整套矽谷英雄故事裡多半並不會提到女性。好吧，或許是會提到女性交友程式Bumble的創辦人惠特尼・沃爾芙（Whitney Wolfe），她登上了《連線》英國版的封面（但她美得像個模特兒，一頭金髮，身材苗條，這大概並非巧合）。在雜誌封面上，可以看到幾十篇專題介紹男性科技人物、將之奉為英雄，但讚許女性的數量卻是遠遠不及。確實，梅根・史密絲這位美國首任女性科技長登上了《連線》的封面；雪柔・桑德伯格也上了《時代》的封面。但相較於介紹男性領導人的一片新聞狂潮，這就只像是一小桶水。讓我們再看看其他著名的惡例，像是《新聞週刊》的特刊《矽谷之父》（*The Founding Fathers of Silicon Valley*）；又或是華特・艾薩克森的《創新者們》（*The Innovators*），全書幾乎只提到男性。而且，另外也還有數都數不清的例子。在整套關於成功、關於領導的故事裡，科技龍頭是其中重要的一部分，但女性卻幾乎付之闕如。

遺憾的是，這種欠缺報導的現象，有部分也是因為反映現實。至少是現在的現實。在過去，雖然並不為人所知，但其實女性是矽谷的關鍵部分。對蘋果的成長功不可沒，對NASA的科技創新不可或缺，也曾在一系列的科技創新上擔任先鋒。

## 沉默的科技之母

史密絲在2014年出任白宮科技長時，一項工作重點就是找出這些不為人知的故事。史密絲經常談到的女性，包括有愛妲．勒芙蕾絲（Ada Lovelace），1812年出生於英國，是史上第一位電腦程式設計師；凱薩琳．強森（Katherine G. Johnson），奧斯卡提名影片「關鍵少數」（*Hidden Figures*）裡的那位非裔女性，她讓NASA太空人登上月球，也在2015年獲頒總統自由勳章（Presidential Medal of Freedom）；還有葛麗絲．霍普（Grace Hopper），正是她發明了程式設計。

事實上，只要把時間倒轉15年，就能看到有許多女性協助將矽谷推上高峰。例如茱蒂．艾絲翠恩（Judy Estrin），曾擔任研究小組成員，在1970年代開發了網際網路。珊卓．柯緹紫（Sandra Kurtzig）在1970年代將自己的軟體賣給了惠普，成為第一個靠軟體賺進數百萬美元的富豪。唐娜．杜賓絲基（Donna Dubinsky）是PalmPilot的創始執行長，而PalmPilot正是黑莓機（BlackBerry）的先驅。如果想列，名單還能繼續列個不停。

在目前的大咖科技業者橫空出世之前，矽谷似乎是個比較性別友善的地方。Vote.org的創辦人暨執行長克莉弗指出：

「Myspace在性別和種族方面確實相當多元。我不知道這是否只是矽谷的問題，但目前這裡的異性戀白人男性比例實在太高。以前的Myspace不會這樣，當時如果在Myspace大樓的科技區看到一位女性，很有可能她正是團隊負責人。我們都知道這一點：最優秀的工程師大多是女性。」她補充道：「矽谷現在有多元性的問題，大致上來說，只要是非白人、非男性，工作環境就十分惡劣。我會說，這就像是男性找到某種方法，讓他們自動就能站在頂端、得到薪水最高的工作。」

確實，曾有一些很突出的女性領導者，像是曾任谷歌與雅虎高層的梅莉莎·梅爾（新聞講到她總是圍繞著性別議題，著重討論她做為領導者與母親的角色，就連請了短期產假也能引發爭議）。當然也不能漏了桑德伯格，她的《挺身而進》（*Lean In*）就談到女性進入領導圈的情況，在全球深具影響力〔但此書遭批評為精英主義，也被稱為「涓滴女權主義」（Trickle Down feminism）〕。桑德伯格與圖片供應商Getty Images，策劃一系列女性領袖的新照片。最近，#MeToo運動仍然餘波蕩漾，而桑德伯格自己的LeanIn.Org主辦的一項調查也發現，有一半的男性經理人現在不願意與女性一起參與工作活動，於是她發起了#MentorHer（#指導她）的活動。

據報導，#MentorHer得到了超過38位傑出領導者及執行長的支持，其中包括迪士尼的鮑伯·艾格（Bob Iger）、通用汽車的瑪莉·芭拉（Mary Barra），以及Netflix的里德·哈斯汀斯（Reed Hastings），都承諾要在自己的公司裡為女性提供指導。

這些公眾人物是一回事，但這就像是為現實找了一個高調的藉口；現實仍然是雖然各方總說要糾正缺乏多元性的問題，但女性和少數族群的比例仍然不足。臉書在2017年的多元性數據顯示，女性員工只占35%。至於整體而言，女性在科技職位只占了19%，在大學剛畢業就得到錄取的人數上，也只有27%是女性。而在領導職位上，女性只占28%。谷歌在2017年表示，其員工有69%為男性、31%是女性；至於在科技職上，則只有20%為女性。另外，在谷歌擔任主管職的女性比例為25%，高於前一年的24%。在此類公司公開發表的現況報告中，這樣的數字幾乎是如出一轍。像是在Airbnb 2017年的多元性報告中，白人員工占49.8%（2016年為56.6%），女性占41%；在2017年，主管有30%是女性。

## 性別平等仍是公關運動

有趣的是，廣告業可能是出於必需，在這方面的腳步更快。例如通用磨坊（General Mills）和惠普，就堅持其廣告代理商必須符合多元性的要求。（但想想它們公司自己的員工組成，真有點諷刺。）因此，廣告代理商（包括我們自己的廣告代理商）正將多元性做為未來策略的核心，而且不僅限於性別與種族，還包括背景。英國脫歐公投與美國2016總統大選，對廣告代理商這個通常十分富裕、自由、有創意的領域產生重大影響，讓廣告業者發現自己正與某個不斷成長的消費族群脫節斷離。

此外，也還有其他要改變的努力。科技界一向愛好各種流行語，現在也已經開始擁抱熱門的「交織性」（intersectionality）一詞。2017年，推特聘請了凱娣・凱索貝芮・辛格頓（Candi Castleberry Singleton）擔任其交織性、文化及多元性副總裁。律師暨女權主義者金柏莉・坎秀（Kimberlé Crenshaw）在1980年代晚期創造了「交織性」一詞，想表達的是：講到身分認同的時候，種族、性別、性向及階級的相互重疊，就能造成某種特定的體驗，也會重疊出特殊的歧視或偏見。而現在隨著多元性的重要得到熱議，交織性的議題再次被炒熱，出現於大眾言論、研討會上的小組會談、各種評論短文上，也得到多元性主管的認可。這項概念甚至開始延伸到關於神經多元性與各種殘疾的包容。

有些新的人事聘任，就像是在公開表態。例如Uber，在傳出一系列厭女的文化、管理作風及醜聞之後，就聘任了兩位女性高層。其一，是將行銷主管波澤瑪・聖約翰（Bozoma Saint John）任命為品牌負責人。聖約翰這位著名的非裔美國女性領導者，出身蘋果公司，也是單身媽媽。其二，Uber還聘請了哈佛商學院教授法蘭西絲・弗雷（Frances Frei），擔任領導與策略資深副總裁。

然而，如果看看更大的全貌，女性在矽谷仍然難以得到資金、得忍受性別歧視，必須面臨與男性同儕完全不同的經歷。最近這些聘任動作大致上只是一種反動，是為了回應大眾的不滿，而不是真心希望主動建立一套公平、包容、賦權的產業文化。這批多元性高層，很多就只像是在研討會小組討論上照本宣科的主持人，而不像是真正要帶來重大改變的人物。

多元性高層職位一直是矽谷公關戰的一項工具，但年復一年，真正的改變只像冰川一樣緩慢。而且，有些高層自己就顯示出驚人的自我意識缺乏。例如蘋果的多元性高層丹尼絲・史密絲（Denise Young Smith），僅僅上任六個月，就因為在哥倫比亞波哥大舉行的高峰會上發表了引發爭議的言論，被迫離職。據稱她當時表示：「就算在一個房間裡是12個白皮膚、藍眼睛、金髮的男性，也會因為各有不同的生活經驗與觀點，而為對話帶來多元性。多元性是人類的體驗。每次多元性一詞只附加在有色人種、女性或LGBT族群身上，我總覺得有點沮喪。」她遭到抨擊之處，在於蘋果的員工組成就是如此明顯偏向白人及男性領導，但她似乎還在為此辯護。

## 性別偏見造成投資盲點

VR研究專家賈桂琳·莫莉表示：「這個權力架構大有問題。確實，我身為女性，從未為手中的任何公司取得資金，但我的男性同事卻能有人丟給他們幾百萬美元。第二件事更糟糕，是關於年齡歧視。身為一個年長女性，我能得到資金的機會只有2%。至於我的男性同事們，就算做的事不到我的一半，但在未來六個月內能夠得到5億美元的機會大約是90%。」

當然，她說的沒錯。根據私募股權和創投資訊業者PitchBook表示，美國在2017年的所有風險投資當中，只有2.2%流向完全由女性創辦的公司。而如果以成交筆數來看，2016年也只有大約4.4%的風險投資交易是關於女性所創辦的公司。在風險投資公司當中，合夥人只有11%是女性。而且，《哈佛商業評論》和創投業者First Round Capital早就有大量研究指出，女性創辦的企業表現往往優於男性創辦的企業。（First Round指出在2015年的績效是高出63%。）

普妮特·卡爾·亞希拉表示：「這是一個男孩的俱樂部，而且這還不只是做東西的俱樂部，而是出錢讓人做東西的俱樂部。

我們必須再加一些座位，不只是在這種房間，而是任何做出重大決策的房間。」

人們很快就指出，這確實不只是矽谷的問題，而是好萊塢、政府、所有現今權力結構都有的問題。瑪吉特．溫瑪荷絲就說：「有太多女性比例不足的情況。」

還是有些樂觀的跡象。史上首次，資訊工程成了史丹佛大學女學生的第一志願。溫瑪荷絲表示：「南加州哈維穆德學院（Harvey Mudd College）的瑪麗亞．克拉維（Maria Klawe）成功讓許多女性開始走進寫程式的領域，而且她做的就只是改變了一些最初的步驟。我並不想說把錯都推在人才養成就沒事了，但在我看來，各個產業都有這種現象。這也不代表女性就該優先，沒人應該優先。」（但只要走出可說是矽谷訓練場的史丹佛大學，整體而言仍然沒什麼進展。根據2018年的一項研究，雖然數字不斷成長，但在美國高中參加資訊工程先修考試（AP computer science exam）的學生只有27%是女性，美國資訊工程系的畢業生也只有18%是女性。

溫瑪荷絲也承認：「和客戶在一起的時候，你常常會是整個房間裡唯一的女性，而且我已經碰上一種情況幾千次：我先說了某件事，接著又過了三個男性，有人再說了一模一樣的話，這時候大家才突然覺得這件事很重要。這實在讓人太火大了。我認為科技界被教訓一下是件好事，任何產業該教訓的都該受點教訓。」

她還告訴我：「我覺得，老是在談該不該加一位女性董事很無聊；對我來說，這就只是做做樣子，就像是『太好了，我們的董事會裡現在有一位女性，所以問題解決了。』董事會裡的那位女性，並不會真正去雇用更多員工、創造更多職位。而如果是女性擔任銷售副總裁，就能真正指導許多女性、也能實際讓人得到一些職位。重點不只在董事會而已。」

只要和女性創業者談一談，總會聽到熟悉的主題與挫折感，包括風險資本世界的投資與隱性偏見。克莉弗表示：「如果我是男的，投資會像大雨一樣灑在我身上。我確實也得到了一些投資，但有些我這個領域的男性，能力差我差得遠，得到的資金卻遠超於我。我的能力要高出這個領域的大多數同儕，但拿到所有資金的卻是一些超年輕、完全沒有經驗的白人男性。」

克莉弗表示，所有產業高層的女性都受到各種偏見、性別政治及社會動態的影響，而這點在矽谷又格外明顯。「曾經有人對我說：『看得出來你還真有自信』。我完全傻眼，還得先在腦子裡默數到十，才能回答。等到我終於開口，我說：『我很有自信，因為我過去13年來的成功可不是因為好運。』我當然他X的有自信。」

她補充道：「他一直說什麼『這看起來野心太大了』，而我回答『野心太大？如果沒有這個程度，根本就只會是廢物。』他是個年長的白人，大概六十歲。如果我是個年輕的男性，他就會覺得『我從你身上看到自己』，但我就不是個年輕男性，而是個中年女同性戀。」

對克莉弗來說，很多時候的重點都在於微妙的語調和用字。她說：「很多風險投資人，都會在創辦人不在場的時候互相討論這些人。如果創辦人是女性，他們彼此就會說『我不知道她做不做得到，我不知道她人脈行不行。』但如果創辦人是男性，他們會說『我們一定要把他介紹給A、B和C，幫他一把。』」

安珀．阿瑟頓是Zyper的創辦人，這是一家新的廣告科技公司（也就是要讓廣告的數位置入行銷及廣告效果更佳）。Zyper的目標是幫助品牌在社群平台上找出最忠誠的粉絲，並以品牌獎勵刺激粉絲多多分享相關訊息。阿瑟頓最近得到Y Combinator的額外資助，從倫敦搬到帕羅奧圖來參與計畫。阿瑟頓講到自己如何取得這筆資金，提到「我們很受歡迎，我也有實績證明」（阿瑟頓也在英國創辦一家線上時尚珠寶公司，並已成功售出）。「所以，雖然我不會說這件事很容易，但我們才花了四個月就談成了交易。」

阿瑟頓之所以來到矽谷，是因為這裡充滿抱負與樂觀的氣氛。她說：「我來這裡，是因為我想從矽谷這種超高成長的觀點來看事情，這在英國大概做不到。在英國，沒有像矽谷這裡的野心抱負、或是一片藍天的樂觀思維。」

阿瑟頓認為，由男性或女性領導的公司之所以取得資金有落差，原因在於強調的重點不同。她說：「女性創業家多半想到的都是消費者導向的公司和品牌。舉例來說，很少有女創業家會創辦廣告科技、軟體公司或是AI。但那些才是他們〔風投業者〕熟悉的項目。」

阿瑟頓身為抱負遠大的創業者，也碰過其他偏見，特別是她還是一家快速發展的公司的獨立創辦人。「常有人問我：『哦，創辦人只有妳嗎？』我說『沒錯』，接著他們會問『那妳想要找個共同創辦人嗎？』我回答『一點都不想！』……他們總覺得我會需要再找個人之類。」

## 因偏見而錯失的商機

這些女性創辦的企業無法得到資金，讓我們錯過了什麼？畢竟，在大多數市場裡，女性都是主要的消費族群。講到健康、個人護理等方面，針對女性的產品反而都是男性在創造、設計與行銷，而往往欠缺了女性的視角。但由女性所推出、能夠填補這些空白的產品，卻又往往無法得到資金。

伊娃．葛伊蔻企亞（Eva Goicochea）創辦了保險套直銷品牌Maude，希望用時尚、設計精緻、同時向兩性行銷的產品，顛覆全球的保險套產業。Maude採用低調簡潔的包裝、言簡意賅的語言，一如Dollar Shave Club、Harry's、Everlane和Warby Parker等企業，各自顛覆了刮鬍、服飾、眼妝等產業，提供時尚的新選擇。（葛伊蔻企亞合作的對象也包括Everlane，另外還有Herschel、Shinola和Squarespace等。）

葛伊蔻企亞表示，她一開始很難得到資金，部分原因在於風投公司並不懂她看到的商機：無論是女性或一般人，其實並不喜歡自己去店裡買保險套。市面的保險套都用著黑色與金色的包裝、以男性為行銷對象，也就顯得十分過時。此外，就算這個產品類別（例如最近才被Dollar Shave Club顛覆的刮鬍業）曾經相當成功，也並不代表無須重新思考。她說：「首先是他們要能瞭解，性產品的相關文化必須改變。接著，還有很多人認為這是一個極度遭到壟斷的行業，很難改變。」

她說：「因為我的想法背後不是什麼科技，領導的方式也不是從科技的商業模式，而是從品牌、文化的角度來切入，因此遭遇到更多阻力。在我看來，有許多男性品牌得到了資金，但那些品牌爛到不行，商業模式也比不上我的。我手中也有那些數字，只是我不想看那些數字來領導罷了。但他們認為男性天生懂商業、有商業頭腦，而且他們也比較願意聽那些故事。」

葛伊蔻企亞也強調，風險投資公司缺乏多元性：「聽我提案的就是一群白人、印度人、或是亞洲人。沒有別的了。沒有非裔美籍。而我向女性提案的時候，她們對我的態度比男性更苛刻。」（但值得一提的是，Maude現在已經得到了熱情的資助，於2018年成立。）

至於Willow這個獲獎無數的擠乳器，執行長納歐咪·凱蔓起步時遇到的困難比較少。她說：「我們要為Willow取得資金時十分幸運。在我看來，部分原因在於我們顯然是在重新發明一個缺乏活力的產品類別，這個類別已經許久沒有重大創新。要解決的問題夠明確，於是得到風投社群的大力支持。」

她也認為，關於風投業並不能一言而論：「目前有許多關於風投業的負面評論，但就像是不該對女性或男性有刻板印象，我也認為不該對風投業有刻板印象。我會說，我認為曾和我往來的那些人十分和善，很瞭解女性健康及女性議題，非常支持Willow、支持我們正在努力做的事。」

凱蔓是民生消費產業的老手（曾任嬌生公司高層多年），很喜歡在矽谷工作。她說：「我喜歡這種極度快速的節奏。決策的速度驚人，而公司組織也非常扁平，我看到大家都很有合作精神、態度開放，非常、非常願意互相幫助。我很快就建立起一個執行長與新創業者的人際網路，我們彼此互相幫忙……這與企業文化很不一樣，我認為企業的優點在於有許多資源、有很大的影響力、有許多優秀的人才，但企業的決策速度往往偏慢。有時，偉大的想法一開始只是一個小念頭，需要細心培養，才能茁壯成龐大的業務，但企業文化有時候只會從規模來判斷想法的好壞。於是有時候，明明是可以迅速成長成龐大業務的想法，卻會被企業下令結束。」

說到矽谷終於有所覺醒，體認到女性導向的個人護理、健康和生育科技是個龐大的市場，凱蔓十分興奮：「我認為，無論是各家企業或是科技整體，目前都還嚴重忽略了整體的女性健康議題。正因如此，才讓Willow如此廣受認同，而我覺得這實在太好、太令人欣喜了。這也有助於開展關於女性健康的各種商機。像是生育監控、美容產業，也開始有更多人有興趣。健康科技業目前還沒有完全來到女性健康領域，但看著情況往這裡發展，非常令人興奮。女性是生活中的主要購買者。而且如果講到的是醫療保健，更是主要的決策者，所以看到企業開始認知到女性獨特的購買力與需求，真的很叫人興奮。」

她有沒有碰過矽谷的性別歧視文化？答案是否定的，但就很多方面來說，這是因為凱蔓掌握大局，也得到許多創辦人和風險投資公司的支持。正如溫瑪荷絲所指出，現在講到要整頓整個產業，大家已經愈來愈瞭解到董事會的席次只是其中一部分。想要有真正的變革，則必須有女性創辦人、執行長、主管，以及擁有公司組成背後決策權的人。

凱蔓指出：「我是公司的執行長，因此能夠設下關於性別的基調和態度，而且顯然Willow已經打造出一種非常正面、熱情、融洽的文化。所以，這裡的情況很不同。我很努力培養、開發各類人才，特別是女性。因為你會聽說那些故事，而你希望自己是改變的一部分、而不是問題的一部分。」

葛伊蔻企亞相信女性對文化和品牌有天份，也就有助於她們創造可長可久的企業：她們知道怎樣定義與建立能讓人相信、關心的品牌，也就能取得使用者長期的忠誠。此外，這也是矽谷不斷忽視的一點。她說，光是看看女性創辦的企業在設計、營運和溝通方式上有何微妙差別，就可見一斑。女性創辦人能夠看出目前的市場與女性的需求還有哪些落差，於是創造出更能引起共鳴的產品。「以線上營養補充品品牌Ritual為例，這是由女性所創立，真的從產品就看得出來。你看得出來，這家公司真的關心顧客、完全投入這個品牌，與顧客連結在一起。」她說，這與其他男性領導的同類企業形成強烈對比，「你必須設法讓人在文化上找到連結，不能永遠只是想叫人買我的產品。」

Willow的營運管理也證明了這一點，凱蔓就說：「女性執行長肯定會帶來不一樣的觀點。但我得說，女性做得特別好的就是常去接觸媽媽與消費者。我認為這裡的一大重點在於傾聽受眾的心聲，不能只是在一片真空當中設計、不能只為了科技而科技。我們會說Willow是女性個人護理產品，是因為媽媽們確實得把這個東西穿在身上。」

講到矽谷，情感和品牌權益（brand equity）是很有趣的議題；而講到要創造可長可久的產品，最後可能會證明女性在這種方面有優勢。諮詢與品牌權益研究平台BrandZ最近的研究，就支持這一點。在2018年，BrandZ從許多方面切入評估幾間矽谷最大的企業品牌。調查詢問民眾對亞馬遜、臉書、谷歌、Netflix等等企業的想法，發現科技品牌掌握許多大量功能權益（也就是說，我們喜歡這些品牌，是因為它們有用處），然而在消費者的心中，對這些科技品牌的情感共鳴相對較低。看看我們與這些品牌的互動方式，或許也會覺得理所當然。畢竟，只要有某個購物網站更快、更便宜，我們大概就會拋下亞馬遜。如果有另一種更棒的Uber，我們大概就會跳槽。會與我們真正建立連結的品牌，是更深入結合了我們看待自己的方式。譬如我們買了Adidas、參加SoulCycle健身課，或是搭乘維珍航空（Virgin Airlines），並不只是因為它們的用途，而是因為它們在我們的心裡有更大的情感意義。或許Maude也會成為下一波的浪潮。不論如何，總之從過去看來，女性經營企業的表現記錄，與她們從矽谷獲得的資金與支持，兩者就是存在落差。

## 程式礦坑裡的金絲雀

矽谷與女性的關係，還不只在於資金、產品與領導而已。科技業做為一個男性主導的產業，幾乎所有圖騰柱的頂端都由男性占據，已經席捲多項產業的#MeToo運動如今掃向科技業，也就不令人意外。

就許多方面而言，將幾年前的情況拿來與目前矽谷吹哨者的境遇比較，就能預料未來的矽谷女性問題可能有怎樣的變化。

鮑康如（Ellen Pao）曾經是傳奇性的風投公司凱鵬華盈（Kleiner Perkins Caufield & Byers，KPCB）的投資合夥人，她在2012年控告該公司，表示自己在公司晉升及薪酬方面遭受性別歧視，事情鬧上新聞頭條。她也聲稱，自己在與另一位男合夥人的婚外情結束後，開始在職場遭到騷擾，並在自己提出申訴後，突然遭到報復性的解職。公司辯稱解職是由於工作表現因素，而她也加以反駁。最後，眾所周知，鮑康如輸了這場官司。

但事實不只如此。過程中，可以看到媒體與KPCB公然攻擊鮑康如的性格、專業能力與立場。幾年後的2017年，恰逢她的著作《重新設定：我為職場包容和持久改變的奮戰》（*Reset: My Fight for Inclusion and Lasting Change*）出版，鮑康如在為《紐約》雜誌撰稿的文章裡，提到自己的經歷是「遭到廣泛流傳的案例，而我則常常被塑造成其中的反派角色：無能、貪婪、侵略好鬥、冷酷無情。先生和我都名聲掃地，隱私也遭到侵犯。」

鮑康如的名聲遭到誣衊，被稱在工作上「表現不佳」，《浮華世界》也以專文報導她和先生的性史。這項議題讓眾人開始廣泛討論科技界女性受到的待遇，揭露了風投業界許多微妙（以及沒那麼微妙）的性別政治、騷擾與歧視。鮑康如當時在媒體上飽受折磨。時間只過了短短五年，但如果事情是發生在現在，不論是在法庭或媒體上，她會受到的待遇可能就會大不相同。

鮑康如後來成為卡普資本（Kapor Capital）的投資合夥人，同時也是卡普社會影響中心（Kapor Center for Social Impact）的多元性暨包容長，以及非營利組織「包容計畫」（Project Include）的共同創辦人。雖然在過去訴訟時遭到醜化詆毀，但現在科技界也掀起一波變革浪潮，讓鮑康如得到眾人奉為先行者。許多人現在認為她就像是煤礦裡的金絲雀，是因為她的案例，才讓大家開始討論早該討論的矽谷女性對待議題。

克莉弗就說：「當時她運氣不好，但她現在是在世界頂峰……如果她是在今天提告，應該會贏。大家都很清楚。而且事情也開始變得比較快，我覺得社會的改變正在加速，其中就包括像矽谷這樣的事情。情況在改變，而且是隨著社會改變的方式。一切都交織在一起。就像是看著好萊塢的情況，一切都會對其他的一切產生涓滴效應。」

確實，把時間快轉到2018年，從女性遊行到#MeToo運動，情況已經完全不同。而且，緊接在第四波女權主義讓女性賦權成了流行的時代精神核心，矽谷很快就發現，自己長期以來對待女性的方式已經再也無所遁形。

過去幾年間，一系列關於矽谷厭女文化的報導受到高度關注。前Uber工程師蘇珊·富勒（Susan Fowler）驚天一爆的部落格文章，揭露了Uber的騷擾與歧視文化。富勒的文章發表於2017年2月，在推特引發熱議，她寫道：「很多人讀者知道，我在12月離開了Uber，1月加入Stripe。在過去幾個月，我收到很多人詢問我為何離開Uber、在Uber的生活又如何。整件故事說來有趣、不可思議、但也有些恐怖，很值得趁我記憶猶新趕快說一說，所以我們開始吧。」接著她就開始描述當時如何遭到歧視，受盡各種隱晦或露骨的不公平待遇，也受到Uber管理階層的不當性示好。故事引發轟動，當時的執行長特拉維斯·卡蘭尼克還得召集公司大會，針對公司的文化缺失而道歉。這項事件結合其他對其領導力的質疑，讓股東決定在2017年夏天叫卡蘭尼克辭職走人。而更重要的是，富勒的部落格文章更引發一波Uber員工發文訴苦，多半也得到網友的同情，於是讓富勒在重要媒體上得到許多支持。Uber董事阿瑞安娜·赫芬頓（Arianna Huffington）對她大加讚賞，英國《金融時報》也將她提名為2017年度人物。

這樣的例子後來一一浮現，迫使矽谷不得不解決這個問題。2017年7月，在遭到性騷擾指控之後，戴夫·麥克盧爾辭去了500 Startups（一家早期風投基金）的普通合夥人職務。麥克盧爾以道歉形式在Medium上面寫了一則長篇部落格文章，標題就是「我是個混蛋，我很抱歉。」時近2017年底，風投業者皮西瓦也因為遭到多方指控有性方面的不當行為，黯然退出Virgin Hyperloop One及他自己的風投公司Sherpa Capital。

彭博記者張秀春（Emily Chang）在2018年出版的《男子烏托邦：打破矽谷男孩俱樂部》（*Brotopia: Breaking Up the Boys' Club of Silicon Valley*）一書中，又進一步揭露矽谷的性別政治。張秀春這本大部頭而廣受宣傳的書籍，根據許多旁觀者的描述，揭露矽谷的毒品派對、狂歡情事、以性愛為手段（換取專業上的晉升），裡面有諸多情節實在太刺激露骨，讓受訪者堅持不能具名。她還指出矽谷的主要類型（很晚才懂人事的科技書呆）是如何推廣某種文化，要人不去善待關係中的女性、把她們視為可拋棄式物品。整件事情背後是一個更全面的權力轉移：矽谷億萬富豪因為握有極端的財富，已經變得比好萊塢明星更受歡迎。她說，這一切無可避免地滲入了更廣泛的商業文化，對女性或女性的貢獻來說，都顯得不歡迎她們、而且往往充滿敵意。

到現在，隨著對厭女文化的意識提高、更注意到矽谷企業對女性不夠尊重，矽谷男性的統治地位是否終於要畫下句點？

## 零工經濟裡的女性更形弱勢

當然，科技還會帶來其他複雜的性別問題。例如像是矽谷提出的科技與商業模式。傳統企業的人力資源部門可能正在迅速改善員工教育政策，避免再出現#MeToo案例、訴訟等，也已有一些聯邦法規要避免歧視與騷擾。然而，這裡談的都是傳統工作、普通勞工的保護與法定權利。但如果講到零工經濟，這對於許多層級的勞工來說就像面對一片荒野，很少有什麼權利可以談，更別說要保護自己免受性騷擾了。零工經濟打出的口號是自由、自主、自決與靈活。但對於以零工經濟維生的人來說，這些自由業者大多數連傳統就業的保護都得不到，這些口號就更不用談了。這點對女性來說又特別明顯。在目前的社會運動情境下，或許已經讓許多人挺身而出、抗議自己所受的不當對待，然而零工經濟很看重使用者的評論、口碑，甚至像是Uber或隨需清潔公司Handy，會以此決定自由業者的去留，於是女性就處於極度容易受害的境地。畢竟，要評估她們的表現、對她們造成影響的，常常就是無人居中協調、常常更是毫無規範的使用者評論。一切都由星等評級系統所統治。

HoneyBook是一個自雇創意產業勞工（設計師、花藝師、攝影師）的平台，它在2017年12月發表性騷擾調查結果，讓人看到零工經濟就業所面臨的問題。針對成員的調查發現，54%的女性自由創意業者曾受過性騷擾，相較之下，女性勞工整體曾受性騷擾的比例為48%。然而，就所有自雇業者而言，這可能只是冰山一角。有人就認為，HoneyBook的用戶已經是屬於一些比較富有、較敢發聲、能力也較強的產業，這些產業雖然以自由業者為主導，但還是有一定程度的正規形式，而且一切公開。但相較之下，零工經濟的另一個極端則是一些收入低、工作環境孤立、工作時間短暫的職位，這些勞工的境遇很有可能遠遠更差。然而，就算是在HoneyBook的研究裡，可能已經能看出某些普遍存在的問題。曾遭受性騷擾的女性中，有77%表示自己曾遭非專業者品頭論足。在所有騷擾案件中，貶抑的綽號占76%，而實質身體的威嚇則占60%。需要依賴評論、推薦、良好意見回饋的問題四處皆然。在HoneyBook的調查中，有65%的受訪者表示自己是在工作場合時，遭到其他在場人士的性騷擾。有83%並未向任何人提報性騷擾的情形。就算已向相關當局報告，該研究也發現相關當局有51%完全沒有採取任何行動。受訪者當中，也有58%表示自己的合約上完全沒有性騷擾條款。令人震驚的是，有18%的受害者曾遭同一個／一群人騷擾四次以上。

HoneyBook表示：「就專業上來說，這些創意人士面臨一項選擇：是要繼續進行專案、取得期望的價碼，但冒著再受一次騷擾的風險，還是要提報，於是犧牲這位客戶、這次的價碼，以及未來可能的生意。」

在遭受性騷擾的創意人士當中，有82%都選擇雖然受了騷擾，但還是繼續完成專案。至於在提報的18%當中，還能拿到錢的比例不到一半。而且，有41%甚至還會繼續在類似的環境工作。「也有34%的創意人士，在遭到性騷擾之後不再與該位客戶合作，於是為了自己的安全而錯失商機。」

同樣地，講到規範更寬鬆的零工經濟世界，情況也就更叫人難以想像。

大型機構與企業正面臨因為#MeToo運動而引發的重大威脅，被逼著不得不解決濫用權力、性騷擾到不當行為等問題。當然，事情不總是那麼簡單。我們不能忘了對#MeToo運動形成的強烈反動：有些人開始怒吼認為這是獵巫。我們也不能忘了，無論是在財務資源、集體影響力、結構權力，以及坦率地說，在大眾媒體言論當中也仍有許多偏向厭女主義的不當對待與強姦文化，於是女性目前仍然很容易受到各式批評與攻擊。想對不當對待做出任何反抗，都與自己的階級、能動性與收入等級息息相關。雖然鄔瑪·舒曼、蘿絲·麥高文（Rose McGowan）等曾捲入性騷擾與不當對待的人聲稱，人人都可以透過社群媒體把自己的遭遇告訴大眾，但事實上並不是每個人都做得到，也不是每個人都能承擔為了揭露正義而毀了自己人生的代價。

流行文化也正在追上這些複雜的問題。2018年的女性遊行，希望讓人注意到女性賦權的種族和經濟差異問題（或許是因為許多人批評2017年的遊行只專屬於白人女性主義）。在2018年的女性遊行上，演員薇拉·戴維絲就向群眾說道：「我今天上台說話，不只是為了其他#MeToo的女性，因為我也曾是#MeToo的一員。但當我舉起手來，我清楚知道還有許多女性不敢出聲。她們藉藉無名、沒有錢、沒有條件、沒有信心站出來。我們的媒體沒能為她們提供一種形象，讓她們覺得自己有足夠價值能夠打破沉默、打破那份遭到騷擾的恥辱。」她總結道：「我們必須把所有人都帶上。」

矽谷真的會帶上所有人嗎？目前這些科技企業以前所未有的規模進入慈善事業，承諾要拯救人類免於疾病與其他困境，但它們真的會抗拒自己的趨勢、擁抱包容性嗎？如果看看它們是如何解決自己切身的多元性問題，可能就會覺得在慈善事業的結果將會同樣令人失望。

第10章

# 駭入慈善事業

慈善事業這種事，常常都是從產業的社交場合上開始。大家低聲耳語的話題，似乎都是社會公益、社會公益、社會公益。在傍晚的小組討論會上，新創企業創辦人穿著緊身窄管牛仔褲，一派誠懇地不斷提到「我們正在努力為我們的商業模式『融入』（bake in）社會公益。我們正在解決問題，大家都知道吧？」這些場合，大概就是用倉庫改建的空間，放上幾張桌子，鋪著白紙、放著縮水的葡萄、軟掉的餅乾、出水的起司。在場的大家點著頭，一派尊敬。

2015年，一切已經達到臨界質量，不只是在所有的科技大會、而是在所有新創人會上都是如此。千禧世代想追求的不只是錢，還要追求意義。特別是如果可以一兼二顧，那就更好了。

也正好，當年SXSW互動節的核心主題之一正是社會公益企業，而聯合國也正好與谷歌攜手合作。一時間出現大量新的商業模式，要將社會公益融入其產品或服務。當時甚至還出了一本書：《做好事正時尚》（*Good Is the New Cool: Market Like You*

*Give a Damn*），作者為阿夫達・亞齊茲（Afdhel Aziz）與巴比・瓊斯（Bobby Jones）。

相關的術語也有所演化。目前當紅的詞是「使命」（purpose），像是祖克柏的哈佛演講就不斷提到這個詞，甚至已經在社群媒體成了一個迷因，Instagram上面的#purpose有五百萬則，而且還在不斷增加（雖然也可能是因為這是小賈斯汀巡演的名稱）。在各項科技大會上，總會吹捧著「使命」的力量。

這個概念還在發展的時候，時任戴爾駐點創業家的伊莉莎白・高爾（Elizabeth Gore）就告訴我：「有三大重點：人才、利潤、地球。推動慈善的因素有很多。千禧世代創業家有許多理想，過去會認為你要先賺到錢、再開始慈善事業。但千禧世代則希望透過自己的事業，可以立刻開始做好事，既能捐錢、也還是能賺錢。」

## 慈善事業2.0

就許多方面而言，高爾講的是千禧世代企業的一種文化運動，像是某些品牌就說只要賣出一瓶水、就向非洲女性捐贈內衣，每賣出一雙鞋、就再捐一雙鞋，又或只要你在線上買一副眼鏡，他們就捐一副眼鏡。換句話說，也就是用一些理想高遠、大家看得到的慈心善舉來推動商業業績，只不過剛好也都是解決一些比較好解決、好行銷的問題。然而這其實也是一套更廣的哲學，已經成為現代商業文化的特徵、也是企業爭取人才的必要工具：所有新公司都必須在宗旨當中列入某種形式的社會公益。

這也成為矽谷慈善事業的特色，追隨的模範則是史上那些工業出身的大慈善家。只不過，正像是這群矽谷人所做的任何事，這樣的慈善事業就像是打了類固醇，承諾要「重新塑造」一切、用新方法解決舊問題。

我們可以把這稱為「慈善事業2.0」。矽谷正以自鍍金時代（Gilded Age）未曾見過的規模進軍慈善事業，而且抱的是像登月計畫那樣高遠的目標。個人慈善捐款正達到史上最高，根據美國施惠基金會（Giving USA）的報告，2017年的慈善捐款總額估計達到3,900億美元。其中個人捐贈占了驚人的2,810億美元，該研究也發現捐款的成長正超越美國GDP成長。根據美國施惠基金會的數據，個人捐款自1950年代以來已增加近5倍。然而，矽谷要給的不只是錢。這群人是動用手中所有工具（資料、科技、科學），不但要有具體解決成效，解決問題的過程還要有最大的媒體曝光。

Napster的創辦人西恩・帕克（Sean Parker）就說過，矽谷的捐助方式可說是一種「駭客慈善事業」（Philanthropy for Hackers），運用各種曾讓自己在本業大發利市的工具，不是設立傳統慈善機構，而是設立風險投資基金。在這種新版本的慈善事業裡，做公益和賺錢並不是互相矛盾的事，反而是讓整件事變得更快、更精簡、更有效。就這樣，整件事變成了「有影響力的利他主義」。

在美國，組織嚴謹的慈善事業向來是除了政府與企業以外的第三大支柱。有權有勢的個人會規劃如何策略性地捐助資金，於是形成對於資本主義和極端財富（今天又比以往更加極端）的一種制衡。這成了另一個權力中心，要從人民的角度出發、並且擁有能夠影響公共政策的潛力。

正因如此，矽谷的慈善事業值得我們注意。不論矽谷企業選擇建立新的社會公益企業、擴大已經過大的現有慈善組織規模、又或是為少數類型的慈善機構提供資金，遵照的都是矽谷本身的價值體系與優先事項；然而，如果以後的慈善事業由矽谷獨大，這就可能造成嚴重的後果。（以後還可能有哪些財富中心與之競爭？現在肯定不會再出現更多鐵路億萬富豪了……）

一如以往，矽谷這種加強型的慈善事業看來誘人、彷彿經過大幅改進，表面看來是種顛覆性的創新。但這真的有更好嗎？又或者這只是一匹特洛伊獨角獸？

現在幾乎每天都會看到矽谷又捐了多少款項。2017年，傑夫・貝佐斯向西雅圖的福瑞德哈金森癌症研究中心（Fred Hutchinson Cancer Research Center）捐款3,500萬美元，這是該中心史上收到最大筆的單一捐款。貝佐斯目前據稱為全世界最有錢的人，資產價值達到1,050億美元，而他也為了紀念自己出身古巴而移民美國的繼父，在2018年初為追夢者（兒童時期就被帶到美國的無證移民）提供總額達3,300萬美元的獎學金。

祖克柏也在近年成為重要慈善家之一，承諾將捐出99%的臉書股票，用來解決教育、貧困及健康問題，目標之一就是要治癒所有疾病。他與妻子普莉希拉・陳（Priscilla Chan）創立陳與祖克柏基金會，並與史丹佛大學及白宮共同舉辦以貧困及機會為主題的高峰會，研究科技與創新該如何解決貧困、不平等與經濟流動等議題。祖克柏提出的方法，一方面要投資研究機構，一方面也要以類似風險投資的方式，為社會企業及政策提供資金。西恩・帕克則是成立帕克基金會（Parker Foundation），投入6億美元用於生命科學、全球公共衛生、公民參與。蘋果執行長提姆・

庫克承諾，將會把所有財產捐給慈善機構。Salesforce創辦人暨執行長貝尼奧夫已經捐出1,000萬美元，希望紓緩舊金山的遊民現象。LinkedIn共同創辦人霍夫曼則是捐出2,000萬美元，資助陳與祖克柏基金會的生物樞紐研究中心。

在這個新時代，對於那些科技超級富豪的新成員來說，在慈善事業大筆加碼已經幾乎是一種義務。比爾・蓋茲和巴菲特於2010年開始推動「捐贈誓言」(Giving Pledge) 運動，鼓勵億萬富豪把大部分財產捐給慈善機構。目前簽署誓言的人已經超過150位，其中最新（也最年輕）的幾位，是Airbnb的布萊恩・切斯基（34歲）、納森・布雷察席克（32歲）及妻子伊莉莎白・布雷察席克（Elizabeth Blecharczyk，32歲）。據稱，每位Airbnb共同創辦人的身價都達到33億美元。（時值32歲的祖克柏與31歲的普莉希拉・陳也簽署了誓言。）

自2007年以來，比爾・蓋茲和妻子梅琳達的捐贈金額已來到驚人的280億美元，占蓋茲淨資產的48%。透過以消除瘧疾為使命的比爾暨梅琳達・蓋茲基金會，這對夫妻協助拯救了數百萬人的性命。蓋茲同樣簽下誓言，將在死後將700億美元的遺產留給慈善機構。他們的壯舉，可說是這波慈善浪潮令人尊敬的先驅，然而其中有許多價值正在新一代的做法當中散失。

西恩・帕克在2015年《華爾街日報》的專欄文章〈駭客慈善事業〉，在許多方面定調了矽谷這群新「駭客」對傳統慈善事業的基本看法（雖然各個傳統慈善事業會因為個人及組織而大有不同）。帕克表示：「駭客的科技烏托邦主義已經改變了我們的生活。然而，如果我們願意繼續維持這份讓我們走到今日的智識及創意精神，駭客在未來還可能對社會做出更大的貢獻。」

帕克表示：「電信、個人運算、網際網路服務、行動設備領域帶領出新一波全球精英，已經在全球最富有的1,000人擁有的7兆美元資產當中，擁有近8千億美元。這群新連線時代的貴族，基本上也可以說就是一群科技專家、工程師、甚至是極客，但他們有一個共同點：他們是駭客。」

## 慈善事業的傳統模式

帕克認為，也就難怪他們會從駭客的觀點來看慈善事業。他說：「這群新興起的駭客精英階層，是財富創造史上的一次異常狀況。這群人非常理想主義，因此在他們正面迎向世界上最急迫的人道問題時，仍然夠年輕、夠天真、或許也夠傲慢，足以讓他們相信自己真的能夠解決這些問題。」他批評了歷史較久遠的慈善機構，當初是由二十世紀早期的工業大亨發起，做為資本的免稅避風港，說到：「沒有人知道這些機構究竟存了多少錢，慈善機構成了私人基金會及捐獻基金的免稅工具。」

而他大概沒發現，諷刺的是蘋果、微軟、Alphabet、思科和甲骨文現在的海外基金規模已達到5,040億美元。如果以40%的稅率課稅，理論上能為美國帶回2,000億美元，大概也能幫上人民不少忙。

帕克繼續說道：「每年還有另外3,000億美元流向私人基金會與公共慈善機構，但這並無益於透明度或當責。這並不完全是這些組織的錯。慈善事業確實不受一般市場力量的影響。從經濟角度來看，這可能是全世界最扭曲的市場，也只有在這個市場上，商品或服務的買方（捐贈者）並不是商品或服務最後價值的接受者。」

一如許多科技慈善家，帕克對這些機構最不滿的地方就在於其影響力。而他也相信，慈善事業就像政府，是個已經積滿灰塵的舊模型，到了該重建的時候。帕克建議，駭客慈善事業最重要的是要維持精簡敏捷，不能變得臃腫緩慢、「承繼政府最糟糕的那些特性。駭客慈善家必須壓抑想制度化的衝動，而且絕對要繼續押下重大的賭注。」

美國過去的產業領導者，其實有著悠久的慈善事業傳統，而矽谷這些人則是以新的方式走上同一條路。安德魯・卡內基（Andrew Carnegie）在1889年就寫了一篇〈財富的福音〉（The Gospel of Wealth），講的是白手起家的富豪對慈善事業的責任；約翰・洛克菲勒（John D. Rockefeller）也在1913年成立洛克菲勒基金會，要「促進全世界人類的福祉。」

不論是社會公益企業，或是希望在做公益的同時也能賺錢，都不是什麼新的想法。在過去許多的領導者看來，光是能讓整個城鎮的人都有工作，就已經算是一種公益。例如喬治梅森大學城市研究所（Urban Institute）非營利組織及慈善事業中心（Center on Nonprofits and Philanthropy）研究員班哲明・索斯基斯（Benjemin Soskis）就指出，洛克菲勒在自傳裡提到，自己最大的善舉就是提供就業。但在索斯基斯看來，矽谷的做法更是將就業與慈善結合：「雖然洛克菲勒已經有了將資本主義與慈善事業結合的想法，但還是有其限度；洛克菲勒並未把自己的機構稱為標準石油慈善事業。當時還只是一種概念，而不像是矽谷人這樣已付諸實踐。」

亨利・福特（Henry Ford）也採取類似的務實方式。達娜・

博依德說：「回顧福特的論文可以明顯發現，他如果想建立大規模汽車製造體系，就需要撐起整個底特律市，因為如果整個城市無法運作，工人就無法上工，就無法製造汽車，他也就無法獲利。大家常聽說的經典故事，是他希望讓自己的工人都買得起一台福特，而這正是他的特殊做法之一。裡面有很大一部分，就是現在所謂的兼顧雙底線（double bottom line，要獲利、也要兼顧公民責任），他致力於確保底特律在自己在世時維持穩定，於是就算得犧牲短期利潤，他也大力投入於教育與社群。對他的資本主義基礎建設來說，這是必要的做法。」

## 慈善資本主義

二十世紀初的美國就像一片空白畫布，需要填上各種公共服務（例如圖書館），而現在從非洲到緬甸的各個開發中市場（各種基礎設施匱乏、疾病問題嚴重、科技應用不足、或是受到天災嚴重影響），也正吸引著矽谷龍頭投入。矽谷企業來到這些地區，承諾要根除疾病、改善教育、提供網際網路等等。

美國國家慈善事業響應委員會（National Committee for Responsive Philanthropy）常務董事阿倫·杜夫曼（Aaron Dorfman）表示：「在這些作為當中，肯定有強烈的自身利益及帝國主義因素。這些計畫是否能協助民眾、讓他們的生活更美好？絕對是。這些計畫是否能讓那些出資人士變得更富裕？絕對是。這是一項叫人不安的矛盾。我們讓這麼多的財富集中在這麼少的人手中，於是他們就更能運用槓桿效應、影響世界運作。我認為這有可能對民主造成真正的危險。」

比爾．蓋茲是〈財富的福音〉的著名粉絲。杜夫曼表示：「這裡的差別，在於運作時的經濟環境。卡內基用圖書館推動教育，洛克菲勒照顧了南方的醫療保健。這都是因為當時聯邦政府在這些領域幾乎可說是不存在，就像是走進無人的比賽場地。而矽谷接手了這些角色，以前所未見的方式運用機構制度，除了在開發中世界，所以也會看到有些機構現在去開發中國家推動健康和教育。」

正如矽谷一般的狀況，他們捐起款來多半一點也不手軟，所有人都捐得大張旗鼓。而在過去，威廉．惠利特（William Hewlett）與大衛．普卡德（David Packard）在1939年共同創辦惠普公司，兩人的慈善事業非常活躍，但同時也對自己的善舉相當低調。同樣地，2016年有兩筆相當大額的捐款，各是5億美元，分別來自耐吉的共同創辦人菲爾．奈特（Phil Knight）與妻子潘妮．奈特（Penny Knight），以及投資人尼可拉斯．伯格魯恩（Nicolas Berggruen）。奈特是捐給奧瑞岡大學一所科學研究中心，而這件事竟然沒上頭條新聞。至於億萬富豪伯格魯恩也算是科技界的一員，他是將款項捐給自己的公共政策智庫伯格魯恩研究所（Berggruen Institute），但媒體也幾乎是隻字未提。

說到科技新慈善事業的一項特色，就是要以企業的方式，靈活、有影響力、可永續地解決問題。慈善機構被鼓勵要向企業學習。於是，講到社會公益計畫的時候，許多用語都圍繞著資金、風險、商機，強調要解決問題、而不只是減輕問題。

杜夫曼也同意這種說法，提到：「矽谷並不想採用傳統的慈善形式。不論是陳與祖克柏基金會、或是蘿琳．賈伯斯，選擇的形式都是有限責任公司（LLC），而非私人基金會。這種趨勢應該還會繼續，我認為背後有許多原因。原因之一是出於策略因素，因為這樣一來在投資上更為靈活，能夠投資營利事業、再挹注非營利組織。」

面對川普否認氣候變遷，矽谷也再次在政府停頓的時候領頭向前。比爾．蓋茲宣布成立「突破能源風險投資基金」（Breakthrough Energy Ventures Fund），規模10億美元，出資者包括馬雲與貝佐斯，要投資下一代的乾淨能源科技。另一個例子還有成立於2016年、規模20億美元的睿思（Rise）社會影響力基金，創辦人為私募股權公司TPG Growth合夥人威廉．麥葛拉森（William E. McGlashan Jr.），TPG Growth也投資了Uber和Airbnb。睿思的董事會成員與投資者包括波諾（Bono）、傑夫．史考爾（Jeff Skoll，eBay的第一位全職員工）、蘿琳．賈伯斯、理查．布蘭森，以及雷德．霍夫曼。

獲利與慈善似乎就這樣連在一起，叫人安心。兩者不僅看來協調共容，甚至看來是件好事。索斯基斯表示：「你看到的是概念的邊界模糊。」

同一種現象也可見於蓋茲更為宏大的慈善做法，稱為「慈善資本主義」（philanthrocapitalism）：運用規模經濟與創業精神，一方面將資源帶給非洲人民、一方面賺取利潤，同時（根據批評者的說法）也在四處增加自己的影響力。

由比爾．蓋茲和祖克柏支持的新創企業橋樑國際學校（Bridge International Academies），就很能說明這種做法。該事業在非洲提供廉價的網路大眾教育。靠著科技與市場的力量，讓這項教育計畫能降低收費、人人可用，但這項計畫也可以靠著它的規模來營利。在肯亞現在就有400所橋樑國際學校，而且數量還在增加。該公司希望為非洲與亞洲為數千萬、家庭每日收入不到2美元的兒童提供教育，同時透過標準化的網路教學模式來營利。公司將教案透過平板電腦發送給教師，而靠著規模經濟，每位學生每月只需收費6美元。創辦人估計，公司在十年後的市值可能來到5億美元，而祖克柏已經投資了1,000萬美元。

然而，最近興起一波不滿，抗議的正是零工經濟的環境惡劣，就連只是當個公平合理的雇主，都像是種對員工的福利。舉例來說，共乘應用程式Juno靠著抽取的佣金較低、讓司機入股，開始與Uber競爭，並說自己是對司機友善的共乘應用程式。（但最近也有了變化。據彭博社報導，該公司於2017年出售後，司機被告知手中的股票無效。）然而，隨著消費者對零工經濟的意識提升、預期未來勞力走向廉價，Juno一開始提出的原則仍然值得注意，也必然有潛力成為趨勢。

事實上，如果看看矽谷和舊金山市中心周遭的社經落差，這些慈善事業遠大的目標都可能看來有些諷刺。民眾很快就會注意到，矽谷慈善事業多半屬於有限責任公司，因此無須向公眾披露自己的贈款或其他資訊，大眾也就無法審查、質疑或挑戰它們的作為。根據它們的說法，採取有限責任公司的形式，更能讓它們發揮創業精神。

一直以來，慈善基金會就已經因為缺乏問責而飽受批評，而有限責任公司又甚至更不透明。湯普金絲－史坦格認為，有限責任公司的形式「更糟糕，因為這就是一家私人公司」，原因正如同一般關於美國的黑錢問題、非營利組織的問題，以及超級政治行動委員會（Super PAC，獨立支出委員會，能夠無限制籌款及捐贈）的問題。她說：「基金會至少還得公布免稅組織申報書

（990 form）、稅表之類。在某種程度上，如果要比起有限責任公司或是那些影響力投資人（impact investor），基金會的透明程度簡直正直得像童子軍。」這也讓矽谷慈善事業能夠影響政策、但無須負責，她說：「這讓它們除了非營利的捐贈之外，還能進行更多遊說、更多投資。」

矽谷會把重點放在可客觀測量的影響力與解決方案。索斯基斯表示：「很明顯，講到慈善事業的時候，矽谷這群人感興趣的不是體制，而是想法。他們追求的是『可解決的問題』，而這屬於研究導向。他們想找的是能夠用科技來解決的問題。」

矽谷企業家偏年輕，也影響了矽谷進軍慈善事業的方式。索斯基斯解釋道：「他們賺錢和給錢的方式之間，有著比較緊密的連結。從陳與祖克柏基金會就能夠看出這種重要特色：並沒有非營利組織與營利組織的區別。而且，在講到賺錢與給錢同時的時候，還會讓創業精神與績效緊密相連。」

「目的」的概念也在矽谷變得更廣，矽谷認定的慈善事業並不只是協助窮人和老人而已。就像前文所提，他們會去處理教育問題，但不是將它視為商機、而是一項值得解決的目的。而他們現在所關注的議題包括有：永續性；網路連線，相信連網是人權、能夠解鎖經濟；讓更多的女性和少數族群修習STEM科目。例如最後一項的絕佳範例，就是谷歌慈善組織（Google.org）的「編碼女孩計畫」。然而，無論這一切或是各種可永續科技，也都可以視為是更多商機。許多矽谷企業也會與Internet.org這樣結合社會公益與商業目標的機構合作；例如Internet.org就是將許多發展中市場帶入臉書世界。

十九世紀和二十世紀的工業家，為了推動自己的業務而興建各種基礎設施，但最終對大眾產生了更廣泛的正面效益，並且很多時候最後收歸國有。這些人過去也從事慈善事業，但當時慈善事業就是慈善事業，與營利事業互不相干，慈善事業與公司業務涇渭分明。

另外，現在創造財富的方式也有了重大差異。卡內基雖然蓋了圖書館，但後來就收歸國有，而不是成為什麼消費者行為資料、繼續為他創造財富。但就這點來說，現代的一切事物都可能帶來收入。所以，雖然最後可能是做善事，但矽谷的這種利他主義仍然與自身利益密切相關，而且這種情形必然還會持續很長一段時間。在各種解決方案裡，總會有科技的成分。索斯基斯就說：「矽谷也參與慈善事業，但參與的方式不同，是以工程和科技導向。卡內基和洛克菲勒也懂工程，但他們並非工程師。但矽谷大多數人都擁有工程專業，可以用來解決問題。」

矽谷也以創新的方式應用科技。例如馬雲為了提升慈善的透明度，就開始採用區塊鏈這種分散式、即時更新的軟體平台，監控支付寶用戶的慈善捐款，追踪他們在螞蟻金服的慈善平台Ant Love上的捐款。

目前也認為，運用人工智慧和感測器，也就能用更好的系統來推動改變。未來必然會出現更多的區塊鏈慈善解決方案。目前已經有許多慈善機構採用虛擬實境設備，認為這能讓人身歷其境、改變想法，因而有「同理機器」（empathy machine）之稱。柯林頓基金會（Clinton Foundation）就推出虛擬實境體驗，讓人彷彿直接身處於基金會所幫助的非洲村莊。同樣地，「水慈善」（Charity: Water）創辦人史考特・哈里森（Scott Harrison）在2015年「網路高峰會」的專題演講，就認為虛擬實境是一種顛覆性、帶來同理心的引擎，能讓人深入感受各種目的及影響。水慈善與YouTube網紅合作，也運用GPS地圖，並且即時更新捐贈者資訊。此外，還為士兵提供遠端PTSD（創傷後壓力症候群）治療。

這可說是矽谷慈善事業最令人興奮的面向之一。從擴增實境到虛擬實境的種種沉浸式科技，可以讓各種慈善事業更鼓舞人心，也找出新的說故事發展。即時資料分析可以看出進展。與此同時，矽谷各種提升效率、簡化購物的工具，都有巨大的潛力能夠用來使慈善捐款最大化，同時也可能為慈善機構節省開支。在這些方面，科技可以成為一股善的力量。

## 策略性慈善事業

慈善事業需要被徹底顛覆嗎？

確實，傳統慈善事業近年受到一番檢視，特別是加拉．拉馬切（Gara LaMarche）2014年在《大西洋》的一篇評論，影響深遠。拉馬切是民主聯盟（Democracy Alliance）的主席，該組織由一群自由派捐款人組成，協調彼此的政治捐款。拉馬切也曾任大西洋慈善組織（Atlantic Philanthropics）主席兼執行長。在拉馬切看來，大慈善事業（Big Philanthropy）一方面有逃稅疑慮，一方面也對政府政策有著大到不成比例的影響力。他還指出，它們很少注意自己的影響力及責任。歐巴馬政府曾提出一項行政命令，將慈善捐款抵扣所得稅的上限定在28%（這只會影響最富有的捐贈者），希望能為「平價醫療法案」挹注資金，但遭到強烈抗議。這項醫療保健法案不能增加其他支出，本來就必須從其他地方取得資金，而在拉馬切看來：「美國慈善事業的領導者損害了醫療改革，為的就是保護有錢人不用繳稅。」

他寫道：「這種情況讓我清楚看到，慈善事業覺得自身利益受損的時候，就可能變得像農產品業、石油業、銀行業、或是任何特殊利益領導者一樣。這也讓我看到，不論推動慈善事業的是多麼立意良善、理想高遠的動機，如果讓慈善事業享有優惠稅率，就是一種私有化。原本可以成為稅收、平等使用的資金，現在就變得不受公家控制，而是做為私人用途。」

拉馬切認為，讓慈善事業減稅的原意，是讓它們去承擔一些公共部門與政府無法承擔的風險，同時也是讓它們無須面對股東壓力，而能放眼於長遠發展。但他認為，這種做法在大多數方面都失敗了,其中就包括造成缺乏多元性、焦點扭曲的後果。大慈善事業的問題，是受到的檢視不足。

比爾暨梅琳達．蓋茲基金會這個界於傳統與駭客慈善事業之間的例子，也受到拉馬切的批評。在2014年，該基金會規模要比任何其他慈善組織大四倍以上。拉馬切談到它的規模：「該基金會不只會在所涉及的領域帶來影響，甚至可以自己來定義領域，設定政府與慈善事業要處理的議題。」而蓋茲就曾說，要有規模，才能產生更大的影響力。

拉馬切進一步表示，過去也曾有這樣的批評：「當時的產業巨擘，像是安德魯．卡內基和約翰．洛克菲勒都想成立信託，把自己龐大的財富撥出部分用於慈善用途，而法蘭克．沃爾許（Frank P. Walsh）這位進步主義的律師當時主持一項關於產業關係的國會調查，就稱新成立的洛克菲勒基金會和卡內基基金會（Carnegie Corporation）是『對國家未來政治及經濟福利的威脅。』那已經是一百年前的事，在那個新政前的年代，基金會的捐款數額已經超過聯邦政府用在教育和公共衛生的預算。沃爾許也曾呼籲，要透過更高的累進稅制，實現『私人慈善的民主開放』。」

湯普金絲－史坦格最近的著作《政策贊助人》，就探討了美國投資教育的四大基金會，研究它們對公共政策的影響、對當地社群及其關係的影響。這本著作的一項獨特之處，在於提供了基金會內部人士長篇而極為坦誠的想法及觀察，進一步證實大型慈善基金會不夠透明，其中最重要的正是比爾暨梅琳達．蓋茲基金會。她說：「如果要具名，我想就不可能有人願意接受訪問、透露任何有價值的內容。但只要得到了那個面具，說出的想法就會大為不同，而且非常坦誠，完全意想不到。」

這給我們最大的啟示是什麼？湯普金絲－史坦格「有些人會談到，策略性慈善事業（strategic philanthropy）似乎大有問題，對於它們所資助的計畫，我們似乎無法進行最嚴格的實證查核程序。這讓我真的想進一步瞭解，各種研究是如何為特定的政策利益提供實證、又有哪些方式可以為這些基金會所感興趣與資助的政策提供框架……從來沒有任何任職於精英基金會的人向我坦承過這種事。」

湯普金絲－史坦格也發現，許多重要基金會不僅資助教育，更試圖影響政策。她解釋道，它們「不只是資助某些它們希望能影響政策的某些事，更會非常刻意安排、有策略地制定議程，希望政策能走向它們偏好的社會秩序或社會變革模式。」她補充道，蓋茲基金會最近已經開始回應此類批評。

一般而言，矽谷這種「解決方案導向」的慈善事業不可能順利。畢竟，生活裡最複雜的那些挑戰，哪有什麼保證見效的「修理」辦法？湯普金絲－史坦格說：「西恩．帕克那種矽谷思維模式，很能代表我所說的技術框架或技術思維。就像在說：『OK，我們已經為某個問題投入了一定的資金，一定能得到解決方案。』」

花一點時間閱讀拉馬切的評論以及他對大型傳統慈善事業的批評，很能發人深省，特別是與西恩．帕克筆下那種光輝明亮的矽谷互相對照。

拉馬切提出的許多問題，正與矽谷慈善事業的做法非常相似。拉馬切批評大型慈善事業不夠多元化、解決的不是該解決的問題、又扭曲了那些被解決的問題。他表示，基金會對政府的影響力過大、不夠透明、得到的批評不足、而且試圖影響政策。在許多方面，矽谷慈善事業的問題（例如捐款的規模），可說是大型慈善事業再乘上百倍。

杜夫曼就警告：「隨著愈來愈多有錢人抱著慈善精神，想用市場的力量來改善世界，會帶來一種真正的風險：只要是無法透過市場來處理的議題，就會遭到輕忽拋棄，而且無法得到需要的資金。傳統上，政府和民間部門無法滿足的社會需求，是由非營利組織來處理。我自己十分贊同運用投資資本改善世界，我們也鼓勵各家基金會運用部分資源及投資資金於此類用途，但對於那些正在做好事的非營利組織來說，資金是無可取代的。我擔心有些新的捐款者可能會忽略這一點。」

確實，在2016年總統大選之後，創投公司True Ventures與科技網站GigaOM的創辦人歐姆．馬力克（Om Malik）為《紐約客》寫了一篇流傳甚廣的文章，檢視矽谷對於川普勝選而感受到的集體衝擊，其中就談到矽谷的這種同理心落差。他寫道：「矽谷最大的失敗，並非產品行銷不佳，也不是做了承諾卻無法堅持到底，而是對於那些生活被自己這套科技魔法顛覆的人明顯缺乏同理心。或許，對於我們這些科技圈的人來說，已經該好好自問這些真正困難的問題……我希望我們這些科技業的人能夠從智慧型手機抬起頭來，試著瞭解我們這個世代的人受到了怎樣突如其來的改變衝擊，覺得絕望、彷彿被拋棄。」

湯普金絲－史坦格表示：「矽谷的做法令我擔憂。那是一種非常白人、有錢人、25歲男人的做法，在種族、性別方面都確實存在盲點，但因為那正反映著一般在矽谷上班的人，我想這也不出人意料。」好解決的問題不會是那些深層結構的問題，而湯普金絲－史坦格說：「我說的就是那些種族、階級和性別方面的問題。如果你身邊沒有那些與你不同的人，可能是在貧困中長大、不是白人、或者屬於其他人口統計群體，當然你就會有盲點……」

她也批評了科技界的「救世主心態」：「這是一種很經典的企業家心態：『我們來了，我們要帶來破壞，我們要帶來顛覆，我們要改變世界！』但同樣地，這一定是一位白人男性工程師，而不會是一位黑人女性社工……這裡搭配的一定是某個定義上的特權階級，而不會是某個被傳統上擁有大量資本的社會機構所排除的人。」

湯普金絲－史坦格的結論是：「確實有一些創新看來大有可為，但在我看來，對於它們號稱要協助解決問題的社群來說，它們的思考仍然不夠全面、不夠系統。就長期而言，我認為這無法永續。」

永續性是個有趣的詞，而且對於矽谷想承擔更大的公民角色，也是個重要的概念。要做社會公益、要達成偉大的使命，這確實都是好事，但如果要交到民間企業手中，就得祈禱這些企業能維持長期的參與，但就我們所看到的矽谷領導者而言，他們的注意力維持時間並不夠長。

把社會公益做成商業、並結合行銷，會是一件危險的事，因為這種做法需要問題本身就有吸引力：如果問題本身沒辦法讓人寫成hashtag，吸引力絕對沒那麼大。一心只想「解決問題」、而且還要快速解決，不但會讓問題本身被扭曲，也會在文化上彷彿將矽谷領導者塑造成救世主的角色。這些人或許是能夠拯救我們，但前提是他們覺得這問題值得救才行。

結論

# 可能的未來

當時是2016年，一場生存危機似乎就在眼前。11月9日，星期三，全球各地的科技愛好者齊聚里斯本，參加從都柏林改至里斯本舉辦的網路高峰會，但一早醒來，就聽說了川普當選美國總統的消息。為了紓發心情、或是希望得知矽谷行家對各項事件的看法，眾人擠滿了會場的中央舞台。原本安排的活動，是由風投業者、創業家及企業高層上場的各場討論、辯論及專題演講，但現在臨時變了樣，成了一場團體心理治療。

會眾是一群來自歐洲及世界各地的年輕科技及行銷專業人士，所有人都震驚莫名。

經過幾天談機器人與AI談得如痴如夢，現在是一幅罕見的景象：台上的領導者正在反省，而且抱著一股謙遜。會場隱隱瀰漫著一種揮之不去的不安：選舉結果如此出人意料，這些人是不是都在過程中推了一把？媒體業已經有許多人把矛頭指向矽谷，全球的專家開始討論民粹運動背後的因素：自動化導致失業、科技部門快速成長、全球化，以及社群媒體上充斥同溫層效應與假新聞，讓政治言論遭到嚴重扭曲。

許多來自矽谷的講者都是熬夜看著大選結果出爐，現在也是一副宿醉未醒的模樣。他們一一上了台，意識到科技發揮了如此大的社會影響力、成了川普當上總統的部分原因，讓他們明顯有些畏縮。

矽谷不喜歡覺得自己這麼糟糕，絕對也不希望覺得自己和川普站在同一邊。大選的結果完全牴觸矽谷所投射出的「價值體系」：受眾人喜愛、進步主義、新自由主義。這當然是精心打造出的形象，與矽谷的品牌與行銷密切相關，但也愈來愈牴觸公司根本的商業利益及公司造成的對立的經濟影響（畢竟，公司的平台、演算法、自動化科技都能帶來獲利，但會造成失業與經濟失衡）。除了提爾之外，許多矽谷人士都大力表態支持希拉蕊，也提供財務捐助，大選的結果完全出乎他們意料。

但當天隨著時間慢慢過去，一個又一個白人男性高層走上舞台，穿著各式各樣的奢華運動服裝、戴著要價高達美金六位數的錶款，以一種現場自我反思的形式，表露他們的震驚。

此時再回想起提爾在2014年都柏林網路高峰會上的發言，實在不堪回首，當時他鼓勵科技公司運用自己崇高的智慧，不斷推進、不斷創新，就算要先顛覆一些規則、之後再尋求諒解，也要在所不惜。科技公司確實做到了。它們完成了創新，也讓世界產生了無法逆轉的改變。

我們會原諒它們嗎？當然，有些科技業者根本也不想要我們的原諒。許多財富正是來自顛覆破壞既有的產業部門（例如Uber的崛起正在此時期）。許多人帶著自己的公司進軍其他產業，完全無視法規，但成功維持營運。於是，更多公司有樣學樣。這種策略已經成了推動改變的新模式。看起來，政府顯已經然成為過時的制度，需要強行推翻，用新的法律來應付創新的腳步。而且對於會場上幾乎所有人來說，這都是個好結果。

隨著時間慢慢過去，台上的反應從靜默轉為憤怒。最能做為代表的，大概就是500 Startups的創辦人麥克盧爾，他在早上的小組討論還嚴重爆走岔題（目前麥克盧爾已經因為遭受性騷擾指控而辭職；但當時他一派正氣凜然地燃燒著雄雄的道德怒火）。他大怒說道：「這整場他X的選舉就是一場該死的笑話。我們不應該只坐在這裡，一副好像沒有他X的事情發生一樣⋯⋯我們被搶了、被姦了、被騙了、被偷了。」

當時，小組討論的主持人是CNN的蘿利．希格爾（Laurie Segall），竭盡全力想讓引導麥克盧爾回歸正題。至於其他討論者則是不安地扭動著身體，因為整個里斯本室內會場的觀眾都在看著。經過多次試圖打斷、安撫與奪回主控權未果，希格爾高聲問道：「講到增加公民參與，科技業是扮演了什麼角色？」

麥克盧爾怒回：「科技的角色，就是我們為這個他X的國家的其他人提供了溝通平台。我們讓這些鳥事就這樣發生，就像有線電視新聞網、就像談話電台那樣。這就是個宣傳媒體，如果人們沒發現自己是被餵了屎、被餵了恐懼的故事、他者的故事；如果他們沒發現有人試圖要利用他們他X的選上總統，最後，一點都沒錯，像川普那樣的混蛋就會選上總統。」麥克盧爾說科技業有責任要協助避免這種結果，並號召觀眾起身抗議。「這個鳥事不能繼續！大家必須為自己的權利站起來，站起來！」台下觀眾一片叫好。現場影片在網路上瘋傳，成了熱門推特文。幾則影片至今仍然可以在YouTube看到。這番咆哮甚至還上了葡萄牙的有線電視新聞SIC Notícias。

至於其他人則比較走反思的路線。Y Combinator的合夥人簡彥豪（Justin Kan）就說：「很有可能，我們只會看到自己想看到的新聞。身為科技專家，我們得找出方法讓人聚在一起……我們會顛覆各種產業。Uber可能是個很好的例子。自駕車要來了，會創造大量的就業機會，但那些人會怎麼做？他們會成為下一個川普的支持者嗎？」

麥克盧爾補充道：「我們批評各國領導人，用某些價值體系、道德與倫理來檢視他們。然而，那些最大企業的經營者，手中的用戶人數可能會比許多國家的國民人數更多。我認為，我們還沒去要求那些人達到同樣的標準，但或許該開始思索了。」

## 科技與公民參與

這件事發生了嗎？目前仍有待觀察。但目前很清楚的是，在2016美國大選與英國脫歐後，已經敲響一記警鐘，讓大家注意到科技對於公民、社會與經濟愈來愈大的影響力。而且，這已經是個廣及全球、無可阻擋的浪潮，背後由消費主義推動，而且在許多方面讓各國政府猝不及防。

各國政府與數位巨獸之間的權力平衡目前已經轉移。Netflix已經在全球上架，打破了過時的區域智慧財產管理系統，提供原創的娛樂服務。透過精心設計的鑽漏洞體系，這些公司可以在選定對自己最有利的國家繳稅，但實際上這些企業已經在全球各國無所不在。

這種全球性的「後邊界」生活，將使科技公司更堅定地掌握主控權。或許這會帶來新的治理體系。正如丹頓所評論：「現在無論在世界哪個地方，都有許多共同的資訊、共同的文化。這是政治，然而是透過另一種方式的政治……民眾的分群如此發散，擁有的不再是地緣隸屬關係，而是文化隸屬關係……或許民眾的投票也該以此為基礎？」

提爾和祖克柏應該都有打算投入傳統政治。然而，矽谷其他人則是在構思著全然不同的治理方式。皮西瓦就說：「在我看來，城市和社群的未來，應該會與更走向共同的生活與工作方式息息相關。」他解釋道：「我講的不是社會主義或共產主義之類，而是說資本主義應該會自然發展演化，成為一種有生命、會呼吸的東西」，將資本主義定義成一種市場形式的自我治理。換句話說，消費者就是選民。這在Uber、亞馬遜和蘋果已經是如此。他說：「那隻看不見的手會變得更加可見，方式則是讓經濟的推動者、也就是人民的集體力量，成為未來的負責人。」

現在的氛圍，讓大家感受到民主體制下的無力、對政治人物的失望；然而，看到自己能夠因為不滿Uber執行長的作為而選擇抵制Uber（他與川普站在一起時，許多用戶就這麼做了），促成實質改變，很容易就能發現為何這種概念深具吸引力。

這一切的前提，在於消費者仍然能擁有控制權，而各家企業也需要討好消費者、希望消費者繼續支持。然而，如果某些科技公司變得規模太大、消費者再無其他選擇，又會如何？消費者如果要擁有這種以購買做為投票的權力，前提是市場上仍有競爭、能夠選擇另一種品牌。而且，也需要新聞及媒體能夠報導企業有何不良行為、導致企業人氣下滑，而逼迫企業做出適當回應、維持吸引力。然而，隨著矽谷的快速成長，以上兩大前提都在迅速產生變化（原因絕不只是因為科技業已經成為媒體而已）。目前的亞馬遜，仍然可能是消費者為王，但等到亞馬遜掌握一切，規則就是由亞馬遜來訂了。

各種的消費者權力，在許多方面其實都只是虛幻。著名的未來學者布魯斯．史特林（Bruce Sterling）就描繪了一幅未來的反烏托邦景象，科技品牌成為社會生物。像在〈物聯網的史詩鬥爭〉一文，他就描繪了一個完全成熟的封建體系，有一個永遠不變的資料農場，而人類都是農場上的工人，被科技領主無情窺伺。他認為，物聯網企業提出的願景和魅力都只是「童話故事」。他寫道：「從政治來看，讀者與物聯網的關係絕非民主，甚至也不是資本主義。這是一種全新的關係：數位封建主義。物聯網裡的人，就像封建領地上的羊，牠們吃草的時候，男爵們就在山頂上的雲端城堡裡不斷監視。」

這種情境真的還很遙遠嗎？包括物聯網（把各種日常物品連接到網際網路）在內，目前的最新發展都是走向視聽聯網。相關物品已經成了居家常見的生活配件。總之，視聽聯網正是史特林筆下情境的超級加強版。

隨著語音科技不斷進步，開始能夠理解罕見的方言、不同的語音，將會讓使用網路的人口更多。偏遠農村地區的文盲問題將不再是問題，Echo都能懂。大家再也不用輸入任何個人資訊、輸入信用卡詳細資訊，也不用在下雪天戴著厚手套的時候狼狽地想點手機叫Uber。網際網路都會知道，而且會不斷學習、適應、預測我們的行為。車子將能自動發動，網際網路會變得像空氣一樣自然。而這樣一來，矽谷科技也會變得同樣自然。然而，這可能會在心理上帶來轉變。直到不久之前，家用科技還清楚可見，是種可以拿來炫耀的地位象徵，看得到摸得著；我們與科技互動的時候，重點仍然在於我們的行動。是我們打開電視，是我們按下「寄出」。然而，等到網際網路成了身邊一片看不見的霧氣一般，我們也很快就會像真人實境秀的參賽者，忘了攝影機還在錄個不停。我們就會成為真人實境秀，但錄下來的還不只是我們在浴缸裡做了什麼不檢點的事，而是一切。

把矽谷企業講得好像為謀權力不擇手段，或許也並不公平。各項科技使用率飆升時，這些創辦人可能根本沒發現科技已經對社會造成怎樣的集體影響，只是注意到賺進多少鈔票。

矽谷文化也有一些比較奇特的公民理念。例如在美國大選之後，「海上家園」（seasteading）也重新躍上頭條，正是由懷抱自由主義理想的矽谷人物率先推廣。這項概念會讓人注意到，首先是因為提爾投資了海上家園研究所（Seasteading Institute）；該所由韋恩．格拉姆利奇（Wayne Gramlich）與帕特里．傅利曼（Patri Friedman）於2008年創立，希望促成在國際海域建立「在海上平台的自主、行動社群」。帕特里．傅利曼是自由主義活動份子，也是諾貝爾經濟學獎得主米爾頓．傅利曼（Milton Friedman）與經濟學家羅絲．傅利曼（Rose Friedman）的孫子。

喬．庫爾克（Joe Quirk）與傅利曼合著了《海上家園：海洋城市將如何改變世界》（*Seasteading: How Ocean Cities Will Change the World*），他提出有趣的觀點，讓我們得以一窺可能的矽谷獨立國樣貌。庫爾克表示：「我們手中的科技，能夠解決世界上最大的兩個問題：第一是海平面上升，威脅沿海社群與島嶼國家；第二是治理方面缺乏創新。這項科技就是我們的浮島計畫，原型已經以漂浮屋的形式漂浮在荷蘭。與我們合作的荷蘭工程師DeltaSync/Blue21，就在鹿特丹設計並建造了生態可永續的漂浮屋。」他也補充道，他們正在法屬玻里尼西亞推動開發另一項計畫：「玻里尼西亞當地人正在啟動水生時代。致力於海上家園願景的企業，正帶頭研發使用海藻的食物及使用藻類的燃料，我對此非常興奮。另外令我興奮的，還包括無須固定的魚籠，能夠自行漂浮於深海，對環境的影響小到測不到，生產的魚也比野生的魚更健康。」

庫爾克相信，我們所知的政府形式其實大有問題。他說：「想像一下，如果有人壟斷冰淇淋市場，每年只給我們兩種投票選擇。不是投巧克力、就是投香草。而只要有51%的人投香草，所有人都得吃香草冰淇淋吃四年。榛果口味或奶油口味？想都想像不到。我們現在面臨的，就是幾億人的治理市場遭到壟斷。想找出更好的口味，就得允許創新，以找出適合不同喜好的口味。我們只要能在海上創造出愈多這種新創奈米國家，就能愈快找出符合人類各種多元價值的治理口味。」

他說，美國人「除了都覺得現行制度大有問題之外，幾乎無法達成任何共識。」這正是絕佳的時機，可以讓大家看到海上家園的概念如何平息紛爭、開始打造現行制度的替代方案。由於壟斷型的政府形式已經愈來愈無法應對二十一世紀的挑戰（例如海平面上升，以及各項選舉不但得花上大把金錢，還會消耗大量的情感能量），海上家園的概念也就變得格外有吸引力。現在大家都知道，如果要做手機，可不能一直待在惠普，得自己跳出來自立門戶、成立蘋果公司，就像沃茲尼克那樣。」

然而，這對我們來說是好事嗎？這個問題的答案，要看你認為這些科技龍頭對人類整體來說是不是好事；也要看你覺得，這些有錢的白人（不喜歡被批評、做事不透明、而且不喜歡繳稅），到底和現在的我們有何不同。

## 成長與就業

「網路泡沫時期，大家非常樂觀地認為，網際網路與1990年代後期的科技將會大幅推動成長，」德勤的首席經濟學家兼合夥人伊恩．史都沃特（Ian Stewart）表示，「科技專家和總體經濟學家意見相當雷同，政策制定者也不在話下。」他說：「政策制定者過去普遍認為，我們正走向更強、更穩定成長的世界。但現在情況完全相反。如果現在去找政策制定者或經濟學家談談，大家都在擔心我們正進入『持續性停滯』（secular stagnation）。所以，情況存在真正的脫節斷離。」（《金融時報》將持續性停滯定義為「在以市場為基礎的經濟中，成長微不足道或完全無成長的情形。」）

換言之，雖然科技公司總說自己帶來產業興盛、能為所有人創造長期成長，而且政府也同意這種說法，但我們目前並未看到它們真正帶來經濟成長，要在未來看到的可能性也很低。所有的實質收益，只落到極小的一群人手中。有些人認為，GDP是有問題的衡量指標，至於共享經濟則是讓某些事情變成免費。Airbnb說自己創造了新的旅行需求，Uber說自己帶來新的交通運輸需求，但整體效應似乎無可否認。

當然，科技公司會提供就業機會，而且數量並不少。史都沃特就解釋道，不同之處在於員工結構與類型，而關鍵在於地理位置。他說：「像臉書、蘋果或谷歌這樣的公司，都雇用相當多員工，但一大問題在於，科技是針對極高的技能、極高的教育水準，給出極大的獎勵。於是，科技本身就讓這種不平等與機會的落差加劇……」

看起來，許多工作都會在幾十年內被矽谷及全球各地創新中心研發的自動化技術取代，於是大家談論的重心也開始轉移到未來的工作將會是什麼形式、還會有哪些工作。貝爾格就說：「我們一直思考哪些工作會在十年或二十年內自動化，想進一步理解人類對此的調適會有何限制，因為到頭來，一旦有了機器人來做人類現在做的事，有一天我們也就不再需要人類來做事了。」

耐人尋味的是，就算在矽谷也有人十分擔心人工智慧造成的影響。祖克柏與馬斯克就曾對此有一場公開爭執。馬斯克把AI稱為「我們做為一個文明所面臨的最大風險」，他在2017年7月的全美州長協會（National Governors Association）大會上說：「在實際看到機器人上街殺人之前，大家並不知道如何回應，因為AI看來實在太優雅空靈了。AI的管控，是極少數我認為必須主動積極監管、而不能事後才去回應的主題。因為我認為，如果等到我們想做出回應，為時已晚。」與此同時，祖克柏認為馬斯克的評論「不負責任」。AI一直是臉書投資的重點。但在2017年夏天發生一項著名案件：開發人員發現兩個聊天機器人已經創造出自己的獨特語言、人類無法理解，最後不得不關閉那套人工智慧引擎。祖克柏現在則相信AI能成為掃除假新聞和假帳號的終極武器。

對於未來的就業問題，矽谷風投業者的回應是認為工作本身就很「無聊」，也認為駕駛工作本來就不該由人類來做（人類的駕駛習慣太不安全），就像開飛機，現在大部分的航程早就是由機器來完成了。他們也談到普遍基本收入或許是種解決方案。（基本收入屬於社會安全形式的一種，指的是國家的所有公民或居民都能定期從政府無條件獲得一筆款項。政府不會要求這些人去找工作，而且這筆錢也與他們自己可能賺到的錢完全無關。目前芬蘭已經在試行這種制度。）在某些更異想天開的情境，矽谷已經讓好萊塢拍出看來更為美好、不那麼可怕的未來，人民無須工作，叫人心嚮往之。可以想像，如果大家都接受這種概念，就不會有末日教徒建著軍事掩體、高喊世界末日要來了。

貝爾格說：「『有工作』這件事，能夠帶來許多其他在價值觀與心理上的好處。〔對於〕不是經濟學領域的人，可能會覺得這不是再明顯不過的廢話嗎？我們早在50年前就該意識到這件事，但我認為經濟學家從未真正考慮過失業或免職所造成比較偏社會方面的影響。」

許多報告指出美國的礦工、貨車司機與零售業員工失業，而包括川普在內的許多專家講的都是要把製造業的工作帶回美國，也認為美國本地的成功企業應該優先讓美國公民（而非移民）就業，特別是那些老是用H-1B簽證從印度和中國雇用高技術工人的大咖科技公司。但史都沃特認為事情沒那麼簡單，最近就發表了一篇文章，題為〈誰從蘋果受益？〉。

他寫道：「從產品設計、行銷到軟體研發，蘋果把高價值的職位留在美國。雖然蘋果的產品及零組件在海外生產，但在美國支出的薪資要比在海外支出的更高。組裝蘋果產品的勞動力，主要來自中國。但組裝工廠則屬於台灣的企業富士康（Foxconn）。中國得到的好處在於蘋果付出的工資、而非蘋果的利潤。賣出每隻iPhone，中國只會拿到其中2%，不到其他日本、韓國和台灣企業的五分之一。」

他繼續說道：「蘋果獲得成功，主要受益者是蘋果本身，以及主要都是美國人的股東和員工。蘋果讓我們看到，電子業的真正價值在於設計、研發與行銷，而非組裝。全球金融危機之後，製造業再次在政策制定圈子裡流行起來。但他們最好聽聽PCIC關於蘋果報告的結論：『最好的……公司，將會持續創造出龐大的價值、高薪的工作，方式正是運用最佳的資源，無論資源處於世界的哪個角落。』」

甚至寫程式這件事，看來也將邁向自動化，就像是紡織工廠的縫紉作業一樣。各國政府必須盡速想出某種解決方案、培訓、或全新產業，才能創造新工作。

## 隱私與人權

目前無論是手機、或是居家的一切，都逐漸成了上網的工具，而各大數位龍頭與政府的角色也持續交融混合，這種種創新的腳步，都代表著未來將會出現許多方面的問題，特別是在隱私方面。國際特赦組織（Amnesty International）的科技及人權主任謝里夫·埃賽德－阿里（Sherif Elsayed-Ali）很快就發現這個問題，特別是因為看到全球政府都對公民進行廣泛監控。矽谷公司所造成的挑戰，在於它們研發的科技基本上完全出乎政府與政策制定者的意料之外，埃賽德－阿里說：「這也就代表，你可以在完全不為大眾所知、完全不受任何監控、完全無須任何框架之下，推動你心中的議題。世界存在著這種真空，而因為這種真空就是沒人在管，所以矽谷公司就拿下了其中的一部分。」

埃賽德－阿里也同意，問題有部分是出於政府就是有任期，於是難以將眼光放遠：「在民主制度下，你想的永遠是未來的四到五年。這會構成你計劃的時間框架，因為你就是要考量下一次選舉。有些事情就是無法預期，像是Uber出現、顛覆了計程車市場，像是Airbnb，這些都叫人意想不到。但有些別的事，應該可以預料到的。」他引用了英格蘭銀行首席經濟學家的研究，內容是各種工作如何遭到自動化顛覆。他說：「在我看來，政府並沒有採取任何具體措施來處理這件事。我們知道有些趨勢正在醞釀，但從這到實際影響政策、到實際影響作為，一切都尚未發生。」

數位環境不斷擴大，國際特赦組織的重點主要在於隱私與審查制度。埃賽德－阿里說：「我們很快就開始研究〔科技革新〕對人權的影響。隨著商業模式慢慢發展成現在這個樣子，很難保護民眾隱私。未來的趨勢，從更強大的人工智慧、自動化、再到基因工程，甚至是能源市場的顛覆，都可能對地緣政治產生重大影響。我們必須料敵機先，必須更進一步瞭解可能的風險。」埃賽德－阿里表示，在即將來臨的許多問題當中，就包括了針對女性的線上暴力，以及預防性警務。他說：「對於已經正在發生中的人工智慧，相關的倫理爭辯又會和人權原則密不可分。」

埃賽德－阿里說，AI是個重要議題，特別是在這個新的公共／私人時代。他說：「AI有一項很令人擔憂的議題，就是用在警務措施的時候（至少已經在英美兩國開始，是運用影像辨識演算法，搜尋警用隨身攝影機所記錄的影像），決策過程不夠透明，也缺乏審查。與此同時，這項議題也得看看誰該負責，確保相關作為都遵守尊重人權的原則。」在治安措施的這個例子裡，該負責的是警方、人工智慧營運商、還是提供軟體的企業？

在埃賽德－阿里看來，這是一條危險的路。他說：「再不用多久，私人保全公司就會開始使用自主性武器（autonomous weapon）。但通常講到AI，不論是用來判斷是否批准貸款、又或是誰會遭到投彈攻擊，重點都在於誰要為所做的決定負責，以及這些決定是否透明。」

矽谷各企業對於資料隱私的做法不同，例如蘋果要捍衛用戶隱私，而雅虎等其他公司則願意與政府共享資訊。埃賽德－阿里認為，不與美國政府分享資訊，部分看來是種保護政策，可說是創下了不與國際上各國政府分享資訊的先例：「這意味著企業無須將資料交給俄國、中國，或是企業營運所在的任何其他國家。」對於政府治理，矽谷各個平台已經造成怎樣的影響？「在撒哈拉以南非洲，各個政府會互相抄襲彼此的做法。每到大選期間，社群媒體就會被封鎖關閉。」

遺憾的是，由於消費者普遍冷漠，難以就相關議題推動消費者本身或政府進一步討論及檢視。埃賽德－阿里說：「民眾知道資料會被用在各種用途，包括用於行銷目的、用來賣廣告、用來被政府監視，但民眾並不知道該怎麼辦，或是感到無能為力。這裡有個根本上的問題：對於自己的資料，我們並沒有真正的掌控權。」確實，大家都三不五時會去同意各種條款，但正如埃賽德－阿里所言，很少人真的會去閱讀條款內容，而且這些條款對於非法律專業的人也如同天書。

FutureGov是一家位於英國與澳洲的顧問公司，協助各國政府邁向數位時代；該公司創辦人多明尼克．坎柏（Dominic Campbell）也認為，民眾對資料或科技與隱私的問題理解相當欠缺；而隨著矽谷擴展到醫療保健、金融財務等種種領域，欠缺理解的後果就令人憂心。

坎柏認為，問題也在於政府往往是被動反應、而不是主動出擊，各種改變常常是「〔出於〕失敗，而不是因為思考了『我們如何從政策面出發來思考科技？』或是『我們做為政府組織，這有何意義？我們能夠控制的層面有多少？有什麼是我們無法控制的？我們要怎樣發揮影響力？』不論哪個國家，都很少有真正的科技專家協助政府推動這種對話。」

他說：「無論在政府內外，都有事情令我擔心。掌權者常常對科技毫無覺察、欠缺相關素養，看不到正在發生什麼事。有多到不像樣的監控資料與共享資料集。」坎柏繼續說道，民眾將財務資料與個人資料與政府共享，已經開始造成問題，而且這種情況不是只在英國發生。

然而，把資料全部交給民間公司也不是正解。雖然政府體制就是動作緩慢，但各種創新的步伐過快也會帶來問題。坎柏說：「每次我要為政府辯護的時候，一起開會的總有些人讓我想跳樓。政府裡的政客和資深領導者對科技一無所知。但與此同時，這種情況有背後的原因，大家的解讀方式各有不同，而我傾向從正面來解讀，也就是這是制衡的力量。政府文化會這樣運作、這樣治理、在社會中扮演著穩定的角色，是有道理的。」

坎柏解釋道：「我們的座右銘是『政府也必須自我顛覆』，要讓自己的服務有吸引力，才能在現代世界具有競爭力。這能夠維繫政府好的一面，也就是民主的手段、可競爭性，能夠對民眾得到的服務做出實際挑戰與負起責任。」而所謂的自我顛覆，他指的不是慢慢改變，而是要徹底破壞創新；是要用矽谷的策略、重新構想各個產業及部門；是要把自己當成競爭者，打破一切，規劃出未來的計畫，而且動作要快。他說，政府不能只因為自己是政府，就希望不受外界的顛覆干擾，這一切已經行不通了。但與政府合作之後，坎柏也在第一線看到有許多層面的治理正走向民間。目前，政府已經將許多大型資料區段與資料池與民間企業共享，或由民間企業營運。

克莉弗也有類似的看法。政府和民主都必須與時俱進，才能讓人民覺得方便使用、與人民密切相關。因此，政府與民主需要瞭解、需要使用科技，而且必須向目前對它們漠不關心的年輕一代自我推銷。她說：「我們以前會在中學教學生公民的重要性，但現在不教了……我們需要教導人民，讓大家知道為何政府很重要。每個人都知道為什麼錢很重要。講到馬斯克，大家講的一定不是『他實在很聰明』，而是『他實在很有錢。』在美國，我們肯定是把『有錢』與『聰明』畫上等號。如果你有錢，你的意見就會比較重要。馬斯克確實十分聰明，但還有許多其他人，根本不該得到我們那麼多的注意力。」

克莉弗在Vote.org的使命之一，就是要行銷民主。她說：「這很難以理解。我覺得這是常識，但真的沒有其他人會行銷『投票』這件事。他們行銷的都是候選人個人。如果想用候選人來增加投票率，靠的是候選人的個人魅力。但那行不通，特別是在地方選舉。」因此，Vote.org把活動的焦點放在投票行為本身，而不是政策或個人。她說：「我們把投票當成像產品一樣來做行銷。蘋果怎麼讓你買手機？可不是一家一家去敲門推銷，而是推出大規模的行銷活動。而這正是我們去年的手法，其中的科技成分，在於我們用一家新創公司來買看板、再用另一家新創公司來寄郵件。運用科技，就能以低廉的成本擴大規模。」

對於年輕人不投票的說法，克莉弗嗤之以鼻。她認為是投票系統過於過時。她說：「年輕選民並不是冷漠……只是他們要投票實在太難了，整個投票系統都是幾十年前設計的，用的是老掉牙的紙本系統。像是選民登記制度，如果沒有駕照，就得用紙本登記，得把表格印出來、郵寄出去。然而，現在已經不像以前有那麼多郵局，現在甚至街上都沒郵筒。沒人知道能去哪裡買郵票，甚至沒人有印表機。家裡有印表機的比例，已經降到大約4%左右。不是年輕人不想登記，是這一切已經與生活脫節。」

她補充道：「我絕對相信，如果投票能方便一些，會有更多人出來投票。」

克莉弗相信，千禧世代將在未來十年間改變政治的格局。她說：「目前，千禧世代只要能有和嬰兒潮世代一樣的投票率，票數就會超越嬰兒潮世代。我相信事情會變得非常有趣，因為這些負面政策還會影響千禧世代長達數十年。嬰兒潮世代總會過世。他們在過去幾年做了一些很糟的決定，把我們害慘了，年輕人將要起身採取行動。千禧世代是頂有趣的。他們能夠取得這些資訊，但我認為他們還需要再一點時間〔才會投入參與〕。這些人大學畢業後，要在開始還學生貸款、或是得要思考健保問題的時候，才會開始產生政治意識。但在我看來，他們在思想上比年長選民更偏向進步主義，也更不會容忍姑息。年輕選民會像是『氣候變遷當然是真的。政府現在對氣候變遷有何回應？』」

就目前而言，政府正處在概念上的十字路口。

## 數位革命者

MV的開場響起車庫搖滾樂，三個青少女正要走出家門，一個還穿著印有女性主義口號的復古T恤，身上刺青、頭髮蓬亂，臥室裡滿是書、唱片、雜誌。在強烈的音樂節奏中，MV開始唸著口語詩，抑揚頓挫，就像是美國常見在咖啡館裡打著響指、朗誦英詩（MV裡用的則是鼓聲）。

> 今天，我身體的運動，就是在一場運動中的一個。
> 這場運動的一抹粉紅輕觸天際線。
> 炭筆勾勒未來。筆記本呼吸，彷彿有生命……

這首詩是一項呼求，要求個人政治也帶點創意。

她們不是你想像的一般青少年。

這首詩的名稱是〈做好你的角色〉（Do Your Part），或者青少年會把它寫成#DoYourPart這個hashtag。整支MV是創意平台「School of Doodle」的宣傳影片，而平台本身已經正能代表Z世代的獨特態度，這是一個由多方提供內容的數位樞紐，涵蓋主題包括政治、女性主義、工藝與創業精神以及環境。

Z世代這群人出生於1990年代中期到2000年代早期，是第一批真正的數位原生世代。他們從小就習慣用手機和數位平台，在有社群媒體的世界裡長大。在這一點上，他們超越了千禧世代。然而，如果把他們只當作千禧世代，是小看了他們。Z世代是幾十年來最投入政治、最認真盡職的一代，不論在各種示威、選舉（只要已經到投票年紀）或行動上，都扮演著主動積極的角色。2018年最有力的例子，就是發生佛羅里達校園學校槍擊案、17名師生遭到殺害之後，由青少年學生領導舉行抗議，對政府當頭棒喝。這群學生無所畏懼又深感憤怒，訴諸社群媒體，批評政府輕忽對學生的保護，也直指華盛頓特區與支持擁槍的NRA（全國步槍協會）捐款有著密切連結。名為「為我們的生命遊行」（March for Our Lives）的抗議活動迅速組織形成，組織者多半為年輕人，並得到喬治．克隆尼、歐普拉等名人支持。強烈的抗議聲浪催生了政治新星艾瑪．岡薩雷斯（Emma Gonzalez），槍擊案後的週末遊行上，她的演講慷慨激昂、雄辯滔滔、言之有物、切中重點，說過去所有未能實行更嚴格槍枝管控的藉口都是「狗屁」。

對這些數位原生世代來說，數位平台正是關鍵，能讓他們用來促成變革，建立各種企業、慈善機構，當然還有個人品牌。他們認定自己是女權主義者、創造者、創業家，是進步主義的信徒。在他們的成長過程中，總統是黑人、同性戀可以結婚，都是再正常不過的事，這對他們來說是文化常規，事情不會再回到過去。另外，他們非常關心環境（在他們看來，氣候變遷就是事實，不是什麼神話迷思）。從前面那首詩也可看出，他們大概是史上最早熟的青少年。再經過接下來的兩次總統大選，他們幾乎都會擁有首次投票權。

隨著這種情形以及千禧世代達到專業成熟階段（也達到候選年齡），有希望看到政府經歷一場大幅改組，重新奪回重要性。這也意味著，我們或許有希望看到謙卑、多元、社會良知、數位平台與科技之間的結合。那會是一種具有靈魂的未來科技。

Z世代將會是美國史上種族最多元的選民族群。根據尼爾森公司在2017年的研究，Z世代和千禧世代的整體種族民族構成，要比過去的世代更多元。Z世代將會有史上最高比例的西裔和非西裔黑人，分別為22%和15%。尼爾森公司表示：「相較之下，最偉大的世代（Greatest Generation，目前在71歲以上）主要是非西裔白人，占78%；非西裔黑人占9%，西裔占8%。」

Z世代的議程也非常進步主義。智威湯遜很早就發現這個趨勢，我們在2015年舉行一項全國調查，發現大多數人並不在意他人的性取向，也有67%擁有性取向不同的朋友；88%表示現代人比過去更會探索自己的性取向；81%的人認為性別並不像過去那樣定義一個人。Z世代對種族的看法也有所不同，有77%的人同意「我對種族的看法與父母那一代不同」。那次調查結束後，我們仍然繼續深入研究，在2016年進行了一項專門針對性別認同與性向的調查，發現美國有56%的Z世代都認識某個會使用中性代名詞的人。如今，Z世代可說是最偏向進步主義的世代，媒體也注意到他們的態度如何在性別議題上帶來典範轉移。《時代》在2017年就有一期封面專題「在他／她之外：新世代如何重新定義性別的意義」。《國家地理雜誌》也有一期特刊是「性別革命」。康泰納仕（Condé Nast）也打造了一個全新的媒體平台「them」，這是一個針對青少年的平台，但透過了LGBTQ社群的觀點。

就連這些人所崇拜的偶像人物，都是抱持著進步主義的目標。薇洛．史密斯（Willow Smith）要讓大家更重視心理健康；阿曼達．史丹伯格積極參與非營利組織「讓孩子不再飢餓」（No Kid Hungry）的活動；英國時尚雜誌《The Sunday Times Style》的Z世代專欄作家史嘉蕾．蔻蒂斯（Scarlett Curtis），則是支持推動一項全國運用，提升民眾對月經貧困（無法得到衛生棉條及女性護理）的意識。

然而，他們的活動絕不只於此。千禧世代和Z世代有一項微妙區別：雖然表面上有著相似的價值觀（環境、女性主義、社會公益），但對承諾的投入程度大不相同。千禧世代頂多就是在臉書上把自己的頭像加上彩虹效果，並在發生巴黎槍擊事件時，在Instagram上發迷因表示不滿。相較之下，Z世代更會有實際行動。例如馬拉拉（Malala Yousafzai）就是最具代表性的例子，許多Z世代的影響者都會這樣投入實際行動。

Z世代也更有可能催出選票。像是2014年蘇格蘭公投將投票年齡降低，允許16、17歲的青少年參加，便可見端倪。當時，18歲以下的合格選民約有10萬人登記投票，比例達到80%。另外，在2016年的脫歐公投當中，18-24歲的登記選民也有64%實際出來投票。

在這個充滿假新聞與同溫層效應的時代，這些年輕人也更可能看穿這些雜訊。這個世代的成長環境讓他們經歷大規模的行銷、不斷接受資訊轟炸，成熟的社群網路與智慧型手機也是他們生活的日常。比起過去的任何世代，這些人不但能接收消費更多的資訊，也很能挖掘出其中的真相。這些人可能是對各個品牌最為批判、最厭惡瞎扯胡說、也最會提出質疑的一群，只要看到任何不滿的行為，就會在社群媒體上直言不諱。（也難怪各家品牌戰戰兢兢。）時裝設計師馬克·賈伯（Marc Jacobs）最近的例子就是證明，他在一場時裝秀上讓白人模特兒使用雷鬼頭造型，引發一片瘋傳撻伐，認為這是一種文化挪用。當時的輿論正是由青少年帶領。同樣地，少女時尚雜誌《Teen Vogue》的所有報導也都會有政治主題，從時尚品牌的包容性、行銷時的代表比例等等，不一而足。

網際網路讓大多數的新聞與媒體（看似）平等，於是難以區分事實與虛構。（至少是對老一輩的人來說。）有些資訊，過去可能只會是手寫的政治傳單、站在街角發放，很快就被人丟棄而認定只是宣傳，但到了網路世界，卻得到新的尊敬。然而，Z世代是這種世界的原生族群，他們已經有能力看穿這種操作。

千禧世代則很晚才參與政治，甚至有些人會說英美的千禧世代是在英國脫歐、美國總統大選之後，才終於開始要參與。然而，就在他們終於下定決心時，要面對的卻是幾十年前嬰兒潮世代政策的陰影，看著這些政策對自己的成年生活有著愈來愈真實的影響。像祖克柏這樣的影響者已經參與得更加積極。等到其中年齡較大的人來到35歲（祖克柏是33歲），就有可能會跳進來，取代目前占據職位那些梳著油頭、古板守舊、西裝筆挺的嬰兒潮世代。

千禧世代執掌的華盛頓會是什麼樣子？他們會做得更好嗎？他們的工作和消費習慣，會讓商業與社會公益結合起來嗎？能做到社會公益的商業，是否真能在美國實行？政府與民間究竟能否找到新的合作方式？

常有人說，千禧世代並不善於應對批評，他們過於自戀、只想到自己，但對一切直言不諱的Z世代將會逼得他們不得不負起責任。而且千禧世代還得應付幾項難題：學生債務。全球經濟危機後，就業市場停滯不前的現實。千禧世代做事的動機一如祖克柏，都是希望解決問題、在工作中找到意義。但與祖克柏不同的一點在於，他們面對的現實就是在生活上無法超越父母。在倫敦和紐約這樣的城市，他們買不起房子，也不可能達到同樣的財務安全或富裕。他們很有可能得工作到90歲。這樣的未來實在有點嚴峻，也因此千禧世代至今仍然對政治無動於衷、沒有試著想做點什麼來改變，這點就讓人覺得意外。

## GAFA合眾國

不同與任何其他產業、機構或政府，矽谷領導人會大膽告訴你，他們已經破解了未來的程式碼。他們正略讀著哈拉瑞（Yuval Noah Harari）的《人類大命運》（*Homo Deus: A Brief History of Tomorrow*），而且到現在也還在讀著克里斯汀生的《創新的兩難》。他們還會參加火人祭，要來恢復心靈（不論靠不靠藥物）；他們穿得就像電影「瘋狂麥斯」（*Mad Max*）的群眾臨演，是在無意間找到下一個大思維。他們的新歡則是哲學家暨學者納西姆·尼可拉斯·塔雷伯（Nassim Nicholas Taleb）所著的《黑天鵝效應》（*The Black Swan: The Impact of the Highly Improbable*），書中認為我們該注意的是自己不知道什麼事、而不是自己做什麼，才能看出歷史的異常、並且洞燭機先（於是能夠躲避或善加利用）。（塔雷伯認為，所有歷史都只是對隨機事件的後見之明。）

《黑天鵝效應》是貝佐斯最喜歡的書之一。他也很執迷於長期思維，認為這樣才能讓自己在未來永不過時（而且那可能是個大家什麼都上亞馬遜買的未來）。但這也就代表要做出違背直覺的舉動，像是先放下眼前的利潤、完全以消費者為中心，背後的道理在於，等到亞馬遜成為全方位的個人商業及娛樂生態系統，一切就會有所回報。《紐約時報》記者大衛·史崔菲爾德（David Streitfeld）說得好：「亞馬遜希望深深嵌入顧客的生活中，讓購買行為就像呼吸一樣自然、幾乎也像呼吸一樣頻繁。」

矽谷領導人所擁護的方法，已經大大影響了整套工作理論，未來也會繼續發揮影響力。現在所有人都用Beta測試階段的心態來生活，要「快速行動、打破陳規」、「疊代」、「做出關鍵轉變」（pivot）、「先求有再求好」。

各種產業都想複製矽谷的行為，就算現在還沒這麼做，不久之後也會如此。

但同樣地，這可能都是事後之明。史都沃特說：「我們都會談臉書，但不會談Myspace。平均來說，如果你買了整個科技指數，過去十年的獲利應該相當不錯。但這裡會有生存偏見，因為只要是失敗的科技公司，就會被踢出科技指數。」

然而，這股矽谷熱潮本身真的延續嗎？它真能預測未來嗎？

未來學者史特林就向我預測：「如果這些企業都被收歸國有，就可能不得不調整。」這會像是形成一個GAFA合眾國。但他也說，這些企業可能都會被更便宜、更有效的亞洲平台摧毀。

凱文·凱利說：「我並不認為它們真的在所有事情上都那麼重要。每間公司都很容易被取代，我認為十年內它們就會消失。在我看來，他們和第二級那成千上萬的其他企業並無不同。就某些意義上，他們就像是企業界的金卡達夏（Kim Kardashian），大家都會注意它們在做什麼。」

史都沃特問：「在過去70年裡，任何科技公司能領頭多久？現存的美國重要科技公司，有多少比例的歷史有超過20年？我認為蘋果可以算得上一間，但絕大多數企業並沒有……我認為科技部分極具創意，但也是資本的大破壞者，所以這一切就非常物競天擇。」這樣一來，如果真由它們接手公共服務，會是什麼情形？如果Uber吃下所有大眾運輸、消滅所有計程車公司，成為我們主要的交通方式，但最後仍然無法轉虧為盈、終於耗盡所有資本，最後是否需要收歸國有？

到目前為止，許多矽谷龍頭都是靠著收購（而且價格高昂），才能維持業務。2014年，臉書以220億美元收購了WhatsApp，也在2012年以10億美元收購了Instagram（但感謝老天）。根據研究機構iStrategyLabs指出，在2011年至2014年間，有1,100萬青少年不再使用臉書，但Instagram仍然維持每年兩位數的成長。

近來，各家企業都開始互相侵吞抄襲，無論是在自駕車、智慧型手機、家用智慧喇叭、快遞運輸、商業通訊、支付服務，各家都希望自己成為自給自足的主流生態系統。亞馬遜和谷歌都想搶下智慧家庭控制中心、搜尋、運輸及購物的版圖；谷歌和Uber都想搶下自駕車；Uber和亞馬遜則是想搶市區快遞。這些例子，講都講不完。

許多人投資於擴增實境（AR）、虛擬實境（VR）、混合實境等等（所謂擴增實境，是在現實空間再加上一層數位影像）。科技顧問公司IDC預測，從2015年到2020年，頭戴AR和VR裝置的出貨量將以108%的複合年成長率增加，達到7,600萬台。臉書、三星、谷歌、蘋果、亞馬遜和阿里巴巴都在大力投資VR，可以想見，未來會試著讓這項科技用在社交上。

雖然一開始大多關注的多半是VR，但目前能真正引發熱潮的似乎是AR。精靈寶可夢GO的現象或許可做為先例，而今日的矽谷企業及許多零售商也急於推出AR產品及服務。例如在2016年底的雙十一購物節，阿里巴巴就特地打造了自己的AR角色與行動購物遊戲。2017年，擴增實境也已經從利基科技轉成必備功能，成了各大科技龍頭的兵家必爭之地，也讓人研發出大量工具，要將擴增實境的功能放進行動裝置。蘋果就推出ARKit工具包，能讓軟體開發人員為iPhone打造AR體驗。谷歌也推出相對應的安卓版本ARCore。蘋果執行長庫克在2017年10月告訴《Vogue》雜誌：「我認為沒有任何產業或部門能夠免於AR的影響。」這可能會很有得瞧。對零售、娛樂和廣告收入來說，AR的可能性無窮無盡。行人走在街上，就能叫出一面數位影像來呈現附近酒吧的資訊，也可以把一面數位資訊影像放在超市貨架上，查看巧克力棒的營養成分。如果要買沙發，也可以先將沙發的數位影像與家中的實景虛擬疊合，看看是否合適。未來還會有更多發展。

時任英國版《連線》雜誌副主編的羅蘭德·曼索普（Rowland Manthorpe）說道：「虛擬實境目前的問題在於還不夠社交，只是用來遊戲。但這最後會讓它無法得到大規模的採用。在出現社交用途之前，影響力會很有限」；曼索普相信，VR想擁有更多使用者，就需要走向社交用途。馬克·祖克柏顯然也這麼認為。在備受矚目的2017年V8大會上，臉書推出了一項「Spaces」（空間）功能，用戶可以自己創建3D化身，用於臉書的視訊通話，或透過VR頭戴裝置投射至遠端。

至於像是The Void的遊戲公司，也試著以互動式多人遊戲，將這項功能社交化。一切才剛開始而已。像是High Fidelity之類的公司，就正在嘗試以VR創造無限的3D社交情境。〔High

Fidelity的創辦人是菲利普・羅斯戴爾（Philip Rosedale），他也曾創立著名虛擬世界「第二人生」（Second Life）。〕甚至也出現了VR主題樂園，像是VR World虛擬實境體驗中心，就位於時代廣場以南，迎接著曼哈頓與各地的遊客。（整個中心占地遠遠小於一般主題樂園，畢竟它整個野性迷幻的世界都是虛擬的。）

雖然這股熱潮正在減退，但還是可以看出虛擬實境的潛力。常常有人說「這是一種同理心的機器！」，講的正是VR沉浸式的特色，能為它帶來特殊的情感能力。VR藝術家暨研究先驅莫莉表示：「這句口號確實說得不錯，但就算這能讓你設身處地20分鐘，重點在於同理心必須產生持久的效果。你不能只說『天啊，我有了5分鐘的同理心』，不是這樣的。同理心是一種內心的改變。」

雖然虛擬實境的議題甚囂塵上，但這種裝置等於讓人長期孤立，很難想像怎樣才會成為家用設備的重點。回想一下現已不復存在的谷歌眼鏡（Google Glass），這項裝置能在環境中加上一層資訊與圖像，但仍以失敗告終。事實上，到底有哪些消費科技，是要求人穿戴上某個設備才能進行娛樂、而且最後還能成功成為主流？你會發現很難找到這樣的例子。很多時候，就連眼鏡也遭到隱形眼鏡取代（然而，戴著Warby Parker鏡架的紐約布魯克林人可不會這樣）。也許下一步就是隱形眼鏡？

但不論如何，許多消費者可能並不想要這樣的未來：走在路上看著街景，視野就自動跳出一個擴增實境的廣告，不論走到哪，都要人按讚或是打卡。如果是智慧型手機，至少你還能乾脆放在口袋裡。關於人類有一項不變的事實：講到環境的時候，我們並不喜歡中間再卡著一片玻璃螢幕。

至於VR在專業上的應用則比較有吸引力。VR目前已經作為醫療工具，治療出現創傷後壓力症候群的士兵。碧玉（Björk）也用來拍出多部壯觀、沉浸式、深具藝術感的MV。導演強·法夫洛（Jon Favreau）也製作了一部虛擬實境電影「小矮人與哥布林」（*Gnomes and Goblins*），採用認知、非線性、遊戲化的形式，觀眾彷彿身處在夜間發著光的神話森林，要餵食一些小動物來贏得牠們的信任。目前，VR仍然是種非常強烈的體驗，而不像看電視或電影那樣輕鬆無負擔。像莫莉這樣的專家就擔心，長時間使用這種沉浸式科技可能對健康造成影響。

但等到科技不只能形塑你的生活和行動，還能形塑你對自我的意識、甚至是記憶，就已經沒剩下太多可以顛覆的了。

## 正在洩氣的氣球？

但對矽谷來說，潮流肯定已經發生轉變。根據對民間市場的估值，可以看到科技的繁榮在2014至2015年間來到高峰，接著便走下坡。熱門科技公司的估值已經下降大約40%。Uber雖然持續成長，但也正承受驚人的損失。

這種情況還要多久？這會不會是個泡沫？

許多矽谷公司的估值飆到如此高度，而估值的重點又以規模比利潤更重要，讓我們覺得這很可能又是一次泡沫。溫瑪荷絲表示：「在上一次的泡沫，基本情況非常不同。Netscape上市的時候，上網人口大約只有5千萬，而且還是用撥接上網。但現在是有大約25或30億人口永遠連在網路上。不論走到哪，永遠有網路，於是市場規模也發展得難以掌握。有些點子雖然沒有成功，像是生鮮電商Webvan，但其實並不是壞點子。」

目前的文化，仍然是就算並未獲利、也能擁有高估值。阿瑟頓就說：「這簡直叫人灰心喪氣。」

克莉弗認為，目前的局面甚至比網路泡沫時還糟。她說：「當時我們對Myspace的期許就是要能夠實際獲利，所以我們的決策都是希望增加廣告收入。但現在有許多新創公司是永遠不可能獲利，完全只靠風投基金在營運。如果是在今天的投資風氣下，搞不好Myspace還可能繼續存在。另一件大家都忘記的事是，2006年Myspace還很流行的時候，政府曾經威脅要關閉Myspace，說是為了兒童的上網安全。為了遵守政府強加的要求，Myspace不得不投入數百萬美元，而那是後來造成Myspace倒閉的重要原因。但現在就是一團混亂。」

到目前為止，許多矽谷商業模式都是希望靠著演算法來擴大規模（無須工廠實體，就能達成指數成長），於是取得超越一般的地位及利潤。然而最近，由於它們的影響力及相關的濫用行為，已經有壓力要它們擔起更大、更成熟的責任。例如谷歌的母公司Alphabet，正在試圖透過Jigsaw這個育成中心，以對話AI（Conversation AI）研究來過濾騷擾語言。Jigsaw創辦人暨總裁杰瑞德．科恩（Jared Cohen）告訴《連線》雜誌：「網路挑釁（trolling）與其他邪惡的手法，讓一些惡意的聲音得到不成比例的重量，而我希望運用我們手中最佳的科技，開始應對這種問題。」但還是有些缺陷存在。隨著矽谷取代像是媒體業與飯店等傳統產業、但繼續躲避責任，緊張局勢還會繼續升高。

矽谷過去累積的文化資本似乎正在流失。一方面是出於監控文化，讓人迅速且深刻感受到一種反烏托邦的局勢；另一方面，矽谷曾看來如此新穎，但現在過了至少十年、矽谷企業變得如此龐大，卻頂多讓人覺得就是一間企業，甚至是覺得平凡無奇。關於多元性的呼聲愈來愈響亮。至於對女性的待遇以及薪酬，也成了爭議焦點。

近來，民眾已經更加注意到女性創辦人與投資人，而不只是矽谷的女性主管問題。隨著以女性為中心的消費科技產品市場擴大，未來可能會有更多女性展露頭角。隨著有更多報導討論零工經濟的殘酷面，以及承包商收入低微、競爭環境惡劣，可能會看到像Uber這樣的公司面臨更多壓力。

儘管如此，矽谷許多大型企業的規模似乎並不會改變。而且隨著它們進軍新市場，還有許多新的發展，但或許就不能像現在，如搖滾巨星般受到崇拜。或許它們的命運就會像微軟一樣，仍然能存活、仍然無所不在、仍然極為強大，像是Word、Excel。我們還是會每天上臉書，但雜誌封面和名人金句將有新人接手。這些矽谷企業會變成巨大的公司機構，而被更誘人的新事物取代。矽谷不再如星塵般遙遠，而是可信賴的家具，只不過什麼都看得到、什麼都知道。而且到頭來，輪到矽谷也成了巨大的機構，民眾可能就會覺得它們很邪惡，並將之妖魔化。它們將會如此融入制度，而我們無力改變它們。

你知道的，就有點像政府。

## 不起眼的安全網

美國政府其實做了許多好事，也透過各種方式資助科學及研究，才讓我們得以擁有今日的各種科技奇蹟，但民眾常常會忽略這些政府作為。美國政府透過合約形式，資助馬斯克的太空旅行，但等到馬斯克把一台特斯拉送上太空，卻只有他得到所有榮耀。在打造Siri與網際網路的過程中，美國政府也扮演著關鍵角色。另外，也是靠著政府建造及維護的道路，才讓科技勞工能夠抵達上班地點。還有關鍵的一點：有些最後一哩的服務，沒有民間企業願意負責，這時也只能靠政府。（英國皇家郵政能把包裹寄到遙遠的蘇格蘭群島，但亞馬遜不行。）

雖然有以上諸多成就，但我們仍然對政府嗤之以鼻，覺得政府動作太慢、太無聊、與人民距離太遠。

智威湯遜為本書進行全美消費者調查，調查1,000人的結果就很能看出這種情形。這項調查的目的，是希望以量化方式探討民眾對治理、媒體、科技以及本書所提某些問題的態度。2017年，美國大選結果餘波蕩漾，有67%的民眾表示，不相信現行的治理體系「能夠帶來美國人目前想看到的變革」；76%認為應該要有更好的選舉制度；只有33%非常同意「政府官員真心關心我的最大利益」；此外，68%同意「政府官員常常就是在說謊欺騙」。

然而，對於矽谷是否該介入，意見卻顯得分歧。絕大多數消費者認為網際網路應該屬於公用事業，但大多數人也無法判斷是否應該比照水、電、道路建設來管理。關於政府與矽谷誰更有能力經營各種部門，認為政府更適合處理移民問題的占71%，道路和橋樑59%，醫療保健55%，學校教育52%，交通運輸49%，金融銀行業務44%。

如果矽谷接管公民部門（civic sector），他們覺得如何？受訪者有三分之一（33%）表示，如果矽谷接管醫療保險，會讓他們感覺「緊張」。同樣的問題，醫療保健33%，警務治安37%，監視控管33%，戰爭事務41%，教育事務25%，城市發展24%。

然而，也有一半的消費者（50%）覺得美國政府已經太老掉牙。相較於政府，谷歌和臉書在創新、智慧與信心指數的表現顯著高出一截。

換言之，雖然民眾對政府並不滿意，但如果真要讓矽谷接手各種重要生活面向，這樣的未來似乎也很駭人（雖然矽谷企業看起來確實更有活力、也更有趣）。顯而易見的是，由於資源愈來愈少、醫療保健與教育系統壓力沉重、人民對政府信心不足，大家很期盼能夠重新定義公／私部門解決問題的方法。

政府在哪裡做錯了？在二次世界大戰期間，政府領導者是人民的希望燈塔、基石、思想領袖。戰後，對於由政府來控制自己的生活，歐美民眾給予了前所未有的信任。但自從那時起，許多市場上的社會投資不斷崩解，而我們對於社會老弱的集體責任感也隨之消逝。（根據美國經濟分析局的EPI分析資料，從1949年到2009年，美國政府在基礎設施及社會服務的支出成長率從77%降到-6%。）到了1970及1980年代，柴契爾夫人與雷根等領袖將政府斥為「龐大」、「臃腫」、「昂貴」、「多管閒事」。與此同時，社會服務與福利國家等措施似乎就成了不必要的浪費。到了柯林頓與布萊爾的時代，新自由主義興起，出現所謂第三種方式，認為可以同時做到有效率、有利於商業、而且維護良善。然而，左派往中間靠攏，只是削弱了工人階級，讓社會上最貧窮的階級幾乎沒有得到任何保護。也因此，出現了像桑德斯（Bernie Sanders）這樣的人物，要振興純粹的左派立場；也出現像川普這樣的民粹主義右派總統，雖然要吸引的是同一批社會經濟群體，但方式是承諾保障製造業、重獲民族自豪、提供新工作（但遺憾的是，這次卻帶著強烈的法西斯主義與種族主義氣息）。

這裡也有更大的文化力量參與。表面看來，政府並未引領創新（雖然政府可能是默默投資著高科技發明，通常是為了戰爭因素）。對於富裕的城市千禧世代而言（他們也是最大的消費族群），或許也是因為世界已經如此全球化，要他們再相信國家是所有人共同的目標，似乎實在太愚蠢。這些人早就忙著在古巴自拍、在Instagram上面發著各種純素美食的照片、買著露露檸檬的瑜伽褲，還有要養出美觀的小鬍子。也有可能是他們已經太後現代、太「後設」，再也無法相信這麼傳統的東西。畢竟，這可是個串流服務商Hulu會用假實境約會秀製作著高概念（high concept）「戲劇喜劇」（dramadies）的時代。民眾的分群程度比以往更嚴重，也就代表似乎很難讓人有什麼共同的目標。原因可能在於，透過數位平台，我們目前所有錢都只花在科技上，於是科技部門也就成了唯一還有足夠資源做事的部門。

有時候，從品牌角度出發也很有幫助。政府和政治的問題，有一部分在於無法與年輕人切身相關，於是也無法發揮影響力。矽谷企業有著如同品牌的思維，或許政府也該如此，要讓自己的作為與角色看來更具吸引力、更有價值，並讓參與選舉成為公民必須負起的責任。又或者，要讓政治人物的工作看起來更值得信賴。在這個時代，每個消費者品牌都會靠著自嘲，讓人覺得它們真實而透明。如果政治人物也是品牌，大概對於大多數千禧世代和青少年來說，都不會有什麼吸引力。

經歷2016及2017年的政治動盪後，還需要考慮世代落差（generational divide）的問題。絕大多數美國年輕人都會投給希拉蕊，而不是川普。絕大多數英國年輕人也都會投票選擇留歐。這些事情打擊了年輕人對民主的信任與信心，讓許多人開始考慮其他替代方案。

美國大選落幕，2017年頒布伊斯蘭國家旅行禁令，矽谷人物開始公開高聲批評美國政府，但某些人可能開始有一種奇怪的感覺：安心。安心的點在於，覺得有個政府以外的權力中心、能夠真正做些事；就算做不到這點，至少是在覺得政府無法代表自己立場的時候，起身對抗政府。面對現在大規模的政治焦躁、多變、只關心自己的近法西斯主義（near-fascism），矽谷開始看起來也沒那麼糟。這也正說明著，從歐巴馬的穩定走向川普政府，是個多麼戲劇性的轉變。

我自認是個進步主義、住在沿海、受過良好教育的都市富裕千禧世代（也是個偽善的Uber上癮者、亞馬遜購物者、WhatsApp使用者），對於政治局勢大感沮喪。像是穆斯林禁令、對國家公園的保護縮水，似乎無所不在。而在英國，似乎每天的新聞上也能看到縮減像免費學校午餐等服務，或是進一步縮減警察福利。這簡直像是一陣恐懼的旋風襲來，而我無能為力。

然而從政府權力來看，2017年是耐人尋味的一年。川普公布各項命令後，民間企業已經站出來公然違逆或公開挑戰；政府無論在我們的心裡或實際的影響力上，都看來微不足道。

矽谷真能替代政府嗎？真該讓它們贏得理所當然嗎？

矽谷能提供的東西，確實威力強大、充滿活力，十分誘人。矽谷現在也因為得到消費者的支持與認同，而占據主導地位。然而，矽谷究竟還需要消費者支持與認同多久，必須嚴正考慮，因為時間一過，就很難再對矽谷的作為有任何控制。

目前，矽谷的影響已經愈來愈大，任何人如果還想在工作上或社會中發揮作用，已經愈來愈不可能走出它們的系統。對許多人來說，生活和工作如果沒有了臉書、谷歌、亞馬遜、Uber、微軟、Instagram、蘋果、YouTube、WhatsApp，恐怕一週也撐不住。這些都是由消費主義推動的沉浸式品牌，但隨著它們進入醫療保健、教育、交通運輸與金融領域，成為高度網路化的巨獸，創造出的品牌生態系統就會成為無法逃脫的堡壘。而消費者要在當中造成影響的力量也將消失。

這股不斷成長的力量究竟有多大，很難全面理解。大多數人都知道這件事，有些人甚至會把筆記型電腦的攝影鏡頭貼起來，但除此之外，很少有人積極採取行動去改變什麼。原因就在於整個概念已經過於巨大、影響力也過於強大。然而，這是我們必須迅速掌握控制權的事。而政府更應該迅速掌握控制權。政府正在迅速變得無關緊要，有待千禧世代重新振興，再不然就得期待充滿活力、超級連結、認真盡職的Z世代。與此同時，矽谷的遠大理想目標與承諾（在沒有競爭對手的情況下），或許能提供一種叫人放心（但危險）的替代方案。或許至少比目前那群老頭看來要毀滅地球來得更好。

民眾雖然對隱私問題感到焦慮，但谷歌、蘋果、臉書、Uber、亞馬遜等企業所提供的便利，已經說服民眾自願交出大量資料，換取節省時間、擁有個人化商品，並在每天投入無數時間與這些企業互動。雖然媒體與政府對矽谷的批評不斷增加，卻並未影響民眾的愛用。或許矽谷還會做出些更快、更好的東西呢？只要講的是科技、有大衛・鮑伊的音樂、又說要拯救世界，大家就會埋單。反正，誰還需要政府呢？貝佐斯正在拯救波多黎各與醫療保健系統。Uber讓我們有便宜的計程車可搭。一切都會很好的！重點在於，會讀到這本書的人，多半不是那些最需要政府的人。那些人搭不起Uber、上不了急診、買不起MacBook。而這些人可能很快就得指望著一群白人、男性主導的民間企業能夠垂憐，才能讓他們維持生計，而這些人面對的問題也得符合新的「社會企業使命」、適合拿來做行銷用途，才會得到關注。要重新打造目前的服務與系統是件好事，但打造出的應該要是不同、而且更好的服務與系統。應該要提升包容性、而非減少。應該要更能代表所有人、而非只是少數人。目前，科技的未來願景幾乎全由享有特權的白人來打造，或許表面看來符合未來主義，但其中的意義並未改變、甚至是更糟。社會將變得更不具包容性，只有一小群人會過得更好。

#MeToo運動掀起一陣浪潮，暴露出權力的濫用，也讓人看到當今的權力結構大幅偏向男性、輕忽女性與少數族群。偏向有錢人、輕忽窮人。這項運動點出讓所有種族的女性及部分男性遭到不當對待的層層疊疊而複雜的結構。從#MeToo到#TimesUp（#該停止了），眾人已發出怒吼，當前體系的時日也已無多。情況不能再這樣繼續。然而，我們仍然站在危險的邊緣，很可能會把最強大的工作，交給最父權的白人產業。

# 謝辭

感謝智威湯遜策略長Guy Murphy與人才長Laura Agostini，對我寫這本書的支持與鼓勵。當然也要感謝智威湯遜的全球執行長、大英帝國勳章得主Tamara Ingram。

也要感謝智威湯遜品牌智能全球總監暨智威湯遜研究部門Sonar主任Mark Truss，協助本書所用的各項原始消費者調查數據（包括特別為本書進行的調查）。還要感謝我的團隊，特別是趙伊雯（Emma Chiu），她是我們絕佳的創意創新總監、我的副手、我的朋友，她和其他朋友及家人在整個過程當中對我多所容忍。

還有許多可信可靠、長期以來的合作者，協助我研究並提升了這本著作。我永遠感激Hester Lacey，感謝她的專業、積極、與慷慨。也要感謝Anna Melville James和Paul Rodgers的協助與幽默。此外，還要感謝Nayantara Dutta、Nina Jones、Julie Cotterill與Jaime Eisenbraun。

多年前，未來實驗室的共同創辦人暨所有者Martin Raymond

聘我擔任未來學家。我至今仍將他視為導師、朋友，也是我（幾乎）每當想逃避說出自己真實想法時會拜訪的對象。謝謝你，Martin。感謝我的文學經紀人Robin Straus和Katelyn Hales，以及Dan Smetanka、與他在Counterpoint Press的優秀團隊。

最後但同樣重要的是，感謝為本書提供時間與見解的人。我盡可能拜訪了許多權威人士，而幸運的是我得以見到其中最頂尖的幾位。並不是所有人的話都會在書中引用，有些提供的是重要的介紹、也有一些提供了非正式的建議。這一切都促成了最後的全景，我希望就算讀者不同意其中論點，也能覺得這幅景象細緻而周密。

以下排列無特定順序：

Jane K. Winn（康涵真），華盛頓州西雅圖華盛頓大學講座教授，Center for Advanced Study & Research on Innovation Policy主任。

Andrew Blauvelt，密西根州布魯菲爾德希爾（Bloomfield Hills）Cranbrook Art Museum館長。

James Wallman，未來學家，著有《*Stuffocation: Living More with Less*》。

Alexandra Lange，建築及設計評論家，著有《*The DotCom City: Silicon Valley Urbanism*》等書。

Puneet Kaur Ahira（普妮特・卡爾・亞希拉），Shared Magic的共同創辦人暨營運長，曾在歐巴馬任內擔任美國科技長Megan J. Smith的特別顧問。

Dominic Campbell（多明尼克・坎柏），FutureGov創辦人暨執行長。

Adam Thierer（亞當・希勒雅），喬治梅森大學馬凱特斯中心科技政策部門資深研究員。

Benjamin Soskis（班哲明・索斯基斯），喬治梅森大學城市研究所非營利組織及慈善事業中心研究員。

Ben Nelson（班・尼爾森），密涅瓦的創辦人、董事長暨執行長。

Bob Safian，Flux集團創辦人，曾任《Fast Company》編輯。

Christopher Kirchoff（克里斯多夫・基爾霍夫），哈佛大學甘迺迪學院政治研究所訪問科技學家，曾任美國國防部矽谷辦公室DIUx合夥人。

Clair Brown，加州大學柏克萊分校經濟學教授，工作、科技及社會中心主任。

Dale J. Stephens（戴爾・史帝芬斯），UnCollege創辦人。

Dan Pallotta，演講者、作家、改革者、Charity Defense Council創辦人暨主席、Advertising for Humanity主席暨執行長。

Daniel Stevens，「問責運動」常務董事。Marian Goodell，火人祭計畫執行長。

Robert Scott，律師、Further Future創辦人。

David Callahan，《Inside Calnthropy》創辦人兼編輯。

David Golumbia（大衛・果倫比亞），維吉尼亞聯邦大學英語系/MATX博士班副教授，著有《*The Politics of Bitcoin: Software as Right-Wing Extremism*》（《比特幣政治：軟體作為右翼極端主義》）。

Nick Denton（尼克・丹頓），高克傳媒創辦人。

Delaney Ruston, MD，MyDoc Productions總裁，紀錄片

《Screenagers》導演兼製片。

Molly Maloof（莫莉・瑪洛芙），舊金山的醫生、科技專家兼健康專家。

George Berkowski，Hailo創業者兼創辦人，著有《*How to Build a Billion Dollar App.*》。

Bruce Sterling（布魯斯・史特林），未來學者，賽博龐克（cyberpunk）作者。

Tiffany St. James（蒂芬尼・聖詹姆絲），數位轉型策略家暨演講人，BIMA常務董事，前英國政府社群媒體主管。

Jimz Leach，Zinzan Digital創辦人，曾任英國外交和聯邦事務部數位業務主管。

James Russell，建築評論家。

Joe McNamee（喬・麥克納米），歐洲數位權利常務董事。

Aaron Dorfman（阿倫・杜夫曼），國家慈善事業響應委員會主席暨執行長。

Keith A. Spencer，文化評論家，《Salon》的科學/科技主題管理者。

Kevin Kelly（凱文・凱利），《連線》雜誌的創始執行主編，《Whole Earth Review》前編輯／出版人。

Joe Quirk（喬・庫爾克），與帕特里・傅利曼合著《海上家園：海洋城市將如何改變世界》（Seasteading: How Ocean Cities Will Change the World）。

Kosta Grammatis（科斯塔・格拉馬蒂斯），工程師、科學家、企業家、主持人。曾於Space X和MIT任職，也是A Human Right創辦人。

Steve Blank（史蒂夫・布蘭克），史丹佛大學創業兼任教授，著有《*The Startup Owner's Manual*》。

Tom Bedecarre，AKQA共同創辦人暨執行長。Yse Behar，Fuseproject創辦人暨執行長。

Richard Hill（理查・希爾），在日內瓦的獨立顧問，曾任聯合國國際電信聯盟資深人員。

Robert J. Gordon，經濟學家，著有《The Rise and Fall of American Growth: The U S Standard of Living since the Civil War》

Ravi Mattu（拉維・馬圖），《金融時報》科技、媒體及電信新聞編輯。

Rowland Manthorpe（羅蘭德・曼索普），Sky News科技通訊記者，曾擔任英國版《連線》副主編。

Ryan Mullenix（瑞恩・穆雷尼克斯），NBBJ建築事務所合夥人。

Shernaz Daver（雪娜茲・達芙爾），GV合夥人，曾任Udacity行銷長、谷歌風投執行顧問。

Eva Goicochea（伊娃・葛伊蔻企亞），Maude創辦人。

Sherif Elsayed-Ali（謝里夫・埃賽德－阿里），國際特赦組織全球議題主任、科技及人權主任。

Sylvia Allegretto，勞工經濟學家，加州大學柏克萊分校工資和雇用機制中心（Center on Wage and Employment Dynamics）共同召集人。

Thor Berger（索爾・貝爾格），隆德大學經濟史系博士後研究員，牛津大學馬丁科技與就業計畫（Oxford Martin Programme on Technology and Employment）副研究員。

Sheila Krumholz（希拉・克魯荷茲），回應政治研究中心執行長。Martin Husovec，提堡大學法律、科技與社會研究所助理教授。

Michael Hawley，數位媒體領域的教育者、藝術家、研究者，曾任麻省理工Alexander W. Dreyfoos Jr.講座教授。

Leslie Berlin（萊斯莉・柏琳），史丹佛大學矽谷檔案庫專案歷史學者，著有《矽谷攪局者》（*Troublemakers: Silicon Valley's Coming of Age.*）。

Naveen Jain（納維・傑恩），Viome與月球特快車（Moon Express）的創業家、風投業者、慈善家、投資者。

馬肯・菲利普斯，CARE數位長，前白宮新媒體主任。

Amber Atherton（安珀・阿瑟頓），Zyper創辦人。

Edward Alden（愛德華・奧登）美國外交關係協會Bernard L. Schwartz資深研究員，專長為美國經濟競爭力、貿易政策、簽證與移民政策。臧東升，華盛頓大學法學副教授，亞洲法研究中心暨訪問學者計畫主任。

Leslie Lenkowsky，布魯明頓印第安納大學公共與環境事務學院公共事務和慈善事業榮譽教授。

Max Ventilla（馬克斯・文迪拉），AltSchool創辦人暨執行長。

Eric Haseltine博士，神經科學家、未來學家，曾任迪士尼公司幻想工程常務副總裁暨研發主任，美國國家安全局研究主任。

Julia Powles（茱莉亞・鮑爾絲），劍橋大學研究員，參與法學院與電腦實驗室（Computer Laboratory）之間的跨學科計畫，她也是《衛報》的前任特約編輯及政策研究員。

Ian Stewart（伊恩・史都沃特），德勤合夥人暨英國德勤首席經濟學家。

Jacqueline Ford Morie（賈桂琳・莫莉）博士，All These Worlds LLC創辦人暨首席科學家。

Margit Wennmachers（瑪吉特・溫瑪荷絲），安霍創投合夥人。

Louise A. Mozingo（路易絲・茉津戈），加州大學柏克萊建築、環境規劃與城市設計教授暨系主任。

Megan Tompkins-Stange（梅根・湯普金絲－史坦格）：密西根大學福特公共政策學院（Gerald R. Ford School of Public Policy）助理教授，著有《政策贊助人：公益、教育改革和影響力政治》（*Policy Patrons: Philanthropy, Education Reform, and the Politics of Influence*）。

Rob Lloyd（羅伯・洛伊德）：Virgin Hyperloop One執行長。

Shervin Pishevar（謝爾文・皮西瓦），風投業者，曾任Sherpa Capital常務董事暨Hyperloop One常務主席。

William McQuillan，Frontline Ventures合夥人。Debra Cleaver（黛博拉・克莉弗），Vote.org創辦人暨執行長。

Baroness Susan Greenfield, CBE, FRCP，NeuroBio執行長暨創辦人，也是作家、廣播員和英國上議院議員。

danah boyd（達娜・博依德），微軟研究院首席研究員，資料與社會研究所（Data & Society Research Institute）創辦人暨所長，紐約大學客座教授。

Naomi Kelman（納歐咪・凱蔓），Willow總裁暨執行長。

財經企管 BCB680

# 矽谷帝國：商業巨頭如何掌控經濟與社會

## Silicon States– The Power and Politics of Big Tech and What It Means for Our Future

國家圖書館出版品預行編目(CIP)資料

矽谷帝國：商業巨頭如何掌控經濟與社會／
露西・葛芮妮（Lucie Greene）著；林俊宏 譯.
-- 第一版. -- 臺北市：遠見天下文化, 2019.12
352面；14.8x21公分. --（財經企管；BCB680）
譯自：Silicon states : the power and politics of big tech and what it means for our future
ISBN 978-986-479-859-9（平裝）

1.科技業
484　　108020086

作者 — 露西・葛芮妮（Lucie Greene）
譯者 — 林俊宏

事業群發行人／CEO／總編輯 — 王力行
資深行政副總編輯 — 吳佩穎
書系主編 — 蘇鵬元
責任編輯 — 周宜芳（特約）
封面設計 — Bianco Tsai

出版人 — 遠見天下文化出版股份有限公司
創辦人 — 高希均、王力行
遠見・天下文化・事業群　董事長 — 高希均
事業群發行人／CEO — 王力行
天下文化社長／總經理 — 林天來
國際事務開發部兼版權中心總監 — 潘欣
法律顧問 — 理律法律事務所陳長文律師
著作權顧問 — 魏啟翔律師
社址 — 臺北市 104 松江路 93 巷 1 號
讀者服務專線 — 02-2662-0012 ｜傳真 — 02-2662-0007；02-2662-0009
電子郵件信箱 — cwpc@cwgv.com.tw
直接郵撥帳號 — 1326703-6 號　遠見天下文化出版股份有限公司

電腦排版 — 立全電腦印前排版有限公司
製版廠 — 中原印刷事業有限公司
印刷廠 — 中原印刷事業有限公司
裝訂廠 — 中原印刷事業有限公司
登記證 — 局版台業字第 2517 號
總經銷 — 大和書報圖書股份有限公司｜電話 — 02-8990-2588
出版日期 — 2019 年 12 月 27 日第一版第一次印行



定價 — 480 元
ISBN — 978-986-479-859-9
書號 — BCB680
天下文化官網 — bookzone.cwgv.com.tw